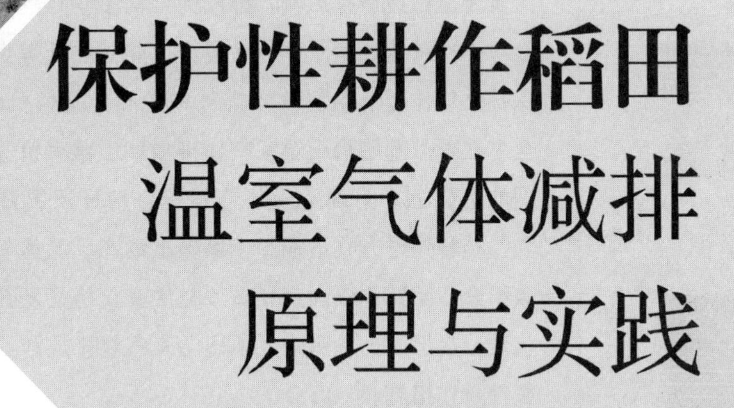

保护性耕作稻田温室气体减排原理与实践

李成芳　著

中国农业出版社
北　京

内 容 提 要

大气温室气体浓度升高引起的全球变暖对全球生态系统和人类健康造成严重影响，已成为当前多学科的研究热点。本书针对稻作系统温室气体排放量大、碳效益低等生产问题，探明保护性耕作降低温室气体排放和提高土壤有机碳固定的机理。全书在重点阐明稻田温室气体排放和土壤有机碳固定的基本原理的基础上，明确不同耕作措施、秸秆还田量、秸秆还田方式、秸秆处理方式下稻田土壤碳氮动态、温室气体排放、有机碳组分、团聚体碳固定和碳效益的变化特征及其微生物的调控机理，提出了一系列降低稻田温室气体排放和提高碳效益的保护性耕作措施。

本书可供农学、生物学、生态学、环境科学、土壤学等学科专业的本科生、研究生、教师及科研人员阅读。

前言

PREFACE

气候变化是当今国际社会普遍关注的全球性问题，也是人类面临的最为严峻的全球环境问题之一。过量排放的二氧化碳（CO_2）、甲烷（CH_4）和氧化亚氮（N_2O）等温室气体是引起全球气候变化的主要原因。农业是温室气体的主要排放源，全球农业排放的CH_4和N_2O分别占由于人类活动造成的CH_4和N_2O排放总量的50%和60%。稻田是农业温室气体，特别是CH_4的重要排放源，其释放出的CH_4占农业生产活动总排放量的12.0%，N_2O占11.4%左右。因此，减少稻田CH_4和N_2O排放受到国际社会的普遍关注。

保护性耕作是指通过少耕、免耕等地表微地形改造技术配以地表覆盖、秸秆还田措施，形成以地表覆盖、秸秆还田和少免耕为核心的技术体系，该技术能显著减少水分蒸发，提高表层土壤肥力和微生物活性，有利于节能降耗和节本增效，获得显著的生态效益、经济效益及社会效益。该技术改变土壤物理、化学性质，影响土壤微生物对碳氮过程（硝化与反硝化、有机质厌氧降解、有机质好氧分解与转化等）的调控，最终影响稻田温室气体的排放。因此，研究保护性耕作对稻田温室气体排放的影响，有助于发展和推广丰产、低碳、高效的稻田减排技术措施，实现水稻生产资源的高效利用和实现农业的可持续发展。

研究团队在2013年以来，在国家重点研发技术项目（2017YFD0301403）、国家自然科学基金（31671637）、湖北省自然科学基金（2018CFB608）、中央高校基本科研业务费专项资金（2662019FW009）等项目支持下，以稻田生态系统为对象，针对水稻生产过程中温室气体排放高、碳效益率低下等问题，以低碳丰产的理念，研究和评估了不同保护性耕作措施下稻田温室气体减排潜力和碳效益，最终构建了厢作免耕低碳稻作栽培技术体系和模式。

全书共分8章，第1章系统介绍保护性耕作发展历史、稻田温室气体排放原理及其保护性耕作措施与温室气体减排的内在联系；第2章至第7章在基本理论的基础上，以减排、固碳、高效为主线，基于本研究团队的研究结果，重点介绍了秸秆还田量、秸秆还田方式、秸秆炭化、耕作方式及其与氮肥、秸秆搭配对温室气体排放、土壤碳氮过程、土壤碳氮组分、碳效益、经济效益的影响；第8章总结并提出低碳稻作技术及发展方向。参加相关研究的博士有郭梨锦、刘天奇、樊代佳、盛峰、李诗豪；硕士有柴凯彬、黄金凤、张浩然、邓桥江、王雷、向伟、冯珺珩、罗喜秀、吴梦琴、周浩之、陈湆坤等。在此，谨向他们表示衷心感谢！

尽管本研究团队就保护性耕作稻田温室气体排放、有机碳固持、碳效益方面开展了大量工作，但目前对其研究主要集中于过程分析，在微生物调控、水稻地上部与地下部的互作对温室气体排放的影响等方面还有所欠缺。未来，将结合实际情况，注意农技农艺的配套，开展周年和长期的定位研究，并依据不同生态区域生态特点，进行区域或全国联网研究。

由于本书撰写仓促，且编者水平有限，疏漏之处在所难免，敬请读者批评指正！

李成芳

2020年12月21日

CONTENTS

目录

1 保护性耕作稻田温室气体减排原理

1.1 保护性耕作发展

1.1.1 国际保护性耕作发展

随着世界人口的逐步增加，人类对粮食的需求日益增大（Busari et al.，2015）。然而，土壤退化降低了作物产量，威胁到世界粮食安全（Scopel et al.，2013）。土壤退化是土壤有机物含量降低与营养状态下降的现象，可能容易由传统耕作措施，例如翻耕、移除秸秆、过度施用农药化肥等引起（Corsi et al.，2012；Busari et al.，2015）。耕作是一种强烈的土壤物理扰动，破坏了土壤大团聚体，降低了土壤团聚体的稳定性，促进了土壤有机物的氧化，降低了土壤微生物多样性，加速了土壤侵蚀，最终导致了土壤的退化（Frey et al.，1999；Gathala et al.，2011）（图 1-1）。土壤的保护被认为是解决土壤退化问题的关键（Busari et al.，2015），保护性耕作已成为实现作物的可持续生产与保障粮食安全，以及减缓土壤退化与实现农业土壤的可持续生产的当务之急（Busari et al.，2015）。另外，随着经济发展，大量农村人口涌入城市，造成农村劳动力短缺、农业生产成本增加和农民生产积极性下降，传统的精耕细作已经不再现实，而且传统稻作的高成本、高污染的特征，制约了我国现代农业的可持续发展（彭少兵，2014）。为此，实现低碳高产、资源节约、新型的环境友好的保护性耕作技术势在必行（Huang et al.，2013）。

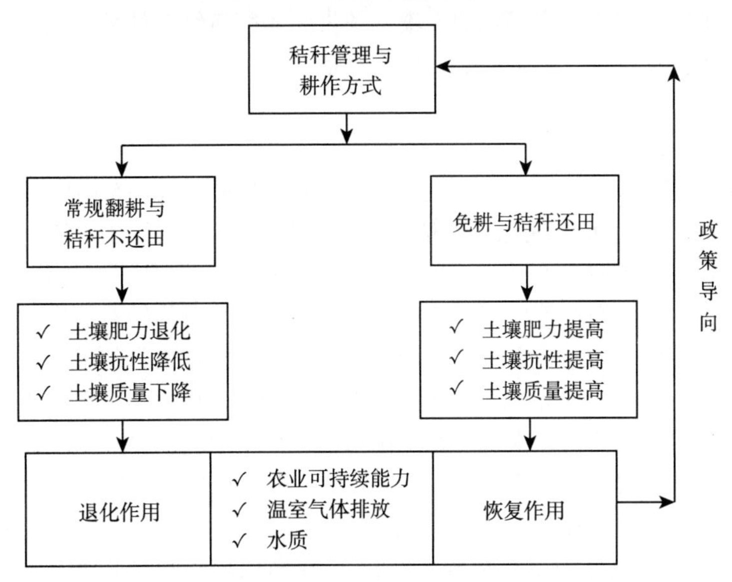

图 1-1 保护性耕作对土壤肥力、土壤抗性与土壤质量的影响
（Lal，1997）

20 世纪美国西部和苏联都发生了大规模“黑风暴”，给农业生产造成了极大的损失。特

别是 1934 年 5 月，美国暴发了震惊世界的“黑风暴”，连续 3d，横扫美国 2/3 国土，把 3 亿 t 土壤卷进大西洋，仅这一年美国就毁掉 300 万 km^2 耕地，冬小麦减产 510 万 t（黄禄星等，2007）。这时人们才重新思考传统耕作方式中存在的问题，寻求新的耕作方式，保护性耕作就越来越受到人们的重视，并得到大面积的推广。保护性耕作是指通过少耕、免耕等地表微地形改造技术配以地表覆盖、秸秆还田措施，形成以地表覆盖、秸秆还田和少免耕为核心的技术体系，其能显著减少水分蒸发，提高表层土壤肥力和微生物活性，有利于节能降耗和节本增效，获得显著的生态效益、经济效益及社会效益（周曙东等，2010）。其技术要点是秸秆覆盖、秸秆还田、免耕播种、免耕抛秧、化学除草，同时还要求采用机械化作业，少用除草剂，保持高产稳产（李安宁等，2006；金攀，2010）。目前，保护性耕作已经成为我国农业应对气候变化最常采用的适应措施之一，已成为实现农业与环境协调发展的重要举措，是国际广泛推广的重要农业技术之一（李安宁等，2006）。据联合国粮食及农业组织统计，保护性耕作已在全球 70 多个国家推广应用，世界各国应用面积总和占全球耕地面积的 11%以上。最主要应用在南、北美洲，其中美国、加拿大、巴西、阿根廷等国应用面积已占本国耕地面积的 40%～70%（Hobbs et al.，2008）。欧洲保护性耕作应用面积达 1 600 万 hm^2，占其总耕地面积的 10%～12%（ECAF，2011），其中法国保护性耕作面积最大，大约 300 万 hm^2（占其耕地面积的 17%），其次为德国（240 万 hm^2，占其耕地面积的 20%）和西班牙（200 万 hm^2，占其耕地面积的 14%）。

在全球范围内，保护性耕作得到快速发展。目前，基于对土壤的扰动程度，保护性耕作被分为几种形式（Lal，1997；Abdalla et al.，2013）：

（1）深松。以凿型铲、圆盘犁等对耕层进行全面的或间隔的深位松土，不翻转土层。耕作深度通常 15～25cm。

（2）垄耕。开沟起垄，垄上秸秆覆盖，免耕直播。

（3）条耕。主要应用于排水不畅的土壤。条带间隔翻耕结合秸秆覆盖。

（4）免耕。不扰动土壤，秸秆覆盖，作物直播。

1.1.2 我国保护性耕作发展

保护性耕作在我国起步较晚，20 世纪 60 年代初在黑龙江国营农场出现，主要是免耕种植小麦的试验，70 年代江苏出现免耕种植水稻的试验，与此对应的研究主要集中在免耕的试验和示范方面，主要关注增产效果。20 世纪 80 年代开始，保护性耕作方式朝多样化发展，少耕、覆盖、机械化操作等应用日益广泛，同时保护性耕作针对的作物由小麦、水稻等粮食作物延伸至马铃薯、油菜、大豆等经济作物。由于机械化机具的采用，保护性耕作的作业量显著提高。20 世纪 90 年代我国开始发展机械化免耕技术，2002 年农业部正式将保护性耕作定义为“对农田实行免耕、少耕，并用作物秸秆覆盖地表，以减少风蚀，提高土壤肥力和抗旱能力的先进农业耕作技术”，并从国家层面上进行推广（高旺盛，2011）。2015 年农业部等部委发布了《全国农业可持续发展规划（2015—2030 年）》，继续将保护性耕作作为增加土壤有机质和提升肥力的重要措施。2017 年我国保护性耕作面积达到 758.4 万 hm^2，机械化秸秆还田面积、免耕面积和深松面积分别为 5 003.3 万 hm^2、1 411.6 万 hm^2 和 1 112.1 万 hm^2（中国农业机械工业学会，2018）。这些保护性耕作措施发挥了防止水土流失、培肥地力、固碳减排和减少生产成本的功能。

我国保护性耕作研究兴起与政府的政策密切相关。2002 年农业部正式提出保护性耕作的定义和范围，并在我国北方部分省份开展了相关的技术示范和推广。2007 年农业部颁发了《关于大力发展保护性耕作的意见》，对保护性耕作发展做了具体要求，同时审批了大量保护性耕作的相关课题，导致越来越多的学者进入该领域并进行了研究（刘丽等，2019）。根据刘丽等（2019）对我国保护性耕作相关文献的计量分析，我国保护性耕作研究主要集中在土壤水分利用、土壤酶活性、有机碳、土壤肥力、土壤含水量等方面（表 1-1）。对保护性耕作关键词时区图谱进行分析（图 1-2），可以看出，随着时间的演变，保护性耕作研究的热点不断涌现，研究出现了三个阶段。第一个阶段出现在 20 世纪 90 年代，我国保护性耕作研究主要集中在具体技术措施方面，例如秸秆覆盖、地膜覆盖、秸秆还田等。第二个阶段于 2002 年后，研究集中在机械化方面。第三个阶段出现在近 10 年，研究主要集中在有机碳、土壤酶活性。

表 1-1 保护性耕作研究高频关键词（刘丽等，2019）

关键词	频 次	关键词	频 次	关键词	频 次
秸秆还田	1 144	土壤温度	302	夏玉米	144
产 量	1 088	耕作方式	300	土壤酶活性	140
保护性耕作	1 014	水 稻	268	有机碳	136
免 耕	716	覆 盖	200	土壤肥力	136
地膜覆盖	570	土壤养分	194	土壤有机碳	124
秸秆覆盖	564	土 壤	192	稻 田	122
土壤水分	394	秸 秆	186	春玉米	116
玉 米	376	小 麦	150	土壤含水量	112
水分利用率	334	耕作措施	146	生长发育	104
冬小麦	318	旱 地	144		

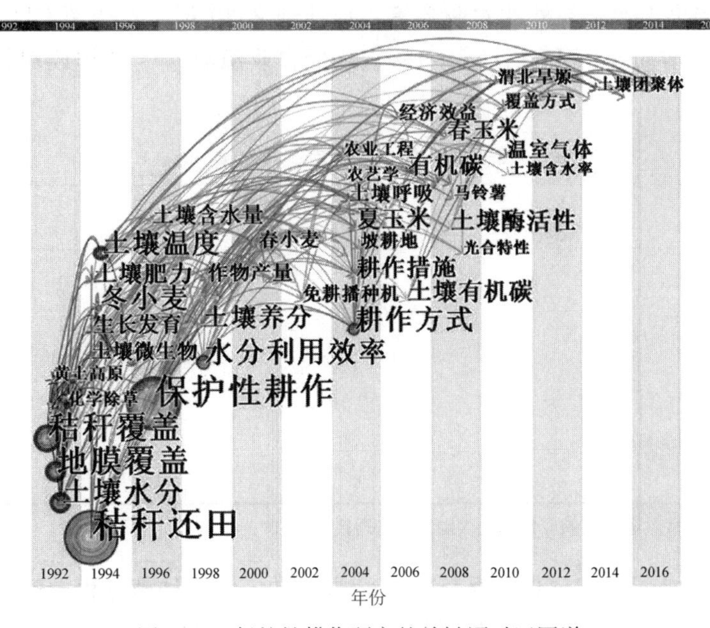

图 1-2 保护性耕作研究的关键词时区图谱

（刘丽等，2019）

目前，我国保护性耕作应用面积仅占耕地总面积的2.2%，发展任务还十分艰巨（李安宁等，2006；金攀，2010）。由于传统的水稻栽培与稻田耕作方式不仅费工耗能，难以实现水稻的高效生产，还严重破坏了稻田土壤生态系统，造成土壤功能下降、水土流失等诸多问题。同时，研究表明，1990—2010年中国稻田甲烷年排放量具有比较明显的年际波动，介于5.37～6.22Tg，稻田已成为甲烷重要的排放源之一（王平等，2008）。因此，保护性耕作作为固碳减排和减少生产成本的耕作技术，已成为我国水稻可持续生产的重要方面。

1.2 稻田温室气体排放

1.2.1 稻田温室气体与全球气候变化

气候变化是当今国际社会普遍关注的全球性问题，也是人类面临的最为严峻的全球环境问题（陈雪等，2018）。据政府气候变化专门委员会（IPCC）报道，1880—2012年，全球海陆表面平均温度呈线性上升趋势，升高了0.85℃；2003—2012年，平均气温相对于工业革命之前（1850—1900年）升高了0.78℃，未来的几十年预计将持续上升，增加了极端事件的发生概率及其危害（IPCC，2013）。全球气候变化的主要原因是由人类活动向大气中排放过量的二氧化碳（CO_2）、甲烷（CH_4）和氧化亚氮（N_2O）等温室气体。CH_4和N_2O的增温潜势分别是CO_2的25倍和298倍（IPCC，2013），其浓度以每年大约1%和0.2%的速率增加（Vergé et al.，2017），二者对地球生态系统的能量收支与全球变暖有着重要的影响。因此，解决气候变化问题的根本措施也就是减少人为温室气体排放或增加对大气中温室气体的吸收。农业是温室气体的主要排放源（表1-2）。据IPCC（2007）估计，全球范围内农业排放CH_4占由人类活动造成的CH_4排放总量的50%，N_2O占60%；如果不实施额外的农业政策，预计到2030年，农业源CH_4和N_2O排放量将比2005年分别增加60%和35%～60%，减少农业源温室气体排放对控制全球气候变化有重要作用。

表1-2 2010年中国温室气体总量（亿t）

项　目	CO_2	CH_4	N_2O
总　量	76.77	11.64	5.47
能源活动	76.24	5.64	0.96
工业生产过程	10.75	0	0.62
农业活动	—	4.71	3.58
土地利用、土地利用变化和林业	−10.30	0.37	0
废弃物处理	0.08	0.92	0.31

数据来源：《中华人民共和国气候变化第三次国家信息通报》，2019。

农业源温室气体排放主要包括反刍动物CH_4排放、水稻种植过程中的CH_4排放、施肥造成的N_2O排放、动物废弃物管理过程中的CH_4和N_2O排放（董红敏等，2008；黄满堂等，2019）。1994—2018年，中国农业氮肥施用量增加了18%，2019年中国氮肥用量达到

2 362×10^4 t（折纯量），消费总量为世界第一，约占全球总量的24%（国家统计局农村社会经济调查司，2019）。可见，中国农业生产活动基数数量大、增长快，如果没有相应的减排措施，农业源温室气体排放量也会相应较大。

水稻种植作为重要的农业生产方式，全球种植面积超过1.63亿hm^2（国家统计局农村社会经济调查司，2019）。稻田是农业温室气体，特别是CH_4的重要排放源。稻田释放出的CH_4占农业生产活动总排放量的12%，N_2O占11.4%左右（IPCC，2007）。因此，减少稻田CH_4和N_2O的排放量这一重要问题受到国际社会的普遍关注。

1.2.2 稻田CO_2排放及其影响因素

作为主要的温室气体，大气CO_2浓度在逐年增加，引发了一系列生态问题，比如极端天气、强风暴、干旱、海平面上升等。CO_2的主要排放源除了工业生产，稻田也是其中一个重要来源。稻田CO_2排放主要来源于呼吸作用，其中产生CO_2的呼吸作用主要包括水稻地上茎叶呼吸和地下的土壤呼吸这两部分（张玉铭等，2011）。绿色植物利用光合作用将大气CO_2合成有机物质，合成的有机物质一部分通过水稻枯枝落叶将有机碳固定于土壤当中，有机碳再经过土壤呼吸作用将CO_2释放到大气，地下部分的土壤呼吸产生的CO_2是生物代谢和生物化学等因素的综合产物（谢军飞等，2002），主要包括水稻自身根呼吸、土壤动物和土壤微生物的呼吸及土壤含碳有机物的氧化过程（吴琼等，2018）。因此，影响水稻生长、土壤微生物活性和土壤有机碳的因素均会影响稻田CO_2排放。

土壤温度通过调控土壤碳循环进而影响土壤CO_2排放（Knorr et al.，2005）。有研究表明，当温度达到10℃以上时，土壤CO_2通量与5cm深度的土壤含水率呈显著正相关关系（张宇等，2009）。温度的升高能加速土壤有机质降解与氧化和土壤碳矿化过程，因而提高土壤CO_2排放（Knorr et al.，2005）。Li等（2010）研究发现，直播稻田土壤CO_2排放与土壤耕作温度呈指数相关。

土壤含水量通过影响水稻根系生长、根系呼吸、土壤微生物活力从而影响水稻的呼吸作用（邹建文等，2003），而CO_2是呼吸作用的产物，因此土壤含水量通过影响呼吸作用进而影响CO_2的产生，稻田土壤含水量与CO_2排放量具有显著相关关系。稻田中期晒田控制分蘖，降低土壤含水量，提高土壤通气性，改善根系活力和土壤微生物活性，因而促进稻田土壤CO_2排放（曹凑贵等，2011）。朱咏莉等（2007）研究发现，虽然排水措施对水稻各生育期CO_2排放速率影响差异较大，但是都会造成稻田CO_2排放量增加，其中含水量的降低是引起CO_2排放增加、光合作用降低的主要原因。排水后土壤通透性增加及呼吸增强，并且CO_2的排放通道阻碍降低，大大促进稻田CO_2的排放。

肥料通过影响土壤有机质含量、微生物数量和活性及水稻生长等来影响稻田CO_2排放。单施氮肥在一定时间内导致土壤微生物活性增强并提高CO_2的排放，但如果土壤有机碳含量在短期内消耗完毕，会造成CO_2的排放降低（王晓萌等，2018）。单施氮肥降低土壤碳氮比和土壤微生物量，抑制稻田CO_2排放（李成芳等，2009）。氮肥配施有机肥不仅增加碳源，还提高氮素，从而增加土壤碳氮比，增强植株呼吸和土壤呼吸作用，促进CO_2的排放（王晓萌等，2018）。李平等（2018）在东北黑土的研究表明，在氮肥和有机物料配施下稻田CO_2排放量提高了一个数量级。

1.2.3 稻田 CH_4 排放及其影响因素

CH_4 是一种重要的温室气体，其增温潜势是 CO_2 的 25 倍（IPCC，2013），减少 CH_4 排放对减缓全球变暖有重要作用（Dlugokencky et al.，2011）。1983—2010 年，随着人类的发展，全球大气 CH_4 浓度逐渐增高（图 1-3），大约 60.0%的 CH_4 来源于人类活动，如农业生产、工业生产等（Heimann，2011）。

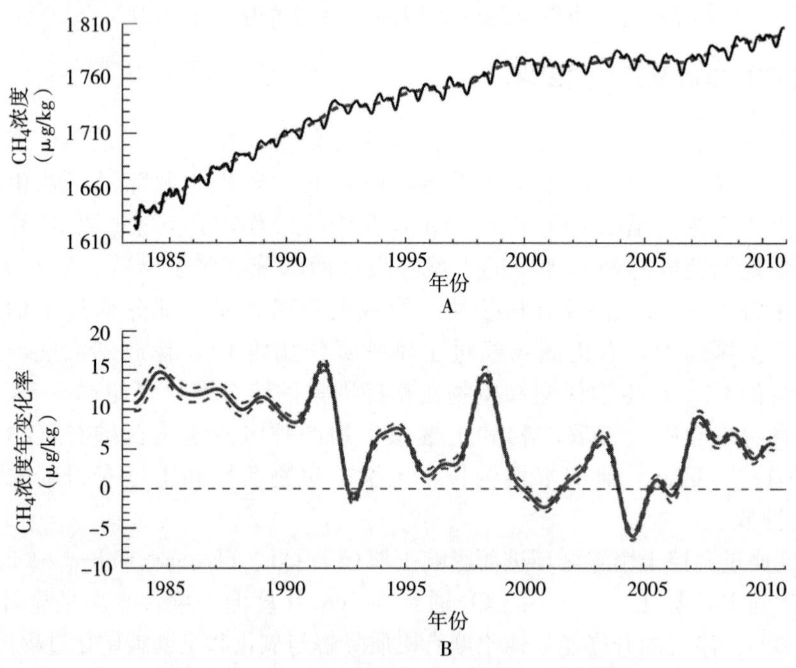

图 1-3 1983—2010 年全球大气 CH_4 浓度变化

A. 全球平均大气 CH_4 浓度 B. 全球平均大气 CH_4 浓度年变化率

（Heimann，2011）

稻田、湿地等生态系统是 CH_4 排放的主要来源，其 CH_4 是产甲烷菌在土壤处于极端厌氧［氧化还原电位（Eh）低于−200mV］和适宜 pH（pH 6～8）条件下代谢土壤糖类而产生的（朱玫等，1996）。稻田土壤中 CH_4 主要是 CO_2/H_2 及乙酸这两种基质在厌氧条件下被产甲烷菌利用还原而生成的（图 1-4）。根系分泌的有机物、根系自溶产物等也可以作为产 CH_4 的前体物质（张涛等，2008；王晓萌等，2018）。部分死亡根系在长期淹水条件下被分解为低碳有机物，也是产 CH_4 的良好中间体（张涛等，2008）。由于稻田长期淹水导致土壤还原性强，有利于厌氧产甲烷菌的繁殖，促进 CH_4 排放，因此稻田被认为是重要的 CH_4 排放源（IPCC，2007）。

稻田 CH_4 的排放是 CH_4 的产生、氧化及向大气传输等 3 个过程的综合产物（图 1-4）（张涛等，2008；王晓萌等，2018）。CH_4 发生于稻田土壤耕作层的还原层，有一部分在穿过水土界面和根土界面的氧化区时被氧化了，只有 15%～30%的 CH_4 通过 3 种途径排放进入大气中（李晶等，1998；张涛等，2008；Mer et al.，2001）。第一个途径，即大部分 CH_4 被植株根系等吸收，通过通气组织排放到大气中；第二个途径是形成含 CH_4 的气泡上升到水面，炸裂而喷射到大气中；第三个途径是少量 CH_4 由于浓度梯度的形成而沿土壤—水和

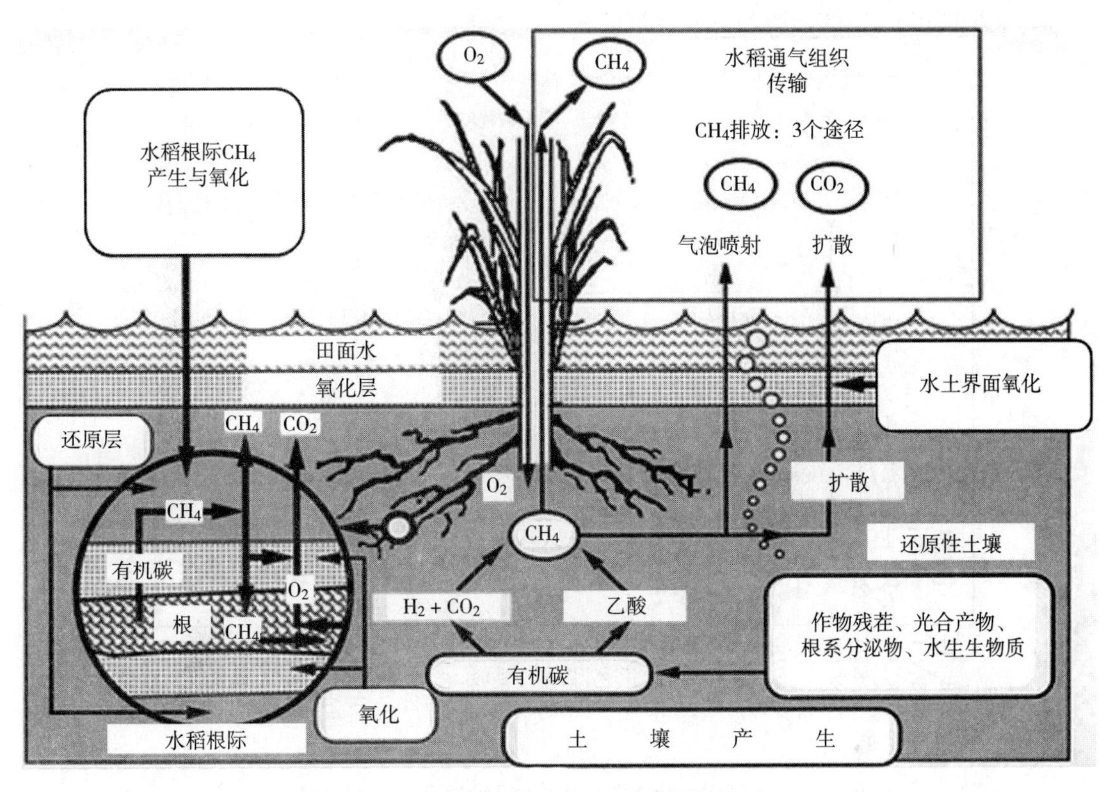

图 1-4 稻田 CH_4 的产生、氧化与传输的过程

(Mer et al.，2001)

水—气界面而扩散排出（张涛等，2008）。3 种输出途径以第一个途径为主。

研究表明，水稻移栽初期，水稻排放的通气组织尚未发育，通过植株排放 CH_4 较少（上官行健等，1993；张涛等，2008）。但是此时土壤含有大量上茬作物残余物，加上化肥施入及气温较高，在淹水条件下含 CH_4 气泡增多，气泡逸出成为 CH_4 排放的主要途径，CH_4 排放量较大（张涛等，2008）。气体还能以扩散的形式释放到大气中，但扩散速度非常缓慢，扩散途中有部分 CH_4 还会被氧化，因此该时期通过扩散途径排放的 CH_4 量极少（邢阳平，2007）。水稻生长后期，植株生长旺盛，发达的通气组织便于 CH_4 传输到大气中，此时 CH_4 排放量大大增加（侯玉兰等，2012）。

温度是影响稻田 CH_4 排放的重要因素之一（张涛等，2008；王晓萌等，2018）。一般产甲烷菌在 30～40℃范围活性最强，因此在该温度范围内土壤 CH_4 产生量随着土壤温度的升高而增加（张涛等，2008）。Elisabeth（2008）研究发现，土壤温度的升高能显著增加 CH_4 的排放，其原因在于温度升高可以促进有机质的分解速率和产甲烷菌菌群的活性。

水分管理是影响稻田 CH_4 排放的一个重要因素。水分通过影响稻田的 Eh、产甲烷菌的活性、CH_4 的扩散速率从而影响稻田 CH_4 的排放（吴琼等，2018）。CH_4 是产甲烷菌在极度厌氧的环境中产生的，长期淹灌导致常规稻田土壤处于厌氧状态，Eh 远低于 150mV，产甲烷菌活性增强，促进 CH_4 排放。控制灌溉、浅湿灌溉、间歇性灌溉等节水灌溉方式增加了土壤的通透性，提高了土壤的氧化还原能力，在促进甲烷氧化菌的活性同时抑制产甲烷菌活性，减少稻田 CH_4 的产生和排放（彭世彰等，2006）（图 1-5）。

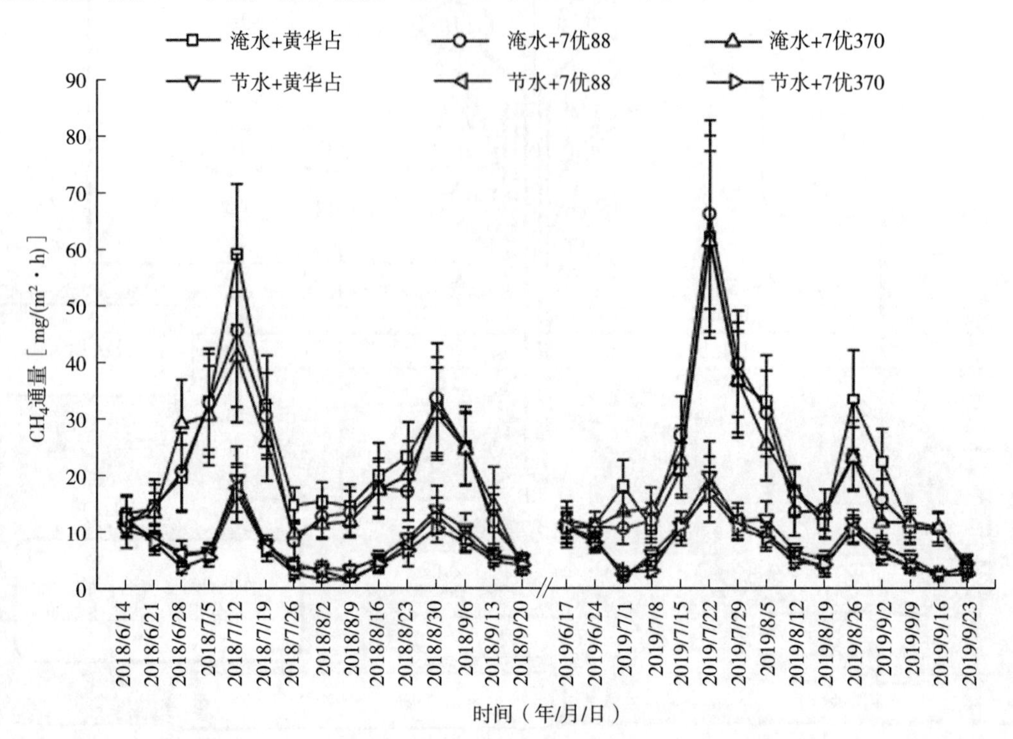

图 1-5 不同水分管理措施对不同品种稻田 CH_4 排放的影响

氮肥施用是影响稻田 CH_4 排放的另一个重要因素。已有研究表明，氮肥施用能有效地提高 CH_4 排放，无论是单一施用无机氮肥还是有机无机氮肥配施，但是不同类型的氮肥对 CH_4 排放的影响还存在争议（谢小立等，1995；夏龙龙等，2020）。硝态氮肥 CH_4 排放量高于铵态氮肥，而硫酸铵较硝酸钾 CH_4 排放显著减少（Liu et al.，2013）。有机物的施入会显著提高产甲烷菌的活性和增加反应底物浓度，从而增加稻田 CH_4 排放（李平等，2018）。施用绿肥、秸秆还田等能为产甲烷菌提供反应底物基质，因此促进了 CH_4 排放，但是施用堆腐秸秆或堆肥显著降低稻田 CH_4 的排放（王晓萌等，2018）。

不同水稻品种产生 CH_4 的量也有差异（图 1-5）。品种对稻田 CH_4 排放的影响主要体现在根系的作用。根系活性强的品种通过增强对 CH_4 的氧化而抑制 CH_4 排放；同时，根系活性强又会主动吸收 CH_4，促进 CH_4 通过通气组织排放到大气。再者，根系活性强意味着大量根系分泌物，为产甲烷菌提供更多的碳氮源，促使 CH_4 排放增加（葛会敏等，2015）。邵美红等（2011）发现，根系活性强和增产潜力大的水稻品种能有效地减少 CH_4 排放。而黄耀等（2003）认为，根系活性强的水稻品种能为产甲烷菌提供更多的分泌物，因此促进了 CH_4 排放。目前，水稻品种对于稻田 CH_4 排放的影响研究还没有一致结论，有待进一步探讨。

1.2.4 稻田 N_2O 排放及其影响因素

稻田 N_2O 主要是土壤弱厌氧或好氧条件下土壤微生物进行硝化（自养硝化和异养硝化）、反硝化（生物反硝化和化学反硝化）等作用的产物（Wrage et al.，2001；Klotz et al.，2008；Baggs，2008）。硝化作用是土壤 NH_4^+ 在硝化微生物作用下氧化为亚硝酸盐和硝酸盐的过程（齐玉春等，2000；Well et al.，2008）。硝化作用是 N_2O 产生的必经过程，其反应链上的许多环节几乎都有 N_2O 的生成（Wolf et al.，2000）。反硝化作用是 NO_3^- 在缺氧条件下经过反硝化细菌或化学还原剂的作用被还原成 NO、N_2O、N_2 的生物过程（IPCC，2006），这个过程也伴随着 N_2O 产生和消耗（Barnard et al.，2005）。当土壤严重缺氧条件下，N_2O 会进一步转化为最终产物 N_2，因而降低中间产物 N_2O 的产生（郑循华等，1996）。

影响稻田 N_2O 排放的土壤条件包括土壤质地、温度等因子。土壤质地影响着土壤的气体和水分通透性（徐华等，2000），而不同的土壤通透性导致 N_2O 向大气扩散的速率不同（孙志强，2010）。随土壤黏粒含量增加，土壤中的阳离子交换量增大，NH_4^+ 受到较强的吸附作用而难以进入硝化作用过程，因此，土壤 N_2O 排放量随土壤黏粒含量的增加而降低（丁洪，2001），同时随土壤沙粒含量的增加而增大（杨云，2005）。稻田非淹水期 N_2O 排放与土壤温度呈极显著指数正相关（张振贤，2005），土壤温度主要通过改变土壤微生物的生命活动影响 N_2O 的排放（郑循华等，1997）。N_2O 产生过程中，硝化细菌与反硝化细菌活动适宜的温度为 20～30℃，最有利于稻田 N_2O 排放的年平均温度为 10～20℃（廖千家骅，2011）。

水分管理是影响稻田 N_2O 排放的重要因素之一（图 1－6）（Yan et al.，2000）。稻田土壤 N_2O 主要来源于土壤微生物调控的硝化与反硝化作用（Baggs，2008）。水分影响着土壤酶活性、Eh 和氮素浓度等（马二登等，2009），进而影响硝化与反硝化作用，从而改变稻田 N_2O 排放。有研究表明，稻田 N_2O 排放主要集中在晒田控分蘖期，晒田增加了稻田土壤的通气性，有利于硝化反应和反硝化反应同时进行，促进 N_2O 排放；而在淹水时，N_2O 排放几乎为零，因此，稻田 N_2O 的大量排放主要出现在干湿交替灌溉期。Yan 等（2000）研究发现，稻田排水晒田条件下大部分土壤 N_2O 通过土壤表面排放，只有 17.5％的 N_2O 通过水稻植株排入空气中；而在淹水条件下，87.3％的土壤 N_2O 通过水稻植株排放。

氮肥施用是影响稻田 N_2O 排放的重要因子（马二登等，2009）。施肥不仅影响硝化与反硝化作用，影响土壤 N_2O 的产生；而且也能影响水稻的生长，进而影响稻田 N_2O 排放途径，导致产生的 N_2O 部分从水稻植株传输到大气（Yan et al.，2000）。施用氮肥会促进水稻植株的生长，促进了植株对 N_2O 的传输能力。同时，氮肥也是稻田 N_2O 的重要排放源，氮肥投入量越多，N_2O 排放量也就越多（Zou et al.，2005）。其主要原因在于氮肥施用增加了稻田土壤无机氮含量，为硝化和反硝化反应提供了反应底物（NO_3^- 和 NH_4^+），促进了稻田 N_2O 的排放。易琼等（2013）研究指出，施用氮肥能显著提高稻田 N_2O 排放，而施缓释氮肥降低稻田 N_2O 排放。张怡等（2014）研究认为，控释肥能有效地降低覆膜栽培稻田 N_2O 排放，降幅达 44％。李方敏等（2004）也发现，与施用尿素相比，施用控释氮肥能有效降低稻田土壤 N_2O 排放，其原因是控释氮肥在水稻生长期释放养分较为缓慢，导致稻田土壤溶液 NO_3^- 浓度低。

稻田土壤 N_2O 的传输途径有 3 条：第一是通过水稻植株的通气组织释放到大气；第二是通过气泡扩散到大气；第三是通过液相扩散。其中，通过植株通气组织释放的 N_2O 占稻田土壤总排放量的 80％（夏仕明等，2017）。因此，水稻品种影响着稻田 N_2O 的排放（图 1－6）。

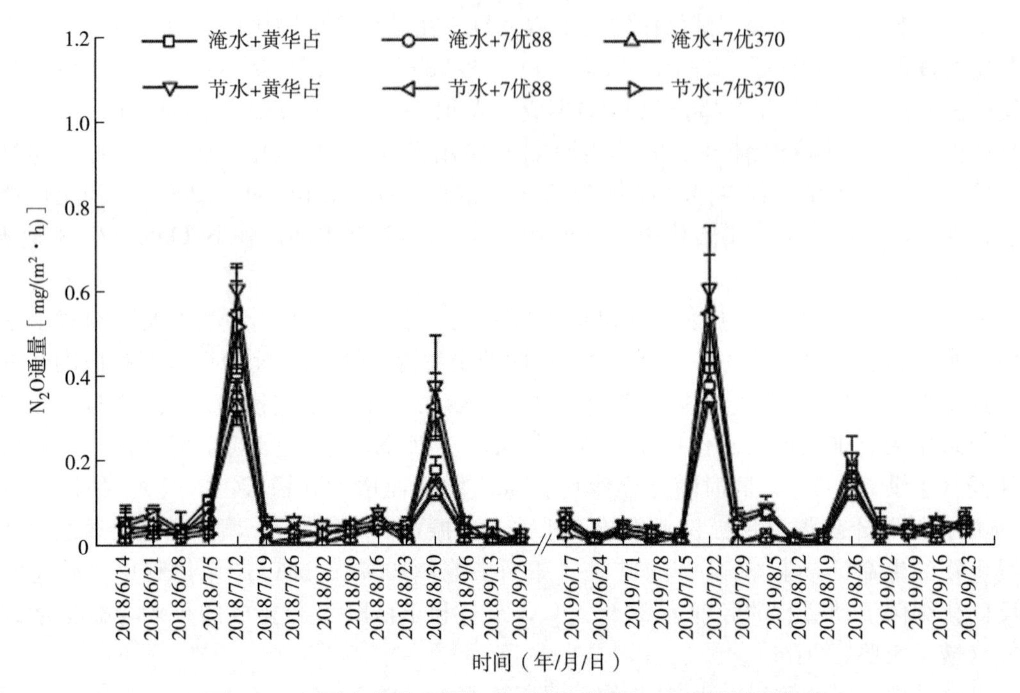

图 1-6　不同水分管理措施对不同品种稻田 N_2O 排放的影响

吕小红（2011）研究表明，在相同氮肥水平下，紧凑型水稻品种的硝化作用强于松散型品种，导致紧凑型水稻品种 N_2O 排放多于松散型品种。有研究表明，杂交稻品种 N_2O 的排放低于常规水稻品种（孙会峰等，2015）。但也有研究认为，增产潜力大或经济产量高的水稻品种通常需要吸收较多的氮素，减少稻田土壤氮素残留，从而降低稻田 N_2O 排放（邵美红等，2011）。因此，选择既高产又低 N_2O 排放的水稻品种将是减少稻田 N_2O 排放的重要措施。

1.2.5　稻田温室气体减排措施

大气温室气体浓度升高引起的全球变暖已对全球生态系统与人类的健康造成严重影响。稻田是温室气体重要的排放源，因此探讨稻田温室气体减排措施对于发展可持续农业具有重要意义。

第一，优化水分管理技术。优化水分管理是一项能不降低水稻产量并降低温室气体排放的有效方法（彭世彰等，2006；Li et al.，2018）。控制灌溉、间歇灌溉等节水灌溉技术已在我国得到广泛的应用，不仅大大节约了稻田灌溉用水，也有效地降低了温室气体的排放（彭世彰等，2006；王楷等，2017）。李香兰等（2008）研究发现，虽然间歇灌溉下稻田土壤 N_2O 排放量增加了 6.5 倍，但是 CH_4 排放量则为淹灌下的 5.4%，因此全球增温潜势（GWP）降低了 90%，且水稻产量没有降低。Li 等（2018）观察到了相同的结果，即在浅湿节水灌溉下 N_2O 排放量增加，但增温潜势下降了 24%。

第二，采用高产品种。水稻根系生物量与活性对土壤 CH_4 排放量有显著影响，而地上生物量大，特别是经济产量较大的水稻能吸收更多土壤氮素，降低土壤无机氮含量，降低土壤 N_2O 排放（邵美红等，2011；Jiang et al.，2017）。应当加强水稻品种 CH_4 排放量的对比研究，因地制宜选用和培育根系活力强、经济系数高、CH_4 排放量低的水稻品种（葛会敏等，2015）。

第三，合理施肥。施用新鲜的有机肥或秸秆直接还田往往增加了产甲烷菌的反应底物，在反应的过程中又会进一步营造厌氧环境，从而促进 CH_4 产生与排放（王晓萌等，2018）。但是将有机肥或秸秆腐熟再施用能有效降低 CH_4 排放（Khosa et al.，2010）。根据水稻不同生育期对氮的需要特点，少量多次施用化学氮肥或一次性施用控释氮肥，能减少氮素在土壤中的积累和 N_2O 的流失，提高化肥利用率（邵美红等，2011；Zhang et al.，2016）。

第四，合理的农作制度。稻田种养不仅有效利用光、温、水等自然资源，促进水稻生长，提高经济效益，而且降低 CH_4 排放和全球增温潜势（Sheng et al.，2018；Sun et al.，2019）。采用免耕措施能够改善耕作土壤肥力，增强土壤团聚结构，促进 CH_4 氧化，降低全球增温潜势（Ahamd et al.，2009；Zhang et al.，2016）。传统农作制度中冬闲期泡田能为产甲烷菌提供厌氧环境，并且稻田中残留的氮肥促进 N_2O 排放（王晓萌等，2018）。轮作能有效能降低冬闲泡田期温室气体的排放量。在泡田期种植小麦、绿肥等旱作作物不仅促进养分循环，而且能有效地降低温室气体排放（董文军等，2015）。

1.3 保护性耕作与稻田温室气体排放

我国保护性耕作技术是在生态环境恶化的压力下起步，经过各地示范、推广，已取得了显著成效。然而，因各地不同气候及种植模式表现出差异，导致了我国保护性模式多样化和类型复杂化（高旺盛，2011）。不过，保护性耕作具有一些共性的关键技术：少免耕、秸秆还田、机械深松、杂草及病虫害防治等（位国建等，2019；张国等，2020）。秸秆还田和少免耕是保护性耕作的基本措施，因此本文重点探讨二者的温室效应。

少免耕、秸秆还田等保护性耕作措施通过改变土壤物理、化学性质，调控土壤微生物对相关碳氮过程（硝化与反硝化、有机质厌氧降解、有机质好氧分解与转化等），进而影响温室气体 CH_4 和 N_2O 的排放及土壤有机碳（图 1-7）。

1.3.1 免耕与秸秆还田对土壤有机碳含量的影响

IPCC 认为近 90%的农业温室气体减排潜力在于土壤有机碳的提升（IPCC，2000）。Peters（2010）和 Zhang 等（2018）认为作物生产中温室气体排放应该考虑土壤碳固定因素，若不考虑就会忽略农田是碳汇的情况（李柘锦等，2016；Jiang et al.，2017）。荟萃分析（Meta 分析）表明，与不还田相比，我国秸秆还田下 0～20cm 土层土壤有机碳含量以每年 0.35t/hm^2 的量增加，并且土壤固碳可持续 28～62 年（Han et al.，2018）。在综合计算保护性耕作下稻田土壤全球增温潜势时，应该考虑土壤固碳作用，只有这样才能认识到保护性耕作措施有可能使稻田从碳源转变成碳汇。

很多研究表明免耕增加了稻田土壤有机碳含量（Wang et al.，2015；Guo et al.，2015）。例如，Wang 等（2015）基于中国主要的生产区域，针对免耕对土壤有机碳含量的影响做了一个 Meta 分析，结果指出，免耕的土壤有机碳含量增加了 10.1%。这可能是因为免耕促进了土壤表层秸秆的积累，减少水分蒸发，降低了土壤温度，减缓了土壤有

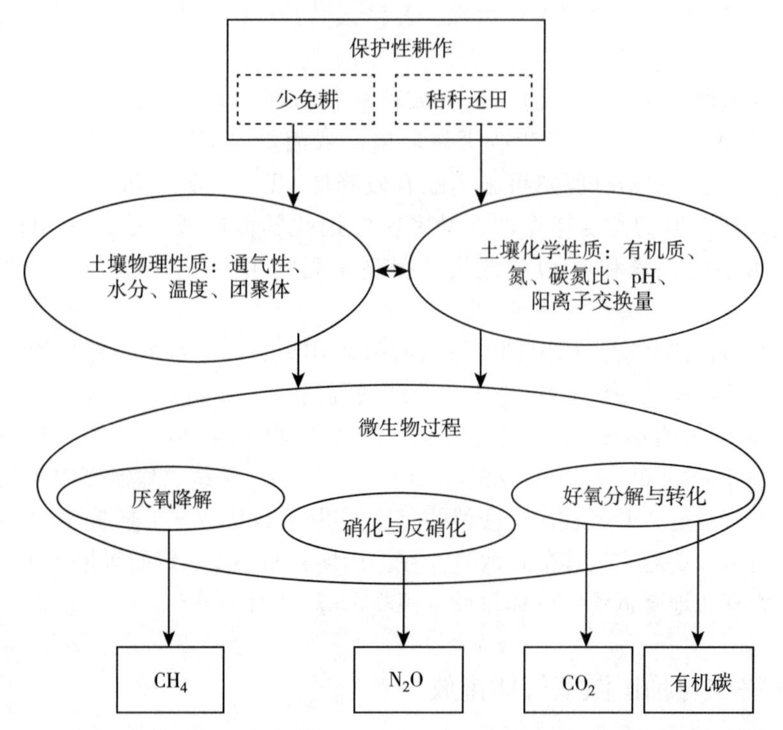

图 1-7　保护性耕作（少免耕和秸秆还田）对稻田土壤温室气体排放和有机碳的影响

机碳的矿化（Rasmussen，1999；Busari et al.，2015）。然而，Baker 等（2007）的研究认为，耕作措施只是改变了土壤有机碳的空间分布；与翻耕相比，免耕只增加了表层土壤有机碳含量，而降低了亚表层土壤有机碳含量，因此整体上两者土壤有机碳含量没有差异。

在不同的气候条件下免耕土壤对碳的固定潜力不同。与干燥气候相比，湿润气候免耕土壤能固定的有机碳量更高（Francaviglia et al.，2017）。翻耕转变为免耕后，在半湿润和湿润气候下，固定的碳含量能达每年 0.49Mg/hm^2，而在半干燥和干燥的气候下，固定的碳含量只为每年 0.39Mg/hm^2（Francaviglia et al.，2017）。Virto 等（2012）发现土壤质地、年均温度、降水对有机碳的固定无显著影响，但是有机碳源的投入可以解释 30%免耕与翻耕处理间土壤有机碳的差异。因此，耕作措施对土壤有机碳含量的影响机理尚不清楚，有待进一步研究。

大量研究报道，秸秆还田能为作物提供营养，提高稻田土壤有机碳含量（Ranaivoson et al.，2017；Jin et al.，2017）。例如，Benbi 等（2012）研究表明，经过 11 年连续稻麦种植，有机肥与水稻秸秆混合施用的土壤有机碳含量增加 34%，无机氮肥与水稻秸秆混合施用的土壤有机碳含量提高 84%。可能因为秸秆本身是一种碳源，大量秸秆还田后，促进土壤微生物繁殖，加剧秸秆降解，因此部分有机碳被转化为土壤有机碳（Guo et al.，2015；Jin et al.，2017）。同时，秸秆降解释放出大量的营养元素，促进作物根系的生长发育，从而增加作物根系分泌物，提高土壤有机碳含量（Turmel et al.，2014；Guo et al.，2016b）。然而，秸秆对土壤有机碳的影响效果受到土壤质地和结构的影响（Lal，2004；Ranaivoson et al.，2017）。一些研究表明，秸秆还田对土壤有机碳影响不显著，可能是由于初始土壤有机碳含量较高（Rasmussen et al.，1991）。随着秸秆还田年限的增加，土壤有机碳含量持续增加，然而，一旦土壤有机碳含量达到饱和状态，秸秆还田不再增加土壤有机碳含量（Hooker et al.，2005；Ranaivoson et al.，2017）。因此，秸秆还田的运用需要结合当地实际情况，开展试验摸索出合理的技术体系，方能实现作物的低碳高产。

保护性耕作技术和其他推荐措施结合才能更有效地发挥固碳减排作用（赵红，2015）。2011年我国主要粮食作物生产所用氮肥若按国家推荐量，就会减少10% N_2O 排放量（Zhang et al.，2016）。Meta分析表明与连续淹水相比，稻田间歇灌溉 CH_4 排放减少了52%，而 N_2O 排放却增加了242%，土壤全球增温潜势则降低了47%（Liu et al.，2019）。若推广保护性耕作结合施用生物炭、测土精准施肥、有机无机肥料优化使用等推荐措施，每年可以提高土壤固碳0.025Pg（Tao et al.，2019）。另外，施用 CH_4 抑制剂、脲酶抑制剂及硝化抑制剂、缓释/控释肥及种植低排放的水稻品种可以降低稻田温室气体排放。由此可见，结合适宜的农田管理措施，可以充分发挥保护性耕作技术在固碳减排方面的潜力。

1.3.2　免耕与秸秆还田对土壤 CO_2 排放的影响

CO_2 是最重要的温室气体，对全球温室效应贡献率为76.0%（IPCC，2014）。土壤 CO_2 排放是陆地生态系统碳循环的重要过程（Schlesinger et al.，2000）。农业是 CO_2 的主要来源，每年对全球气候变化的贡献约14.0%（Vermeulen et al.，2012）。土壤呼吸主要源于三个生物过程：土壤微生物呼吸、植物根系呼吸和土壤动物呼吸（Rochette et al.，1997），主要贡献者为土壤微生物与植物根系呼吸（Marhan et al.，2015；Zhu et al.，2016；Dossou-Yovo et al.，2016），并其受到一系列因子的影响（图1-8）。

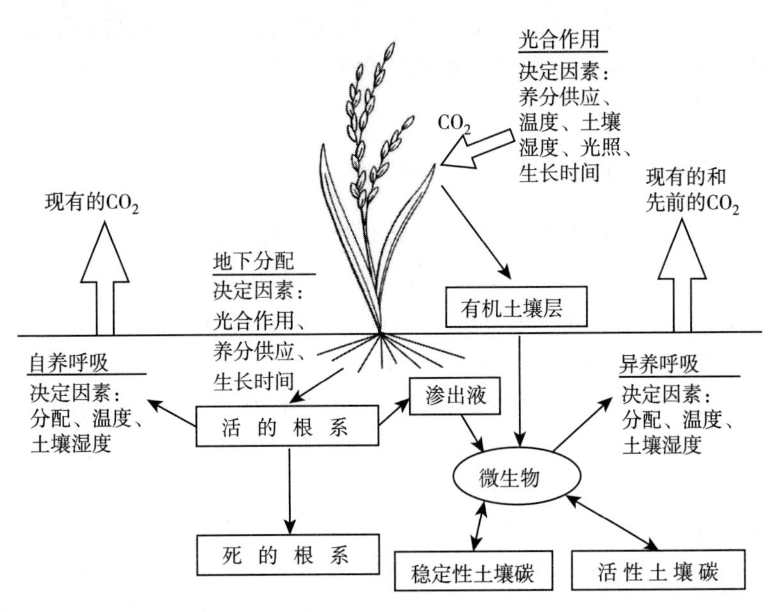

图1-8　稻田土壤 CO_2 排放的概念模型

（Rochette et al.，1997）

很多研究表明免耕降低了稻田土壤 CO_2 排放（Six et al.，2000；Zhu et al.，2016）。例

如，Zhu 等（2016）发现与翻耕相比，免耕降低了水稻土壤 CO_2 排放，这可能是免耕下的土壤环境更稳定，食物链的功能群体更为完善，促进了土壤的碳固定，减少了 CO_2 排放。一些研究表明，与翻耕相比，免耕增加了土壤结构的稳定性（Six et al.，2000），降低了土壤 CO_2 排放（Six et al.，2004）。Buragienė 等（2015）则指出土壤 CO_2 排放与土壤耕作深度有关，耕作深度越深，土壤 CO_2 排放越多。然而，Baker 等（2007）和 Van Oost 等（2007）发现耕作降低了土壤 CO_2 排放，这是由于耕作将土壤有机碳翻入了深处，降低了土壤有机碳降解速率，也可能是免耕促进了表层秸秆的积累与降解，增加了土壤 CO_2 排放（Li et al.，2012）。也有研究表明免耕对 CO_2 无显著影响（Baggs et al.，2006），或是增加了 CO_2 排放（Li et al.，2012）。这可能是由气候、土壤类型、作物系统等差异导致的（Abdalla et al.，2016）。

秸秆降解能够产生 CO_2 和营养物质，这个过程受到很多因素影响，例如土壤湿度、土壤温度与土壤含氮量等（Abro et al.，2011）。一般认为，秸秆还田增加了稻田土壤 CO_2 排放（Bhattacharyya et al.，2012；Zhang et al.，2015；Dossou-Yovo et al.，2016）。其原因可能是：①秸秆还田为土壤微生物提供了大量的碳源，促进了土壤微生物的生长，增加了土壤微生物呼吸（Guo et al.，2016）；②秸秆还田降解后，释放出大量的营养元素，促进作物根系的生长发育，增加了根系的呼吸，同时更多的根系分泌物促进了土壤微生物的生长，产生了更多的 CO_2（Liu et al.，2014）；③秸秆还田增加了土壤微生物的活性，促进了土壤有机碳的矿化（Zhang et al.，2013）。然而，也有研究表明，秸秆还田降低了土壤 CO_2 排放（Al-Kaisi et al.，2005；Liu et al.，2014）。例如，玉米—大豆作物系统，在免耕系统下，相比于秸秆不还田，秸秆还田土壤 CO_2 排放降低了 24.0%（Al-Kaisi et al.，2005）。在中国华北平原，玉米系统中，与秸秆不还田相比，秸秆还田 2012 年和 2013 年土壤 CO_2 排放分别降低了 35.4%和 19.9%（Liu et al.，2014）。因此，耕作措施与秸秆还田方式对土壤 CO_2 排放的影响机理尚未清楚，开展更深入的研究揭示其机理，为实现高产、低碳、高效的农业生产模式提供理论支撑。

1.3.3 免耕与秸秆还田对稻田土壤 CH_4 排放的影响

耕作措施是影响 CH_4 排放的重要因素，耕作措施通过影响土壤物理、化学和生物性质，从而影响 CH_4 排放（Li et al.，2012；Kim et al.，2016）。众多研究表明，免耕能减少稻田 CH_4 排放（Hanaki et al.，2002；Ahmad et al.，2009）。例如，Hanaki 等（2002）研究表明，与翻耕相比，免耕的稻田土壤 CH_4 排放降低了 50%。Ahmad 等（2009）研究也表明免耕显著降低了 CH_4 排放，其原因可能是免耕加剧土壤板结，延长 CH_4 排放出土壤的路径，同时降低了 CH_4 通过水稻根系与茎秆向大气的排放（Smith et al.，2001；Li et al.，2012）。而且，免耕促进土壤表面秸秆的积累，秸秆降解减少土壤的 O_2 含量，降低土壤氧化还原电位，从而降低 CH_4 排放（Zhang et al.，2013）。另外，土壤 CH_4 排放与土壤温度密切相关（Zhu et al.，2007；Bossio et al.，1999），免耕降低土壤表面的温度，从而降低 CH_4 排放（Khalil et al.，1998）。然而，Kim 等（2016）表示，短期免耕有利于降低土壤 CH_4 排放，而长期免耕则增加了 CH_4 排放；与翻耕相比，免耕第一年 CH_4 排放降低 20.0%，第二年降低 27.0%，而第五年 CH_4 排放增加 36.0%，这可能是 5 年的免耕增加产甲烷菌的丰度，促进 CH_4 排放。同时，5 年的免耕增加土壤容重，降低土壤的 O_2 可利用性，减缓土壤有机碳的降解，降低土壤 CH_4 排放（Kim et al.，2016）。

水稻秸秆被认为是稻田土壤生态系统产生 CH_4 的主要碳源（Yuan et al.，2012；Zhang et al.，2015）。研究表明，与秸秆不还田相比，秸秆还田在水稻淹水条件下增加了 CH_4 排放（Zou et al.，2005）。例如，Wang 等（2016）发现与秸秆还田相比，秸秆不还田 CH_4 排放降低了 44.7%。Tang 等（2016）也指出，与秸秆不还田相比，秸秆还田增加了土壤 CH_4 排放。这可能是由于秸秆还田不仅为产甲烷菌提供了代谢底物，而且刺激了稳定土壤有机碳的降解，从而促进了 CH_4 排放（Guenet et al.，2012；Yuan et al.，2014）。也有研究表明，秸秆还田遮挡了阳光的直射，降低了土壤的温度，降低了土壤 CH_4 排放（Zhang et al.，2015；Zhu et al.，2016；Ye et al.，2017）；而厌氧条件下秸秆降解不仅为产甲烷菌提供了碳源，也迅速降低了土壤氧化还原电位，促进了 CH_4 排放（Ma et al.，2008）。

1.3.4 免耕与秸秆还田对稻田土壤 N_2O 排放的影响

耕作措施对稻田土壤 N_2O 排放有很大影响，主要通过改变土壤水分、碳源和 O_2 的可利用性，影响 N_2O 排放。一些研究发现免耕可以降低土壤 N_2O 排放（Zhang et al.，2015；Zhu et al.，2016）。例如，Zhang 等（2015）发现相比于翻耕，免耕降低了稻田土壤 N_2O 排放。这可能是因为免耕增加了土壤环境的稳定性与土壤食物链功能群体的完整性，有利于土壤氮固定（Zhu et al.，2016）。Venterea 等（2011）则指出免耕增加了土壤湿度，降低了土壤温度，因此抑制了土壤硝化作用；而且，免耕条件下土壤碳氮比高于翻耕，进一步抑制了土壤反硝化作用（Bengtsson et al.，2003）；另外，免耕促进了杂草的生长，因而需要施用更多的除草剂，这可能进一步抑制了 N_2O 排放（Maraseni et al.，2007）。然而，有些研究发现免耕增加了土壤 N_2O 排放（Six et al.，2002；Zhang et al.，2011；Ludwig et al.，2011）。例如，Zhang 等（2011）发现免耕促进了土壤表面秸秆的积累，为反硝化细菌提供碳源，促进反硝化作用，增加了 N_2O 排放。Rochette（2008）发现免耕有利于形成厌氧环境，增加土壤碳与氮、土壤湿度，促进了反硝化作用。Six 等（2002）发现大团聚体内部容易形成厌氧环境，促进了反硝化作用，从而增加 N_2O 排放。也有研究表明，耕作对 N_2O 排放无显著影响（Baggs et al.，2006）。这可能是由不同的施肥方式导致的（Zhang et al.，2011）。这些研究结果的不一致，主要是由于耕作措施对 N_2O 的影响，受到土壤性质、气候条件、施肥方式等因素的影响（Ahmad et al.，2009）。Rochette 等（2008）综合分析了 25 个不同土壤类型的田间试验结果，发现免耕对 N_2O 排放的影响，取决于土壤的通气性。在通气性良好的土壤条件下，免耕较翻耕降低了 N_2O 排放；而在通气性中等和较差的土壤条件下，与翻耕相比，免耕增加 N_2O 排放。

作物秸秆是一种重要的生物资源，全球农业系统每年生产大约 40 亿 t 的秸秆（Lal，2005）。秸秆还田越来越被大众所接受，这是由于秸秆还田减少了肥料投入，增加土壤碳固定，提高作物产量（Turmel et al.，2014；Huang et al.，2013）。秸秆还田对 N_2O 排放有重要影响（Chen et al.，2017）。在稻田中，秸秆还田能够改变微生物群落组成，调控氮循环的生物化学过程，进而影响 N_2O 排放（Chen et al.，2013）。一般认为，秸秆还田增加了 N_2O 排放（Liu et al.，2011；Huang et al.，2013）。例如，Liu 等（2011）研究表明，小麦秸秆还田 N_2O 排放增加了 58%，这主要是因为秸秆为土壤微生物提供了碳源，而且大量施用氮肥导致土壤中有大量的氮，所以促进了土壤反硝化作用（Pathak et al.，2005）。同时，秸秆降解为异养菌和反硝化菌提供了碳源，这些微生物繁殖，消耗了大量的 O_2，为反硝化作用提供了厌氧环境（Huang et al.，2013）。土壤硝化与反硝化作用与土壤湿度密切相关，在土壤孔隙含水量为60%时，秸秆还田增加了土壤 N_2O 排放，而在土壤孔隙含水量为90%时，秸秆还田降低了 N_2O 排放（Zhou et al.，2017）。也有研究表明，秸秆还田降低了 N_2O 排放或对其无显著影响，这可能与过高的秸秆碳氮比有关。微生物降解秸秆时，会与异养菌或反硝化菌竞争氮源（Ambus et al.，2001；Malhi et al.，2006），秸秆还田增加了土壤碳氮比，降低了氮的相对含量，因此降低了产 N_2O 的土壤微生物丰度，从而减少 N_2O 排放。目前关于秸秆还田对 N_2O 排放的影响研究较多，但受限于试验所处位置、气候、土壤、种植制度等的影响，所得出的结论各不相同，尚无统一结论，还有待进一步探讨。

参考文献

曹凑贵，李成芳，展茗，等，2011. 稻田管理措施对土壤碳排放的影响. 中国农业科学，44（1）：93-98.

陈雪，苏布达，温姗姗，等，2018. 全球升温1.5℃与2.0℃情景下中国东南沿海致灾气旋的时空变化. 热带气象学报，34（5）：695-704.

丁洪，蔡贵信，王跃思，等，2001. 华北平原不同作物-潮土系统中 N_2O 排放量的测定. 农业环境科学学报，20：7-9.

董红敏，李玉娥，陶秀萍，等，2008. 中国农业源温室气体排放与减排技术对策. 农业工程学报，24（10）：269-273.

董文军，来永才，孟英，等，2015. 稻田生态系统温室气体排放影响因素的研究进展. 黑龙江农业科学，5：145-148.

高旺盛，2011. 中国保护性耕作制. 北京：中国农业大学出版社.

葛会敏，陈璐，于一帆，等，2015. 稻田甲烷排放与减排的研究进展. 中国农学通报，31（3）：160-166.

国家统计局农村社会经济调查司，2019. 中国农村统计年鉴：2019. 北京：中国统计出版社.

侯玉兰，王军，陈振楼，等，2012. 崇明岛稻麦轮作系统稻田温室气体排放研究. 农业环境科学学报，3（9）：1862-1867.

黄禄星，黄国勤，2007. 保护性耕作及其生态效应研究进展. 江西农业学报，19（1）：112-115.

黄满堂，王体健，赵雄飞，等，2019. 2015年中国地区大气甲烷排放估计及空间分布. 环境科学学报，39（5）：1371-1380.

黄耀，邹建文，宗良纲，等，2003. 稻田 CO_2，CH_4 及 N_2O 排放及其影响因素. 环境科学学报，23（6）：758-764.

金攀，2010. 美国保护性耕作发展概况及发展政策. 农业工程技术：农产品加工业（11）：23-25.

李安宁，范学民，吴传云，等，2006. 保护性耕作现状及发展趋势. 农业机械学报，37（10）：177-180.

李成芳，曹凑贵，汪金平，等，2009. 不同耕作方式下稻田土壤 CH_4 和 CO_2 的排放及碳收支估算. 农业环境科学学报，28（12）：2482-2488.

李方敏，樊小林，刘芳，等，2004. 控释肥料对稻田氧化亚氮排放的影响. 应用生态学报，15（11）：2170-2174.

李晶，王明星，陈德章，1998. 水稻田 CH_4 的减排方法研究及评价. 大气科学，223：354-362.

李平，郎漫，李淼，等，2018. 不同施肥处理对东北黑土温室气体排放的短期影响. 环境科学，5：1-9.

李香兰，马静，徐华，等，2008. 水分管理对水稻生长期 CH_4 和 N_2O 排放季节变化的影响. 农业环境科学学报，2：535－541.
李栢锦，隋鹏，龙攀，等，2016. 不同有机物料还田对农田系统净温室气体排放的影响. 农业工程学报，32（S2）：111－117.
廖千家骅，2011. 中国农田 N_2O 和稻田 CH_4 排放的模型估算及减排措施评估. 北京：中国科学院大学.
刘丽，白秀广，姜志德，2019. 国内保护性耕作研究知识图谱分析——基于 CNKI 的数据．干旱区资源与环境，33（4）：76－81.
吕小红，2011. 不同株型水稻品种氮肥利用差异及其生理基础. 沈阳：沈阳农业大学.
马二登，马静，徐华，等，2009. 施肥对稻田 N_2O 排放的影响. 农业环境科学学报，28（12）：2453－2458.
彭少兵，2014. 对转型时期水稻生产的战略思考. 中国科学：生命科学，44：845－850.
彭世彰，李道西，缴锡云，等，2006. 节水灌溉模式下稻田甲烷排放的季节变化. 浙江大学学报（农业与生命科学版），5：546－550.
齐玉春，董云社，章申，2000. 农业微环境对土壤温室气体排放的影响. 中国生态农业学报，8：45－48.
上官行健，王明星，Wassmann R，等，1993. 稻田土壤中甲烷产生率的实验研究. 大气科学，17：604－610.
邵美红，孙加焱，阮关海，2011. 稻田温室气体排放与减排研究综述浙江农业学报，23（1）：181－187.
孙会峰，周胜，陈桂发，等，2015. 水稻品种对稻田 CH_4 和 N_2O 排放的影响. 农业环境科学学报，34（8）：1595－1602.
孙志强，郝庆菊，江长胜，等，2010. 农田土壤 N_2O 的产生机制及其影响因素研究进展. 土壤通报（6）：1524－1530.
王楷，李伏生，方泽涛，等，2017. 不同灌溉模式和施氮量条件下稻田甲烷排放及其与有机碳组分关系. 农业环境科学学报，36（5）：1012－1020.
王平，魏丽，杜筱玲，等，2008. 1990—2000 年中国稻田甲烷排放变化模拟. 地球信息科学，10（5）：573－577.
王晓萌，孙羽，王麒，等，2018. 稻田温室气体排放与减排研究进展. 黑龙江农业科学，7：149－154.
位国建，荐世春，方会敏，等，2019. 北方旱作区保护性耕作技术研究现状及展望. 中国农机化学报，40（3）：195－200，211.
吴琼，王强盛，2018. 稻田种养结合循环农业温室气体排放的调控与机制. 中国生态农业学报，10：633－642.
夏龙龙，颜晓元，蔡祖聪，2020. 我国农田土壤温室气体减排和有机碳固定的研究进展及展望. 农业环境科学学报，39（4）：834－841.
夏仕明，陈洁，蒋玉兰，等，2017. 稻田 N_2O 排放影响因素与减排研究进展. 中国稻米，23（2）：5－9.
谢军飞，李玉娥，2002. 农田土壤温室气体排放机理与影响因素研究进展. 中国农业气象，4：48－53.
谢小立，王卫东，上官行健，等，1995. 施肥对稻田甲烷排放的影响. 农村生态环境，11（1）：10－14.
邢阳平，2007. 长江中下游地区淡水湖泊水—气界面碳交换及机制研究. 武汉：中国科学院水生生物研究所.
徐华，邢光喜，蔡祖聪，等，2000. 土壤水分状况和质地对稻田 N_2O 排放的影响. 土壤学报，4：499－505.
杨云，黄耀，姜纪峰，2005. 土壤理化特性对冬季菜地 N_2O 排放的影响. 生态与农村环境学报，21：7－12.
易琼，杨少海，卢钰升，等，2013. 施肥对稻田甲烷与氧化亚氮排放的影响. 生态环境学报，22（8）：1432－1437.
张广斌，马静，徐华，等，2009. 中国稻田 CH_4 排放量估算研究综述. 土壤学报，46（5）：907－916.
张国，王效科，2020. 我国保护性耕作对农田温室气体排放影响研究进展. 农业环境科学学报，39（4）：872－881.
张涛，高大文，2008. 稻田 CH_4 排放研究进展. 湿地科学，6（2）：130－135.
张怡，吕世华，马静，等，2014. 控释肥料对覆膜栽培稻田 N_2O 排放的影响. 应用生态学报，25（3）：769－775.

张宇，张海林，陈继康，等，2009. 耕作措施对华北农田 CO_2 排放影响及水热关系分析. 农业工程学报，25（4）：47－53.

张玉铭，胡春胜，张佳宝，等，2011. 农田土壤主要温室气体（CO_2、CH_4、N_2O）的源/汇强度及其温室效应研究进展. 中国生态农业学报，19（4）：966－975.

张振贤，华路，尹逊霄，等，2005. 农田土壤 N_2O 的发生机制及其主要影响因素. 首都师范大学学报（自然科学版），26（3）：114－120.

赵红，2015. 施肥及秸秆还田对中国农田土壤固碳、温室气体排放及粮食产量的影响. 北京：中国科学院大学.

郑循华，王明星，王跃思，等，1996. 稻麦轮作生态系统中土壤湿度对 N_2O 产生与排放的影响. 应用生态学报，7（3）：273－27.

郑循华，王明星，王跃思，等，1997. 温度对农田 N_2O 产生与排放的影响. 环境科学，18（5）：1－5.

中国农业机械工业学会，2018. 中国农业机械工业年鉴 2018. 北京：机械工业出版社.

周曙东，朱红根，2010. 气候变化对中国南方水稻产量的经济影响及其适应策略. 中国人口·资源与环境，20（10）：152－157.

朱玫，田洪海，李金龙，等，1996. 大气 CH_4 的源和汇. 环境保护科学，22（2）：5－9.

朱咏莉，吴金水，朱博宇，等，2007. 排水措施对稻田 CO_2 通量的影响. 农业环境科学学报，26（6）：2206－2210.

邹建文，黄耀，宗良纲，等，2003. 稻田 CO_2、CH_4 和 N_2O 排放及其影响因素. 环境科学学报，23（6）：758－764.

Abdalla K，Chivenge P，Ciais P，et al.，2016. No-tillage lessens soil CO_2 emissions the most under arid and sandy soil conditions：results from a meta-analysis. Biogeosciences，13：3619－3633.

Abdalla M，Osborne B，Lanigan G J，et al.，2013. Conservation tillage systems：a review of its consequences for greenhouse gas emissions. Soil Use and Management，29：199－209.

Abro S A，Tian X H，You D H，et al.，2011. Emission of carbon dioxide influenced by nitrogen and water levels from soil incubated straw. Plant Soil and Environment，57：295－300.

Ahamd S，Li C，Dai G，et al.，2009. Greenhouse gas emission from direct seeding paddy field under different rice tillage systems in central China. Soil & Tillage Research，106：54－61.

Al-Kaisi M M，Yin X H，Licht M A，2005. Soil carbon and nitrogen changes as influenced by tillage and cropping systems in some Iowa soils. Agricuture，Ecosystems & Environment，105：635－647.

Ambus P，Jensen E S，Robertson G P，2001. Nitrous oxide and N-leaching losses from agricultural soil：influence of crop residue particle size，quality and placement. Phyton-Annales Rei Botanicae A.，41：7－15.

Baggs E M，2008. A review of stable isotope techniques for N_2O source partitioning in soils：recent progress，remaining challenges and future considerations. Rapid Communications in Mass Spectrometry，22：1664－1672.

Baggs E M，Chebii J，Ndufa J K，2006. A short-term investigation of trace gas emissions following tillage and no-tillage of agroforestry residues in western Kenya. Soil & Tillage Research，90：69－76.

Baker J M，Ochsner T E，Venterea R T，et al.，2007. Tillage and soil carbon sequestration—What do we really know? Agriculture，Ecosystems & Environment，118（1－4）：1－5.

Barnard R，Leadley P W，Hungate B A，2005. Global change，nitrification，and denitrification：a review. Global Biogeochemical Cycles，19：2282－2298.

Benbi D，Toor A，Kumar S，2012. Management of organic amendments in rice-wheat cropping system determines the pool where carbon is sequestered. Plant and Soil，360：145－162.

Bengtsson G，Bengtson P，Månsson K F，2003. Gross nitrogen mineralization-，immobilization-，and nitrification rates as a function of soil C/N ratio and microbial activity. Soil Biology and Biochemistry, 35: 143-154.

Bhattacharyya P, Roy K, Neogi S, 2012. Effects of rice straw and nitrogen fertilization on greenhouse gas emissions and carbon storage in tropical flooded soil planted with rice. Soil & Tillage Research, 124: 119-130.

Bossio D A, Horwath W R, Mutters R G, et al., 1999. Methane pool and flux dynamics in a rice field following straw incorporation. Soil Biology and Biochemistry, 31: 1313-1322.

Buragienė S, Šarauskis E, Romaneckas K, et al., 2015. Experimental analysis of CO_2 emissions from agricultural soils subjected to five different tillage systems in lithuania. Science of the Total Environment, 514: 1-9.

Busari M A, Salako F K, 2015. Soil hydraulic properties and maize root growth after application of poultry manure under different tillage systems in Abeokuta, southwestern Nigeria. Archives of Agronomy and Soil Science, 61: 223-237.

Chen H, Li X, Hu F, et al., 2013. Soil nitrous oxide emissions following crop residue addition: a meta-analysis. Global Change Biology, 19: 2956-2964.

Corsi S, Friedrich T, Kassam A, et al., 2012. Soil organic carbon accumulation and greenhouse gas emission reductions from conservation agriculture: A literature review, integrated crop management. Rome: FAO.

Dlugokencky E D, Nisbet E G, Fisher R, et al., 2011. Global atmosphericmethane: budget, changes and dangers. Philosophical Transactions of the Royal Society A., 369: 2058-2072.

Dossou-Yovo E R, Brüggemann N, Jesse N, et al., 2016. Reducing soil CO_2 emission and improving upland rice yield with no-tillage, straw mulch and nitrogen fertilization in northern Benin. Soil & Tillage Research, 156: 44-53.

ECAF, 2011. European Congreszrs on Conservation Agriculture, 2011. http://www.ecaf.org.

Elisabeth J, 2008. The effects of land use, temperature and water level fluctuations on the emission of nitrous oxide (N_2O) and carbon dioxide. Reykjavik: University of Iceland.

Francaviglia R, Bene C D, Farina R, et al., 2017. Soil organic carbon sequestration and tillage systems in the Mediterranean Basin: a data mining approach. Nutrient Cycling in Agroecosystems, 107: 125-137.

Frey S D, Elliott E T, Paustian K, 1999. Bacterial and fungal abundance and biomass in conventional and no-tillage agroecosystems along two climatic gradients. Soil Biology and Biochemistry, 31: 573-585.

Gathala M K, Ladha J K, Saharawat Y S, et al., 2011. Effect of tillage and crop establishment methods on physical properties of a medium-textured soil under a seven-year rice-wheat rotation. Soil Science Society of America Journal, 75: 1851-1862.

Guenet B, Juarez S, Bardoux G, et al., 2012. Evidence that stable C is as vulnerable to priming effect as is more labile C in soil. Soil Biology and Biochemistry, 52: 43-48.

Guo L J, Lin S, Liu T Q, et al., 2016. Effects of conservation tillage on topsoil microbial metabolic characteristics and organic carbon within aggregates under a rice (*Oryza sativa* L.)-wheat (*Triticum aestivum* L.) cropping system in central China. Plos One, 11: e0146145.

Guo L J, Zhang Z S, Wang D D, et al., 2015. Effects of short-term conservation management practices on soil organic carbon fractions and microbial community composition under a rice-wheat rotation system. Biology and Fertility of Soils, 51 (1): 65-75.

Guo L J, Zheng S, Cao C, et al., 2016. Tillage practices and straw-returning methods affect topsoil bacterial community and organic C under a rice-wheat cropping system in central China. Scientific Reports, 6

(1): 33155.

Han X, Xu C, Dungait J A J, et al., 2018. Straw incorporation increases crop yield and soil organic carbon sequestration but varies under different natural conditions and farming practices in China: a system analysis. Biogeosciences, 15: 1933-1946.

Hanaki M, Toyoaki I, Saigysa M, 2002. Effect of no-tillage rice cultivation on methane emission in three paddy field of different soil types with rice straw application. Japanese Society of Soil Science and Plant Nutrition, 73: 135-143.

Heimann M, 2011. Enigma of the recent methane budget. Nature, 476: 157-161.

Hobbs P R, Sayre K, Gupta R, 2008. The role of conservation agriculture in sustainable agriculture. Philosophical Transactions of the Royal Society Biological Sciences, 363: 543-555.

Hooker B A, Morris T F, Peters R, et al., 2005. Long-term effects of tillage and corn stalk return on soil carbon dynamics. Soil Science Society of America of Journal, 69: 188-196.

Huang M, Jiang L, Zou Y, et al., 2013. Changes in soil microbial properties with no-tillage in Chinese cropping systems. Biology and Fertility of Soils, 49: 373-377.

IPCC, 2000. Good practice guidance and uncertainty management in national greenhouse gas inventories. Kanagawa: IPCC.

IPCC, 2006. Agriculture, Forestry and Other Land Use//2016 IPCC Guidelines for National Greenhouse Gas Inventories. Kanagawa: IPCC.

IPCC, 2007. Climate Change 2007: Mitigation of climate change//Contribution of working group III to the fourth assessment report of the intergovernmental panel on climate change. Cambridge: Cambridge University Press: 63-67.

IPCC, 2013. Climate change 2013: The physical science basis. Cambridge: Cambridge University Press.

IPCC, 2014. Climate Change 2014: Mitigation of Climate Change//Working Group III Contribution to the Fourth Assessment Report of the IPCC. Cambridge: Cambridge University Press.

Jiang C M, Yu W T, Ma Q, et al., 2017. Alleviating global warming potential by soil carbon sequestration: A multi-level straw incorporation experiment from a maize cropping system in Northeast China. Soil & Tillage Research, 170: 77-84.

Jiang Y, Van Groenigen K J, Huang S, et al., 2017. Higher yields and lower methane emissions with new rice cultivars. Global Change Biology, 23: 4728-4738.

Jin V L, Schmer M, Stewart C, et al., 2017. Long-term no-till and stover retention each decrease the global warming potential of irrigated continuous corn. Global Change Biology, 23: 2848-2862.

Khalil M A K, Rasmussen R A, Shearer M J, et al., 1998. Emissions of methane, nitrous oxide, and other trace gases from rice fields in China. Journal of Geophysical Research, 103: 25241-25250.

Khosa M K, Sidhu B S, Benbi D K, 2010. Effect of organic materials and rice cultivars on methane emission from rice field. Journal of Environmental Biology, 31: 281-285.

Kim S Y, Gutierrez J, Kim P J, 2016. Unexpected stimulation of CH_4 emissions under continuous no-tillage system in mono-rice paddy soils during cultivation. Geoderma, 267: 34-40.

Klotz M G, Stein L Y, 2008. Nitrifier genomics and evolution of the nitrogen cycle. FEMS Microbiology Letters, 278 (2): 146-156.

Knorr W, Prentice I C, House J I, et al., 2005. Long-term sensitivity of soil carbon turnover to warming. Nature, 433: 298-301.

Lal R, 1997. Residue management, conservation tillage and soil restoration for mitigating greenhouse effect by CO_2-enrichment. Soil & Tillage Research, 43: 81-107.

Lal R, 2004. Soil carbon sequestration impacts on global climate change and food security. Science, 304: 1623 - 1627.

Li C, Kou Z, Yang J, et al., 2010. Soil CO_2 fluxes from direct seeding rice fields under two tillage practices in central China. Atmospheric Environment, 44: 2696 - 2704.

Li C F, Zhou D N, Kou Z K, et al., 2012. Effects of tillage and nitrogen fertilizers on CH_4 and CO_2 emissions and soil organic carbon in paddy fields of central China. Plos One, 7: e34642.

Li J L, Li Y, Wan Y, et al., 2018. Combination of modified nitrogen fertilizers and water saving irrigation can reduce greenhouse gas emissions and increase rice yield. Geoderma, 315: 1 - 10.

Liu C, Lu M, Cui J, et al., 2014. Effects of straw carbon input on carbon dynamics in agricultural soils: a meta-analysis. Global Change Biology, 20: 1366 - 1381.

Liu C, Wang K, Meng S, et al., 2011. Effects of irrigation, fertilization and crop straw management on nitrous oxide and nitric oxide emissions from a wheat-maize rotation field in northern China. Agriculture, Ecosystems & Environment, 140: 226 - 233.

Liu R M, Huang S N, Lin C W, 2003. Methane emission from fields with differences in nitrogen fertilizers and rice varieties in Taiwan paddy soils. Chemosphere, 50: 237 - 246.

Liu X Y, Zhou T, Liu Y, et al., 2019. Effect of mid-season drainage on CH_4 and N_2O emission and grain yield in rice ecosystem: A meta-analysis. Agricultural Water Management, 213: 1028 - 1035.

Ludwig B, Bergstermann A, Priesack E, et al., 2011. Modelling of crop yields and N_2O emissions form silty arable soils with differing tillage in two long-term experiments. Soil & Tillage Research, 112 (2): 114 - 121.

Ma J, Xu H, Yagi K, et al., 2008. Methane emission from paddy soils as affected by wheat straw returning mode. Plant and Soil, 313: 167 - 174.

Malhi S S, Lemke R, Wang Z H, et al., 2006. Tillage, nitrogen and cropresidue effects on crop yield nutrient uptake, soil quality, and greenhouse gas emissions. Soil & Tillage Research, 90: 171 - 183.

Maraseni T N, Cockfield G, Apan A, 2007. A comparison of greenhouse gas emissions from inputs into farm enterprises in Southeast Queensland, Australia. Journal of Environmental Science and Health A., 42: 11 -19.

Marhan S, Auber J, Poll C, 2015. Additive effects of earthworms, nitrogen-rich litter and elevated soil temperature on N_2O emission and nitrate leaching from an arable soil. Applied Soil Ecology, 86: 55 - 61.

Mer J L, Roger P, 2001. Production, oxidation, emission and consumption of methane by soils: A review. European Journal of Soil Biology, 37: 25 - 50.

Pathak H, Li C, Wassmann R, 2005. Greenhouse gas emissions from Indian rice fields: calibration and upscaling using the DNDC model. Biogeosciences, 2: 113 - 123.

Peters G P, 2010. Carbon footprints and embodied carbon at multiple scales. Current Opinion in Environmental Sustainability, 2 (4): 245 - 250.

Ranaivoson L, Naudin K, Ripoche A, et al., 2017. Agro-ecological functions of crop residues under conservation agriculture: A review. Agronomy for Sustainable Development, 37: 26.

Rasmussen K J, 1999. Impact of ploughless soil tillage on yield and soil quality: A Scandinavian review. Soil & Tillage Research, 53: 3 - 14.

Rasmussen P E, Collins H P, 1991. Long-term impacts of tillage, fertilizer, and crop residue on soil organic matter in temperate semiarid regions. Advances in Agronomy, 45: 93-134.

Rochette P, 2008. No-till only increases N_2O emissions in poorly-aerated soils. Soil & Tillage Research, 101: 97 - 100.

Rochette P，Flanagan L B，1997. Quantifying rhizosphere respiration in a corn crop under field conditions. Soil Science Society of America Journal，61：466 - 474.

Schlesinger W H，Andrews J W，2000. Soil respiration and the global carbon cycle. Biogeochemistry，48：7 -20.

Scopel E，Triomphe B，Affholder F，et al.，2013. Conservation agriculture cropping systems in temperate and tropical conditions：performances and impacts：A review. Agronomy for Sustainable Development，33：113 - 130.

Sheng F，Cao C G，Li C F，2018. Integrated rice-duck farming decreases global warming potential and increases net ecosystem economic budget in central China. Environmental Science and Pollution Research，25：22744- 22753.

Six J，Elliott E T，Paustian K，2000. Soil macroaggregate turnover and microaggregate formation：a mechanism for C sequestration under no-tillage agriculture. Soil Biology and Biochemistry，32：2099 - 2103.

Six J，Guggenberger G，Paustian K，et al.，2002. Sources and composition of soil organic matter fractions between and within aggregates. European Journal of Soil Science，52：607 - 618.

Smith P，Goulding K W，Smith K A，et al.，2001. Enhancing the carbon sink in European agricultural soils：including trace gas fluxes in estimates of carbon mitigation potential. Nutrient Cycling in Agroecosystems，60：237 - 252.

Sun Z C，Guo Y，Li C F，et al.，2019. Effects of straw returning and feeding on greenhouse gas emissions from integrated rice-crayfish farming in Jianghan Plain，China. Environmental Science and Pollution Research，26：11710 - 11718.

Tang S，Cheng W，Hu R，et al.，2016. Simulating the effects of soil temperature and moisture in the offrice season on rice straw decomposition and subsequent CH_4 production during the growth season in a paddy soil. Biology and Fertility of Soils，52：739 - 748.

Tao F L，Palosuo T，Valkama E，et al.，2019. Cropland soils in China have a large potential for carbon sequestration based on literature survey. Soil & Tillage Research，186：70 - 78.

Turmel M M S，Speratti A，Baudron F，et al.，2014. Crop residue management and soil health：a systems analysis. Agricultural Systems，134：6 - 16.

Van Oost K，Quine T，Govers G，et al.，2007. The impact of agricultural soil erosion on the global carbon cycle. Science，318：626 - 629.

Venterea R T，Bijesh M，Dolan M S，2011. Fertilizer source and tillage effects on yieldscaled nitrous oxide emissions in a corn cropping system. Journal of Environmental Quality，40：1521 - 1531.

Vergé X P C，De Kimpe C，Desjardins R L，2007. Agricultural production，greenhouse gas emissions and mitigation potential. Agricultural and Forest Meteorology，142 (2 - 4)：255 - 269.

Vermeulen S J，Aggarwal P K，Ainslie A，et al.，2012. Options for support to agriculture and food security under climate change. Environmental and Science Policy，15：136 - 144.

Virto I，Barré P，Burlot A，et al.，2012. Carbon input differences as the main factor explaining the variability in soil organic C storage in no-tilled compared to inversion tilled agroecosystems. Biogeochemistry，108：17 - 26.

Wang J Z，Wang X J，Xu M G，et al.，2015. Crop yield and soil organic matter after long-term straw return to soil in China. Nutrient Cycling in Agroecosystems，102：371 - 381.

Wang W，Wu X，Chen A，et al.，2016. Mitigating effects of ex situ application of rice straw on CH_4 and N_2O emissions from paddy-upland coexisting system. Scientific Reports，6：37402.

Well R，Flessa H，Lu X，et al.，2008. Isotopologue ratios of N_2O emitted from microcosms with NH_4^+ fertilized arable soils under conditions favoring nitrification. Soil Biology and Biochemistry，40：2416－2426.

Wolf I，Russow R，2000. Different pathways of formation of N_2O，N_2 and NO in black earth soil. Soil Biology and Biochemistry，32：229－239.

Wrage N，Velthof G L，Beusichem M L，et al.，2001. Role of nitrifier denitrification in the production of nitrous oxide. Soil Biology and Biochemistry，33 (12/13)：1723－1732.

Yan X，Shi S L，Du L J，et al.，2000. Pathways of N_2O emission from rice paddy soil. Soil Biology and Biochemistry，32：437－440.

Ye R，Horwath W R，2017. Influence of rice straw on priming of soil C for dissolved organic C and CH_4，production. Plant and Soil，417：1－11.

Yuan Q，Pump J，Conrad R，2012. Partitioning of CH_4 and CO_2 production originating from rice straw，soil and root organic carbon in rice microcosms. Plos One，7：e49073.

Yuan Q，Pump J，Conrad R，2014. Straw application in paddy soil enhances methane production also from other carbon sources. Biogeosciences，11：237－246.

Zhang G，Wang X K，Sun B F，et al，2016. Status of mineral nitrogen fertilization and net mitigation potential of the state fertilization recommendation in Chinese cropland. Agricultural Systems，146：1－10.

Zhang G，Wang X K，Zhang L，et al.，2018. Carbon and water footprints of major cereal crops production in China. Journal of Cleaner Production，194：613－623.

Zhang H L，Bai X L，Xue J F，et al.，2013. Emissions of CH_4 and N_2O under different tillage systems from double-cropped paddy fields in southern china. Plos One，8：e65277.

Zhang J S，Zhang F P，Yang J H，et al.，2011. Emissions of N_2O and NH_3，and nitrogen leaching from direct seeded rice under different tillage practices in central china. Agriculture，Ecosystems & Environment，140：164－173.

Zhang Z S，Chen J，Liu T Q，et al.，2016. Effects of nitrogen fertilizer sources and tillage practices on greenhouse gas emissions in paddy fields of central China. Atmospheric Environment，144：274－281.

Zhang Z S，Guo L J，Liu T Q，et al.，2015. Effects of tillage practices and straw returning methods on greenhouse gas emissions and net ecosystem economic budget in rice-wheat cropping systems in central China. Atmospheric Environment，122：636－644.

Zhou Y，Zhang Y，Tian D，et al.，2017. The influence of straw returning on N_2O emissions from a maize-wheat field in the north china plain. Science of the Total Environment，584－585：935－941.

Zhu R，Liu Y，Sun L，Xu H.，2007. Methane emissions from two tundra wetlands in eastern Antarctica. Atmospheric Environment，41：4711－4722.

Zhu X，Chang L，Liu J，et al.，2016. Exploring the relationships between soil fauna，different tillage regimes and CO_2 and N_2O emissions from black soil in China. Soil Biology and Biochemistry，103：106－116.

Zou J W，Huang Y，Lu Y，et al.，2005. Direct emission factor for N_2O from rice-winter wheat rotation systems in southeast China. Atmospheric Environment，39：4755－4765.

2 秸秆还田量对稻田温室气体排放的影响

2.1 稻田秸秆还田研究进展

CH_4 和 N_2O 是大气中重要的温室气体（IPCC，2014）。尽管它们的浓度远低于大气中的 CO_2，但它们的增温潜势分别是 CO_2 的 25 倍和 298 倍（Munoz et al.，2010）。大气中大约 40%的 CH_4 和 60%的 N_2O 来自农业活动（Zou et al.，2003）。稻田是温室气体的重要来源，稻田种植的 CH_4 和 N_2O 的年产量分别达到 7.22～8.64Tg 和 88～98.1Gg（Liu et al.，2010）。因此，迫切需要制定更有效的策略来减轻稻田温室气体的排放，以实现水稻的清洁和可持续生产。

2014 年，中国的农作物秸秆产量达到约 7.033 亿 t，并且以每年约 900 万 t 的量增长（Yin et al.，2017）。在中国，传统耕作模式中作物秸秆通常通过燃烧处理，这会导致农业资源的严重损失，同时还会导致农田温室气体的排放增加（Romasanta et al.，2017）。近年来，秸秆还田作为解决这些问题的一种策略得到了推广（Zhou et al.，2017）。作物秸秆通常在粉碎后掺入土壤中，这有利于土壤与秸秆之间的接触，从而加速秸秆的分解（郭冬生等，2016）。据报道，秸秆还田可以提高土壤肥力（Zhang et al.，2019），促进作物生产（Feng et al.，2019），并减少环境污染（Zhang et al.，2015）。但是，关于秸秆还田对温室气体排放影响的研究结果不一致。例如，Sun 等（2019）发现，与移除秸秆相比，秸秆还田可显著增加 CH_4 和 N_2O 排放，分别增加 34.9%～46.1%和 6.2%～23.1%。Wang 等（2018）报告也表明，秸秆还田会导致稻田 CH_4 和 N_2O 排放量增加。然而，Zhang 等（2019）发现，与秸秆不还田相比，秸秆还田可以减少稻田的温室气体排放。李成芳等（2011）报道也表示，尽管秸秆还田增加了稻田的 N_2O 排放量，但可以显著减少 CH_4 排放量。迄今为止，秸秆还田的报道没有统一的结论，产生这一现象的原因可能是秸秆还田量和土壤类型的差异（Zhang et al.，2015）。因此，非常有必要弄清楚不同水平的秸秆还田对清洁农作物生产的温室气体排放的影响。

与农业实践密切相关的碳足迹（CF），因其在量化作物生产中温室气体总排放量方面的价值而受到越来越多的关注（Gan et al.，2011）。不合理的农业管理，包括密集耕作、肥料播撒和秸秆焚烧，可能导致高温室气体排放并对碳足迹产生负面影响（Huang et al.，2019）。Liu 等（2020）发现，氮表施比深施氮可使碳足迹增加 46%。Yadav 等（2018）指出，与免耕相比，密集耕作可增加温室气体排放并因此增加碳足迹。之前的研究表明，与秸秆不还田相比，秸秆还田可以减少温室气体排放和碳足迹（Liu et al.，2018；Dhaliwal et al.，2019）。Zhang 等（2017）证明，秸秆还田相对于秸秆清除可以将碳足迹降低 30%。Liu 等（2018）还发现了秸秆还田引起的碳足迹降低。但是，很少有研究集中在稻麦轮作系统中不同水平的秸秆还田对碳足迹的影响。

净生态系统经济效益（NEEB）通常用于评估作物产量及农业活动和全球增温潜势的成

本（Zhang et al.，2015），可为相关决策和评估作物经济收益提供理论基础。一些研究调查了耕作方式、秸秆还田和施氮等农业管理措施对 NEEB 的影响（Zhang et al.，2015，2016；Sun et al.，2019；Liu et al.，2019）。然而，稻麦轮作系统中秸秆还田对 NEEB 的影响仍然未知（Zhang et al.，2015）。稻麦轮作是中国长江中下游地区的主要种植方式，稻米和小麦的年产量约占中国粮食总产量的 30%（Gu et al.，2013）。尽管大量研究报告了秸秆还田对稻麦轮作产生的温室气体排放的影响（Li et al.，2011；Zhang et al.，2015），但还不清楚该系统对稻草还田对碳足迹和 NEEB 的综合影响。因此，本研究调查了稻麦轮作系统中不同秸秆还田量对温室气体排放、谷物产量、碳足迹和 NEEB 的影响，旨在制定一种可持续的稻草管理策略，以实现更清洁的农业生产。

2.2 研究方法

2.2.1 试验地地点

大田试验设立于中国湖北省枣阳市五店镇（东经 112.40°，北纬 32.10°）。该地点是亚热带季风气候，年均降水量为 500～1 000mm，年平均气温为 15.5℃，无霜期为 232d。土壤主要物理和化学性质如下：pH 为 6.41，总氮含量为 2.27mg/kg，总磷含量为 0.55g/kg，总钾含量为 10.6g/kg，有机碳含量为 19.78g/kg。

试验于 2016 年 6 月至 2018 年 5 月，进行为期两年的稻麦轮作试验。其中水稻（*Oryza saliva* L.）品种选择当地品种甬优 4949，小麦（*Triticum aestivum* L.）品种选择郑麦 9023。中稻于每年 6 月进行机械插秧，同年 10 月收获。小麦于 11 月进行直播，第二年 5 月收获。试验田采用随机区组设计，设置有 4 个处理，分别是：上季作物秸秆不还田（NS）、上季作物秸秆总量的 30%用作还田（1/3SR）、上季作物秸秆总量的 60%用作还田（2/3SR）和上季作物秸秆全部还田（SR）。每个处理次重复，共 12 个小区，每小区面积为 24m×16m。每个小区设置有田埂（宽 20cm，高 30cm），田埂用黑色薄膜覆盖，小区之间设有 1m 宽的保护行，保护行种植水稻，用于防止不同处理之间水肥的流窜。

2.2.2 田间管理

2.2.2.1 秸秆处理

每年作物收获季时，用久保田 4LZ－4J 收割机［久保田农业机械（苏州）有限公司］收获稻谷和小麦，随后用慧天 IJH－180 秸秆粉碎机（石家庄惠田机械有限公司）将水稻和小麦秸秆切成小块（5～7cm）并进行粉碎，然后返还入土壤中。之后，用雷沃 404 旋耕机（中国雷沃重工有限公司）对土壤进行 15cm 深度旋耕两次。NS、1/3SR 和 2/3SR 处理多余的秸秆由 9YQ－1250 秸秆打包机（德州亿农宝丰农业装备有限公司）打捆并移除。NS 处理田块所收获的水稻和小麦秸秆总量分别为每年 6.56～7.41t/hm^2 和 4.13～5.04t/hm^2。水稻和小麦秸秆的碳氮比分别为 48.03 和 80.01。

2.2.2.2 种子预处理

6 月初，由景冠 2Z－6B 插秧机将 20 日龄的水稻幼苗以 1.05×10^6 株/hm^2 的比率进行移植。在整个水稻生长季节，复合肥料（15%N、15%P_2O_5 和 15%K_2O）、尿素（46%N）和氯化钾（12%K_2O）的施用量分别为 270kg/hm^2、135kg/hm^2 和 270kg/hm^2。磷肥用作基

肥，钾肥的一半作为基肥施用，另一半在拔节阶段表施。对于氮肥，在苗期、分蘖期、拔节期和抽穗期分别施用50%、20%、20%和10%。6月初农田淹水前喷洒含10%氟诺明的30%氯丙嗪乳油或水稻生长季人工除草控制杂草。除分蘖期和收获期外，稻田的表层水层保持在3～5cm。

小麦在11月初进行轮作，麦种直接播种，播种量在150kg/hm²。通过在2～4叶片阶段喷洒15%的氯代萘酚·丙炔来控制杂草。氮、磷和钾肥的施用量分别为180kg/hm²、90kg/hm²和180kg/hm²。磷肥用作基肥，钾肥作为基肥和拔节肥均分两次施用。此外，在苗期、分蘖期、拔节期和抽穗期分别施用50%、20%、20%和10%的氮肥。除播种后进行一次灌水，此后，在小麦生长期不进行任何灌溉。

2.2.3 温室气体排放的测定

采用密闭箱-气相色谱法测定稻季和麦季CH_4与N_2O通量（Li et al.，2013）。采样箱为圆柱形不锈钢筒，高1.10m、直径0.3m。测定时间间隔与CO_2测定时间一致。每次采样时间间隔为5min，分别为0、5min、10min、15min，使用注射器抽取20mL箱内混合均匀气体收集于预先抽取真空的20mL气瓶中。N_2O检测器为电子捕获检测器（ECD），分离柱内填充料为80/100目PorpakQ，检测温度300℃，柱温65℃，载气为N_2，流速40mL/min。CH_4检测器为氢焰离子化检测器（FID），载气为N_2，流速是30mL/min；H_2为燃气，流速为30mL/min；空气为助燃气，流速为400mL/min。检测器温度为200℃，分离柱温度为55℃。N_2O与CH_4通量根据以下公式计算（Li et al.，2013）：

$$F=\rho\times dC/dt\times C273/(273+T)$$

式中，F是气体通量[mg/(m²·h)]；ρ是标准状态下气体密度；dC/dt为采样箱内气体浓度变化率；T为采样过程中采样箱内的平均温度（℃）。

在水稻生长发育期，温室气体累积排放量为相邻的两个采样时期的气体排放量累加，而相邻的两个采样时期的气体排放量为平均通量与采样时间的乘积（Singh et al.，1996）。

2.2.4 土壤功能微生物基因丰度测定

采用RT-PCR技术测定相关功能微生物基因丰度。测定过程如下：Fast DNA SPIN KIT FROM SOIL试剂盒抽提土壤总DNA。预先进行基因PCR产物的纯化和回收（QIA-quick Gel Extraction Kit凝胶回收试剂盒）。采用pGEM®-T载体和2×快速缓冲液进行籽粒连接。制备感受态大肠杆菌DH5α，进行质粒转化，培养后进行蓝白筛选。提取重组质粒DNA（质粒DNA小量提取试剂盒）。重组质粒PCR后进行测序鉴定，紫外分光光度计测重组质粒OD值，求得OD260的平均值；计算重组质粒的质量浓度。采用SYBR-GREEN法分析绝对定量，25μL定量PCR反应体系中包括2×SYBR Premix Ex *Taq* TM（premixof d NTPs，*Taq* DNA polymerase，PCR buffers and SYBR green）12.5μL，引物（浓度为10μmol/L）各0.5μL及10倍稀释的模板DNA 2μL。RT-PCR反应在Bio-rad iQ5机器上运行，均采用touchdown程序。在RT-PCR配套的96孔板上点样，连同氨氧化细菌（AOB）和氨氧化古菌（AOA）的*amoA*基因的标准品做3次重复。绘制标准曲线，对不同浓度的标准品进行qPCR后的产物进行电泳。qPCR后通过融解曲线分析确定qPCR的扩增特异性。通过Ct值计算变异系数，计算qPCR效率与拷贝数，数据分析采用iCycler软件。

本试验所用引物对见表 2-1。

表 2-1　功能微生物拷贝基因引物表

基因名	引物名	引物序列	片段大小（bp）
AOA-*amoA*	Arch-amoAF	STAATGGTCTGGCTTAGACG	635
	Arch-amoAR	GCGGCCATCCATCTGTATGT	
AOB-*amoA*	amoA-1F	GGGGTTTCTACTGGTGGT	491
	amoA-2R	CCCCTCKGSAAAGCCTTCTTC	
nirS	nirS cd3AF	GTSAACGTSAAGGARACSGG	425
	nirS R3cd	GASTTCGGRTGSGTCTTGA	
nirK	nirK1F	GGMATGGTKCCSTGGCA	472
	nirK5R	GCCTCGATCAGRTTRTGG	
mcrA	mlas-mod-F	GGYGGTGTMGGDTTCACMCARTA	469
	mcrA-rev-R	CGTTCATBGCGTAGTTVGGRTAGT	
pomA	A189F	GGNGACTGGGACTTCTGG	491
	mb661R	CCGGMGCAACGTCYTTACC	

2.2.5　作物产量调查

水稻和小麦成熟后，每小区选取长势均一的地块，画出 3 个 1m×1m 样方，齐地将样方内植株取出，晾干后测定鲜重。从收获的每个样方中选取长势均一的 3 兜，进行地上部分生物量与产量的测定。谷物通过风选后晾干，后测定含水量，水稻含水量折算为 14.0%，小麦含水量折算为 12.5%。用铁铲将 $1m^2$ 样方（20cm 深）内土壤连同根系一起取出，装入网袋，洗净、烘干。

随机选取与大田平均分蘖数相近的 24 穴水稻，记录穗数。风干后将穗部单独取出，脱粒，水选风干，测出千粒重、结实率、穗粒数等指标，计算理论产量。

2.2.6　碳足迹计算

根据公开可用的《商品和服务在生命周期内的温室气体排放评价规范（PAS2050：2008)》的定义，基于与农作物生产投入和服务相关的温室气体总排放量，确定与农业生产相关的碳足迹。农业碳足迹是农业作物产品过程中各项投入转化成的温室气体排放的总和与作物产量的比值。在本研究中，稻麦轮作系统的温室气体排放量是农业投入物和稻田的温室气体总排放量。农业投入产生的温室气体排放包括农业生产中使用的原材料（例如化肥、薄膜、杀虫剂和种子）的生产、运输和使用，人工及现场机械的能源消耗有关的温室气体排放。稻田温室气体排放包括耕作、播种、移栽、秸秆处理、灌溉和收获等的温室气体排放。计算使用全球增温潜势因子，将所有温室气体排放量转换为 CO_2 当量（即以 CO_2 作参照），时间间隔为 100 年。在这项研究中，未考虑土壤的 CO_2 排放量，因为水稻吸收的 CO_2 高于吸收的 CO_2 排放量会导致稻田的 CO_2 排放量为负值（IPCC，2013）。

可以根据以下公式计算碳足迹（CF）（IPCC，2006）：

$$Total\ GHG\ emissions = E_{\mathrm{Inputs}} + E_{\mathrm{CH_4}} \times 25 + E_{\mathrm{N_2O}} \times 298$$

$$E_{\mathrm{Inputs}} = \sum_{i=1}^{n} (\partial m)_i$$

$$CF = \frac{Total\ GHG\ emissions}{Grain\ yield}$$

式中，$E_{\mathrm{CH_4}}$是稻麦轮作两个周期中土壤年均累积CH_4排放量；25是CH_4的全球增温潜势因子（超过100年）；$E_{\mathrm{N_2O}}$代表稻麦轮作两个周期中土壤年均累积N_2O排放量；298是N_2O的全球增温潜势因子（超过100年）；E_{Inputs}代表在两年周期内稻麦轮作的农业投入的年均排放量（kg/hm^2）；n表示各种农业投入项目；∂代表农业项目的消费量；m表示某农业投入物的CF参数；表示某个农业投入项目。

这项研究中的CF参数是由eBalance v4.7（IKE环境技术有限公司，中国）根据中国生命周期数据库（CLCD，中国四川大学）和Ecoinvent 2.2计算所得（表2-2）。

表2-2　不同农业投入项排放因子

指　标	CF参数（kg/kg）	来　源
燃料消耗	4.10	CLCD 0.7
灌溉用电	0.82	CLCD 0.7
氮　肥	1.53	CLCD 0.7
磷　肥	1.63	CLCD 0.7
钾　肥	0.65	CLCD 0.7
地　膜	22.72	Ecoinvent 2.2
杀虫剂	16.61	Ecoinvent 2.2
除草剂	10.15	Ecoinvent 2.2
杀菌剂	10.57	Ecoinvent 2.2
稻　种	1.84	Ecoinvent 2.2
麦　种	0.58	Ecoinvent 2.2

2.2.7　净生态系统经济效益

根据张枝盛等的方法计算NEEB：

$$NEEB = \text{作物产量收入} - \text{农业投入} - GWP \times \text{碳价}$$

在这项研究中，作物产量收入是根据当前的作物价格（水稻，2 800元/t；小麦，2 286元/t）和作物产量计算的。农业投入包括机械耕作（3 750元/hm^2），水稻种子（3 450元/hm^2），小麦种子（918.7元/hm^2），肥料（6 783.6元/hm^2），灌溉（1 050元/hm^2），化学农药（除草剂＋杀虫剂＋杀真菌剂；2 310元/hm^2），秸秆处理（NS，502.5元/hm^2；1/3SR，1 152.5元/hm^2；2/3SR，2002.5元/hm^2；SR，2 752.5元/hm^2），根据当前价格进行机械收割（1 950元/hm^2）。GWP支出是碳交易价格（103.7元/hm^2）和全球增温潜势的乘积（Li et al.，2015）。

2.3 秸秆还田量对稻田温室气体排放的影响

2.3.1 秸秆还田量对稻田 CH_4 排放的影响

2.3.1.1 不同秸秆还田量下季节性 CH_4 排放

两年的大田试验发现，不同秸秆还田量处理下稻田 CH_4 呈现出比较一致的季节性排放趋势（图 2－1）。CH_4 排放随着水稻生长周期的波动很大，2016 年稻田 CH_4 排放在水稻分蘖期和穗期呈现出两个排放峰值，随后逐渐降低；而在 2017 年稻田 CH_4 排放在水稻分蘖期、穗期和成熟期呈现出三个排放峰值。两年的稻田季节性 CH_4 通量数值范围为－0.94～6.99mg/(m^2 · h)，并且随着秸秆还田量的增加，CH_4 通量呈现出显著上升的趋势，相比于 NS 处理，SR 处理的季节性 CH_4 通量最高，而各处理间季节性 CH_4 通量满足 NS＜1/3SR＜2/3SR＜SR 的规律。

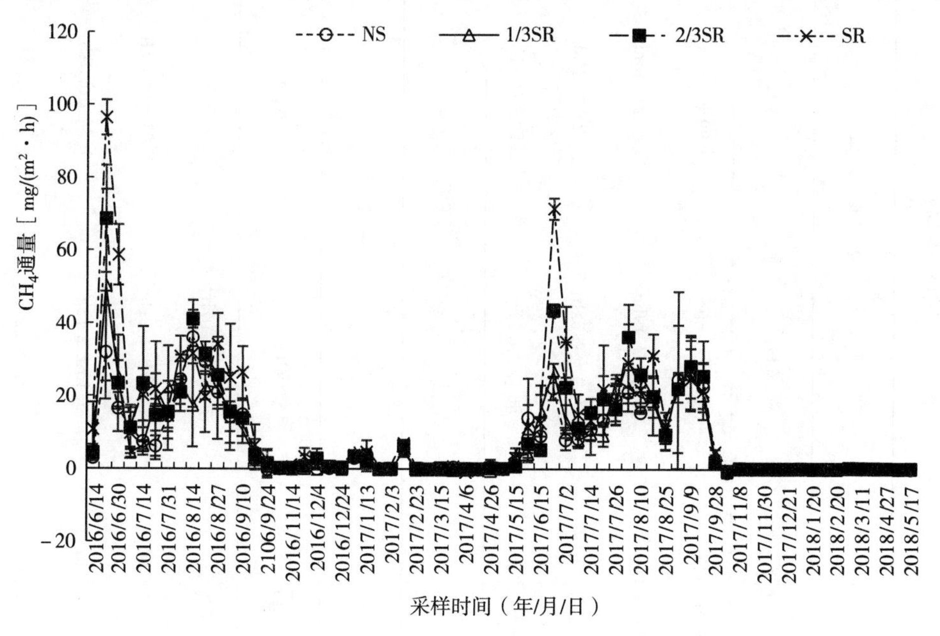

图 2－1 不同处理下 CH_4 季节性排放规律变化

2.3.1.2 不同秸秆还田量下 CH_4 累计排放

研究表明，在稻麦轮作系统中，年均稻季 CH_4 累计排放显著高于麦季的 CH_4 累计排放（表 2－3），因而稻季 CH_4 排放是稻麦系统 CH_4 排放的主要贡献者。2016 年稻季 CH_4 累计排放量为 389～674kg/hm^2，2017 年稻季的 CH_4 累计排放量处于 400～604kg/hm^2。秸秆还田显著增加了稻田温室气体 CH_4 排放，其中以最大还田量处理的累计排放量最高，在水稻生育期分别达到了 674kg/hm^2 和 604kg/hm^2，是不还田处理的 1.73 倍和 1.51 倍。与 NS 处理相比，秸秆还田显著增加了水稻季节排放 5.7%～73.3%，小麦季节排放 9.4%～60.4%，稻麦轮作年排放 5.4%～72.2%。在每年的稻麦轮作中，随着秸秆还田水平的提高，温室气体排放量增加。与 1/3SR 处理相比，2/3SR 和 SR 处理显著增加了稻麦轮作年排放量 21.3%～63.3%。

表 2-3 不同处理稻田 CH_4 和 N_2O 累积排放量（kg/hm^2）

处理	稻季		麦季		合计	
	CH_4	N_2O	CH_4	N_2O	CH_4	N_2O
2016—2017年						
NS	389±38.0b	2.56±0.14a	35.1±0.65c	2.99±0.04a	424±37.6c	5.55±0.16a
1/3SR	411±17.5b	1.72±0.18b	38.4±2.19bc	2.75±0.11ab	449±16.7c	4.47±0.16b
2/3SR	524±59.4ab	1.48±0.26b	42.1±2.52b	2.32±0.34ab	566±62.0b	3.80±0.40c
SR	674±82.7a	1.39±0.21b	56.3±4.27a	2.54±0.31b	730±80.4a	3.93±0.51c
2017—2018年						
NS	400±46.7b	1.52±0.11a	5.01±0.07b	1.71±0.07a	405±46.7b	3.24±0.20a
1/3SR	423±39.3b	1.50±0.03a	5.59±0.21b	1.63±0.05ab	429±39.1b	3.13±0.11a
2/3SR	514±37.7ab	1.28±0.02b	6.43±0.13a	1.51±0.08b	520±37.9ab	2.79±0.14b
SR	604±47.2a	1.14±0.20b	6.81±0.25a	1.42±0.10b	611±46.9a	2.56±0.17b

注：不同字母表示不同处理间差异达到显著水平（$P<0.05$）。NS，秸秆不还田；SR，全量秸秆还田；1/3SR，总量的1/3秸秆还田；2/3SR，总量的2/3秸秆还田。

2.3.1.3 不同秸秆还田量对 CH_4 排放的影响分析

CH_4 排放在作物生长发育的不同阶段呈现不同的情况，主要排放时期集中在水稻生长季，主要存在两个排放高峰，同大多数研究结果相似（陈建，2016；郑土英等，2012）。在水稻季，秸秆还田初期，稻田灌水，此时土壤中含氧量较高，不利于 CH_4 的产生，且此时温度较低，秸秆分解缓慢；在分蘖期，温度上升，土壤中氧被消耗完，形成良好的厌氧环境，产甲烷菌增长，开始剧烈产生 CH_4，出现了第一个 CH_4 排放峰值；随后秸秆分解完毕，CH_4 产生的底物耗尽，CH_4 排放量开始逐渐降低，同时在分蘖末期进行排水晒田，土壤含氧量增加，厌氧环境被破坏，CH_4 排放量进一步降低，出现一个排放低谷；在 7、8 月时，气温进一步升高，且水稻长成，根系扩张，在幼穗分化期，水稻根系分泌物增加，给土壤输入了额外的碳源，且此时已经结束晒田，土壤中又形成利于 CH_4 生成的厌氧环境，此时 CH_4 排放出现第二个高峰（张广斌等，2010）；除了土壤自身 CH_4 产生增加外，随着水稻植株的生长，通气组织发达，90%以上的 CH_4 通过水稻通气组织从土壤排放到大气，因而也造成了这一时期稻田 CH_4 排放量的增加；2016 年水稻季只有两个波峰，而 2017 年稻季则出现第三个波峰，这是由于 2017 年成熟期前后有一段时间连续阴雨，持续降水，导致水稻枯叶提前凋落，也有部分水稻倒伏，造成第三个 CH_4 排放高峰。Kludze 等（1993）的研究认为，只有当土壤 Eh 在－150～－100mV 时，才会有 CH_4 产生，且当 Eh 更低时，CH_4 产生速率呈指数增长。而本试验中种植的作物为水稻和小麦，而只有在水稻季土壤淹水时，Eh 才会达到产生 CH_4 的程度，和测得的 CH_4 排放时期吻合；在麦季，有出现几个微小的 CH_4 排放峰，这可能是由降雨或者降雪引起的。

目前，已有的研究结果广泛认为秸秆还田会显著增加温室气体 CH_4 的排放（霍莲杰等，2013；吕琴等，2004；肖小平等，2007；伍芬琳等，2008；逯非等，2010；Wang et al.，2012）。Naser 等（2007）和 Wang 等（2012）发现，随着秸秆还田量的增加，CH_4 的排放也随之增加，这与本研究得出的结论相似。本试验发现，不同还田量处理下 CH_4 累计排放量大小为：SR>2/3SR>1/3SR>NS。但也有研究指出，当秸秆运用覆盖方式还田时，随着秸秆还田量的增加，CH_4 排放量反而减少（李成芳等，2011），这可能是由于秸秆覆盖还田迟滞了土壤 CH_4 的排放，而还田量越高，迟滞作用越强，导致 CH_4 的排放量越低。伍芬琳等（2008）研究指出，在翻耕情况下，秸秆还田比不还田处理的 CH_4 排放量高，而综合考虑下，秸秆还田较之不还田增排温室气体约 42%。Ma 等（2007）的试验也发现稻季秸秆还田会导致 CH_4 排放增加，相当于不还田处理的 4～12 倍。Schütz 等（1989）的报告显示当秸秆还田量达到一定程度时，CH_4 的排放不增加，而本试验中没有发现这一现象，这可能是因为即使是全量还田，还田量也没有达到 Schütz 等研究的 CH_4 排放量不再增加的还田量。肖小平等（2007）发现秸秆还田在不同耕作模式下对温室气体的排放影响也有差异，其得出免耕还田<翻耕还田<旋耕还田。此外也有研究认为不同种植制度下秸秆还田对温室气体的影响也不同，杭晓宁（2015）的试验发现早稻秸秆还田对 CH_4 排放没有显著的影响。张雪松（2006）提出，冬季麦田会吸收大气中的 CH_4，是一个吸收汇，这解释了本试验中冬季麦田 CH_4 通量出现负值的情况。上述研究中秸秆还田对 CH_4 排放影响的不同结果可能源于秸秆还田方式、耕作方式、种植制度和灌溉制度的差异。

2.3.2 秸秆还田量对稻田 N_2O 排放的影响

2.3.2.1 不同秸秆还田量下稻田 N_2O 季节性排放

两年大田试验发现，在稻麦轮作系统下，不同秸秆还田量处理下的 N_2O 呈现出比较相似的季节性排放趋势（图 2-2）。不同处理稻麦轮作 2 年周期内，水稻季节 N_2O 通量变化范围为 0～0.44mg/(m^2·h)，小麦季节为 0～0.29mg/(m^2·h)。其中，在每次施肥后 3～5d 出现一个 N_2O 排放峰值。并且，随着秸秆还田量的增加，N_2O 的排放量呈现出了降低的趋势。

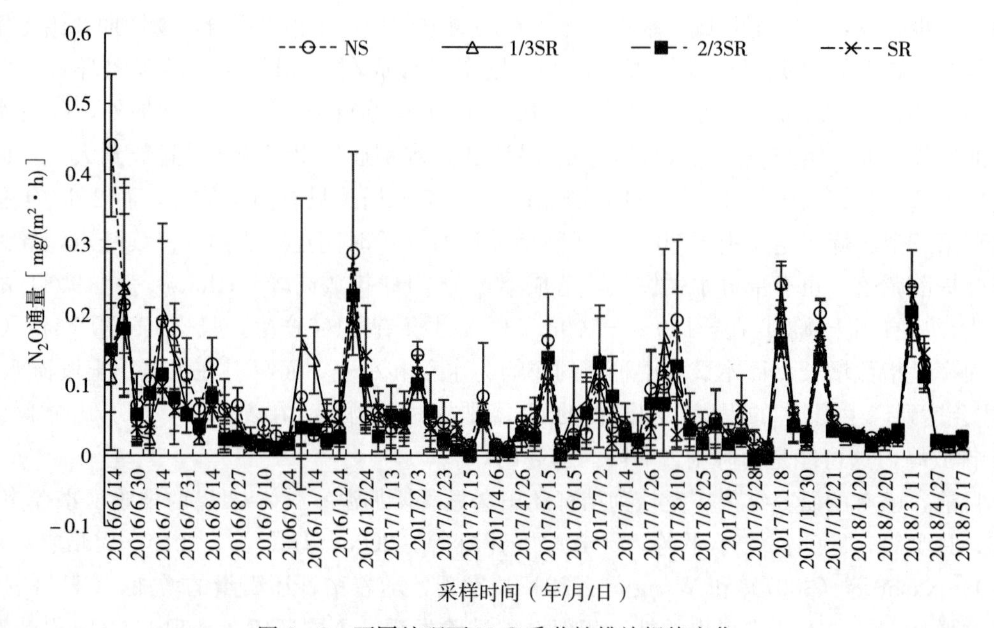

图 2-2 不同处理下 N_2O 季节性排放规律变化

2.3.2.2 不同秸秆还田量下稻田 N_2O 累计排放

秸秆还田对 N_2O 的季节累积排放量有显著影响。与 NS 处理相比，秸秆还田处理显著降低了水稻季 N_2O 排放 1.3%～45.7%，小麦季 N_2O 排放 4.7%～22.4%，稻麦轮作年 N_2O 排放 4.3%～31.4%。此外，与 1/3SR 处理相比，2/3SR 和 SR 处理在稻麦轮作中分别显著降低了 12.9%～15.0%和 12.3%～14.5%的排放量。2/3SR 与 SR 处理之间无显著差异。

2.3.2.3 不同秸秆还田量对稻田 N_2O 排放的影响

不同秸秆还田量下 N_2O 排放的季节性波动规律基本一致。与 CH_4 排放不同，N_2O 的排放峰值在稻季和麦季均有出现，且 N_2O 通量主要受到施肥的影响，排放峰值基本都出现在施肥之后。这可能是由于施肥为硝化与反硝化作用提供了底物，同时也促进了硝化与反硝化菌群的活性，进而促进氮的循环，增加了 N_2O 的产生，已有较多研究结果表明了这一效应（Russow et al.，2008；Bhatia et al.，2010；易琼等，2013；Li et al.，2015；Yang et al.，2015）。

与农田 CH_4 排放相反的是，本试验中秸秆还田显著降低了 N_2O 的排放，这与较多前人的研究相似（蔡祖聪，1999；邹建文等，2003；杭晓宁，2015；陈跃均，2011）。但也有研究指出，秸秆还田不仅不会降低 N_2O 的排放，反而会有促进作用（李成芳等，2011；Shan et al.，2013)，这可能是和秸秆还田的方式不同有关，他们的试验采用的是秸秆覆盖还田，而覆盖在土壤表面的秸秆部分与大气相连，使得含氧量增加，抑制了反硝化作用的进行，进而促进了来源于硝化作用的 N_2O 的产生和排放。陈建（2016）的研究也指出，有机质的输入为硝化菌和反硝化菌提供了生长所需的碳和氮及其他微量元素，提高了这些菌的丰度和活性，进而促进了 N_2O 的生成。另外，土壤碳氮比也会影响 N_2O 的排放（Jing et al.，2009)。碳氮比越低，秸秆分解速率越快；碳氮比越高，土壤中的有机物越不容易被微生物分解利用（Heal et al.，1997；Yao et al.，2009)。而秸秆中的碳氮比普遍较高，秸秆还田会增加土壤的碳氮比，不利于微生物对土壤中有机质的利用，导致硝化菌和反硝化菌的丰度和活性降低，进而导致 N_2O 的产生减少。陈跃均（2012）还指出，秸秆分解时可能会产生某种物质，这种物质可能会抑制 N_2O 的产生。另有研究表明，水分是影响 N_2O 排放的一大因素，在淹水时，秸秆还田会抑制 N_2O 的产生和排放，但在土壤含水量较小时，秸秆还田反而会促进 N_2O 的排放（汤宏，2013)。而本试验中的结果与此有所差异，测得的数据显示，无论是稻季淹水，还是麦季不淹水，秸秆还田均减少了 N_2O 的累计排放量。潘婷（2014）还发现，不同的水稻品种对秸秆还田下 N_2O 排放的响应也有所差异，与之类似的，邵美红等（2011）发现具有高经济效益的水稻品种同样具有强吸收土壤氮素的能力，因此会降低土壤氮素的损失，从而达到减排的目的。综上可知，N_2O 的产生和排放是诸多因素总和导致的，非单一因素能决定。在本试验中，稻麦轮作下，采用秸秆翻埋还田，稻季长期淹灌时，秸秆还田会抑制 N_2O 的排放，特别是从周年来看，不还田处理下 N_2O 的累计排放量显著高于其他三个不同还田量的处理。

2.4　秸秆还田量对稻田土壤理化性质的影响

2.4.1　秸秆还田量对稻田土壤氧化还原电位的影响

水稻生长期的土壤基本都处于强还原状态，仅在收获前排水时出现氧化状态（图 2-3)。在 7 月 7 日左右有排水晒田处理，但由于连续雨季，导致田间水无法排除，因此和收获期相比，依然处于还原状态。Eh 的变化主要存在三个峰值，分别出现在 6 月 22 日、8 月 2 日和 9 月 9 日前后，分别达到了－447mV、－448mV 和－347mV。不同处理间比较看，差异主要发生在水稻生长的前期，第一个峰值发生的前后，秸秆还田量越大，土壤的 Eh 越低，即还原性越强。而在水稻后期，即后两个峰值发生前后，各处理间的土壤 Eh 差异不显著。

2.4.2　秸秆还田量对稻田土壤还原性物质的影响

土壤还原性物质总量反映了土壤中还原性物质的一个总体水平，在水稻生长周期呈先升后降再升再降的双峰形态，两次峰值分别达到了 11.85cmol/kg 和 14.28cmol/kg（图 2-4)。四个处理在四个关键生育期（分蘖期、拔节期、齐穗期和成熟期）的土壤还原性物质总量平均值分别为 9.98cmol/kg、6.58cmol/kg、14.05cmol/kg 和 4.69cmol/kg。各处理间的差异不显著，这说明土壤还原性物质总量受秸秆还田量大小的影响不显著。

活性还原性物质的变化趋势呈现三峰状，且不还田处理和 1/3 还田的活性还原性物质总量显著低于 2/3 还田处理和全量还田处理（图 2-5)。四个处理在四个关键生育期的平均活性还原性物质总量分别为：7.35cmol/kg、6.72cmol/kg、5.19cmol/kg 和 1.18cmol/kg。

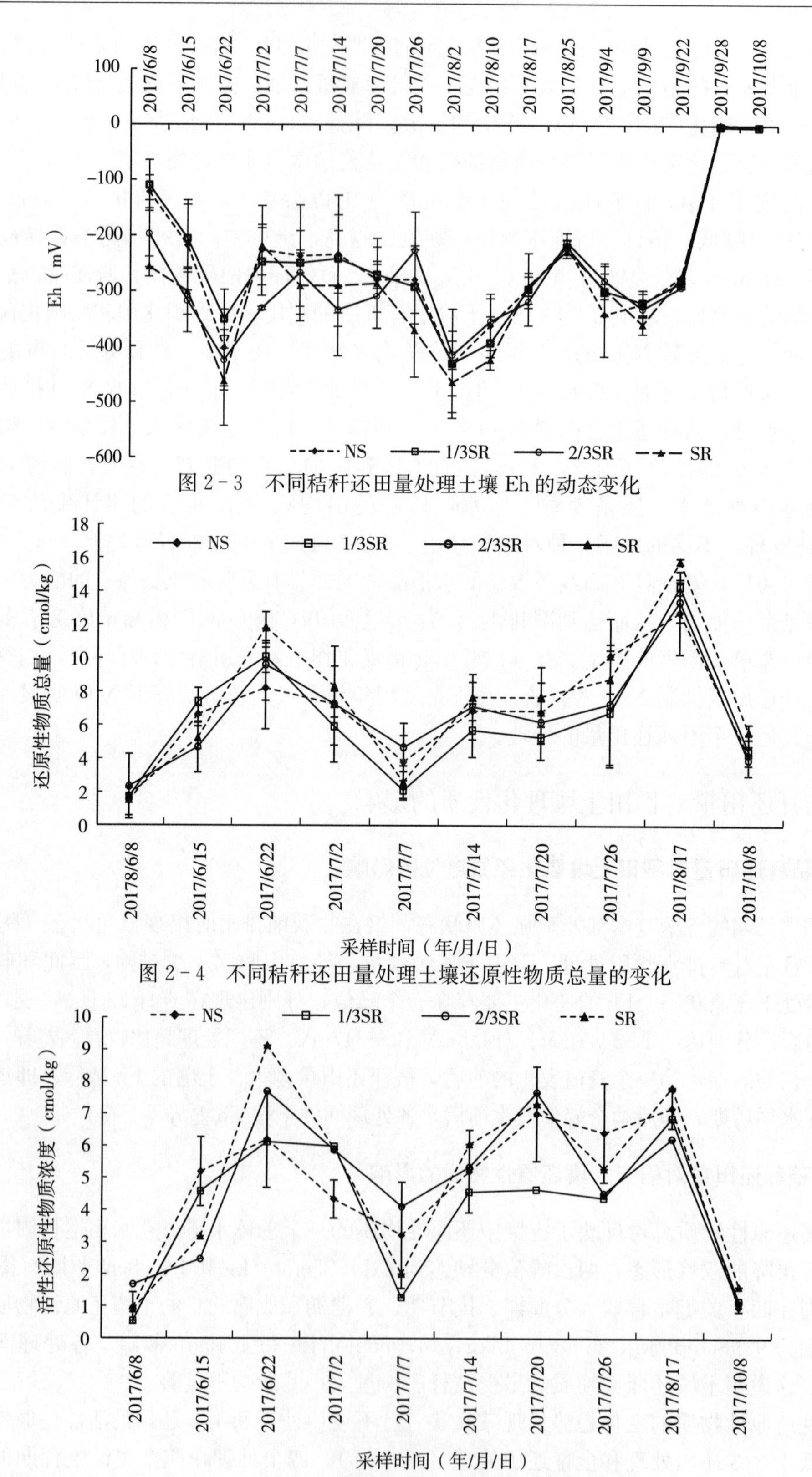

图 2-3　不同秸秆还田量处理土壤 Eh 的动态变化

图 2-4　不同秸秆还田量处理土壤还原性物质总量的变化

图 2-5　不同秸秆还田量处理土壤活性还原性物质浓度的变化

亚铁离子（Fe^{2+}）是土壤中一种主要的活性还原性物质。土壤中的 Fe^{2+} 同活性还原性物质总量的变化趋势一致，在水稻生育期内有三个波峰，分别集中在 6 月 22 日、7 月 20 日和 8 月 17 日，四个处理的平均值分别达到了 0.29cmol/kg、0.21cmol/kg 和 0.21cmol/kg。不同处理间，Fe^{2+} 浓度的差异不显著（图 2－6）。

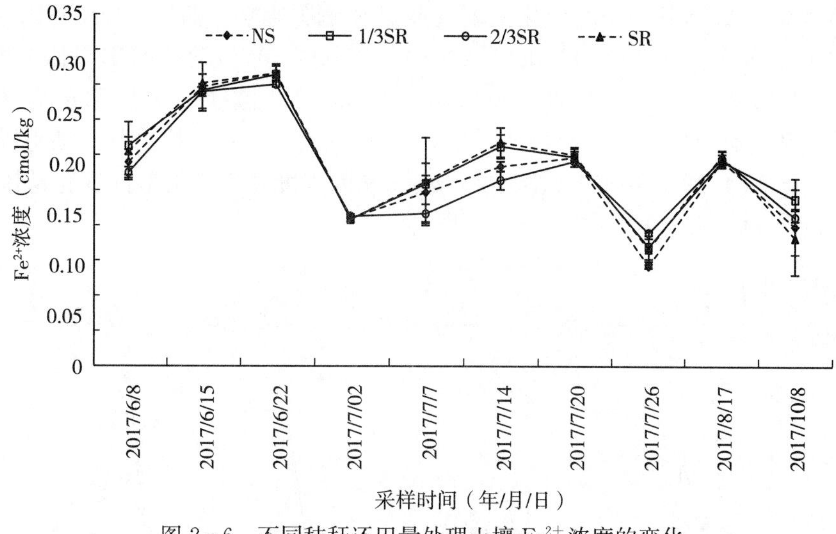

图 2－6 不同秸秆还田量处理土壤 Fe^{2+} 浓度的变化

2.4.3 秸秆还田量对稻田土壤氧化还原状态的影响分析

Eh 是反映土壤氧化还原状态的重要指标，过高和过低都会影响作物的生长发育。稻田土壤长期处于淹水条件，一般处于还原状态，且当 Eh＜－100mV 时，属于强还原状态。在本试验中，秸秆还田对土壤氧化还原状态有显著的影响。还田处理的活性还原性物质在移栽后 25d 内显著高于不还田处理，随后差异逐渐变小，在后期产生峰值时也没有显著差异；而还原性物质总量和 Fe^{2+} 含量虽然随着生育期的变化有规律的波动，但各处理间没有显著的差异。在水稻移栽后 14d 左右，土壤中的活性还原性物质达到第一个高峰，这可能是由于该时间段秸秆分解最为剧烈，土壤中的氧含量因秸秆分解被消耗到最低点，且还田量越高，消耗的溶解氧越多，而此时土壤中的 Fe^{2+} 含量也达到最高。李学垣和韩德乾（1966）的研究也同样发现秸秆还田显著提高土壤中的活性还原性物质浓度，但不同的是，他认为秸秆分解导致的活性还原性物质总量的差异是由 Fe^{2+} 决定的，而本试验中 Fe^{2+} 的差异并不显著。潘玉才等（2001）的研究同样发现秸秆还田会增强土壤的还原性。吴家梅等（2014）和杨长明等（2004）也得出了相似的结论。但也有研究与之相反，张赓等（2014）试验发现秸秆还田能显著降低土壤中的还原性物质含量，提高土壤 Eh，改善土壤环境。

2.5 秸秆还田量对稻田土壤功能微生物基因丰度的影响

2.5.1 秸秆还田量对稻田土壤功能微生物基因丰度的影响

两年试验稻季土壤中产甲烷菌基因（*mcrA*）丰度的变化趋势大致相同，呈双峰模式

（图 2－7）。两年的全生育时期 *mcrA* 基因丰度每克拷贝数波动水平分别为 7.29×10^5～5.52×10^7 和 1.97×10^5～4.79×10^7。由图 2－8 可知，甲烷氧化菌基因（*pmoA*）的丰度变化与 *mcrA* 基因相似，但其第二个峰发生时间较 *mcrA* 基因提前约 14d。两年 *pmoA* 基因每克拷贝数的波动范围在 1.02×10^6～8.54×10^7 和 4.75×10^5～1.10×10^7。由图 2－9 和图 2－10 发现，AOA 和 AOB 基因丰度变化主要受灌溉和施肥影响。两年 AOA 基因丰度每克拷贝数分别在 1.89×10^6～1.45×10^8 和 8.99×10^5～1.09×10^8 波动；AOB 基因丰度每克拷贝数分别在 2.15×10^6～1.62×10^7 和 1.21×10^6～1.60×10^7 波动。*nirK* 和 *nirS* 基因丰度变化与施肥情况相符合（图 2－11 和图 2－12），*nirK* 基因丰度每克拷贝数波动范围为 1.17×10^6～4.96×10^7 和 4.32×10^5～4.27×10^7；*nirS* 基因丰度每克拷贝数的变化范围在 5.08×10^6～3.11×10^8 和 1.41×10^6～2.15×10^8。

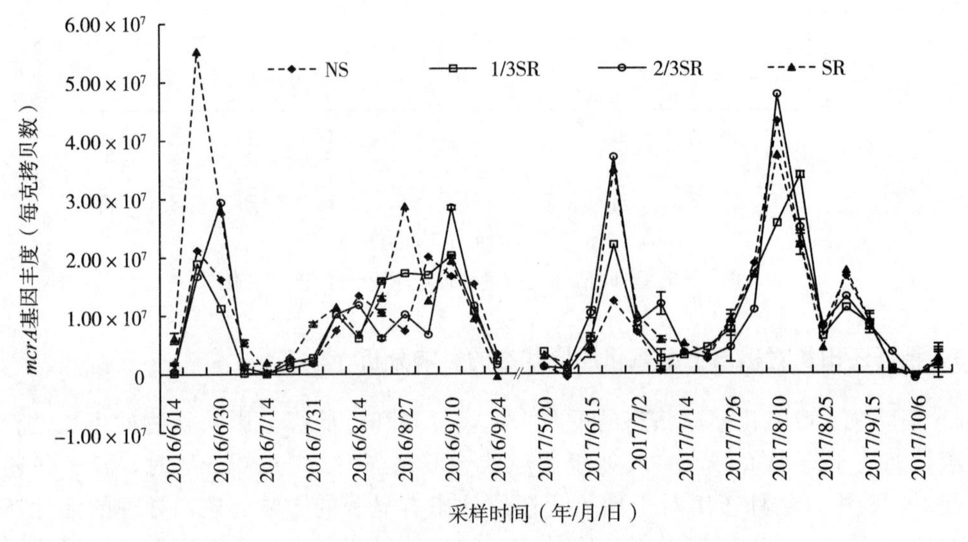

图 2－7　不同秸秆还田量处理土壤 *mcrA* 基因丰度的变化

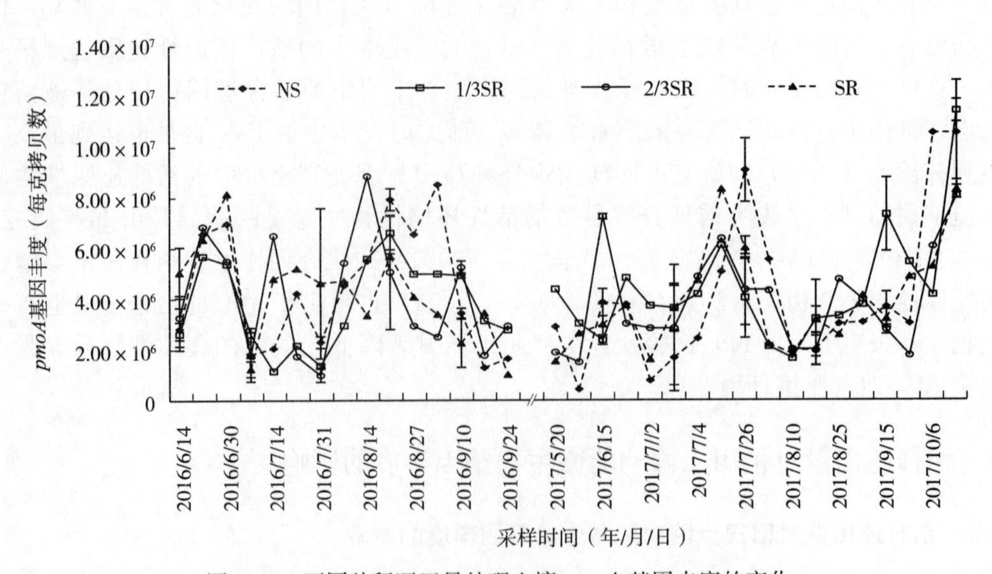

图 2－8　不同秸秆还田量处理土壤 *pomA* 基因丰度的变化

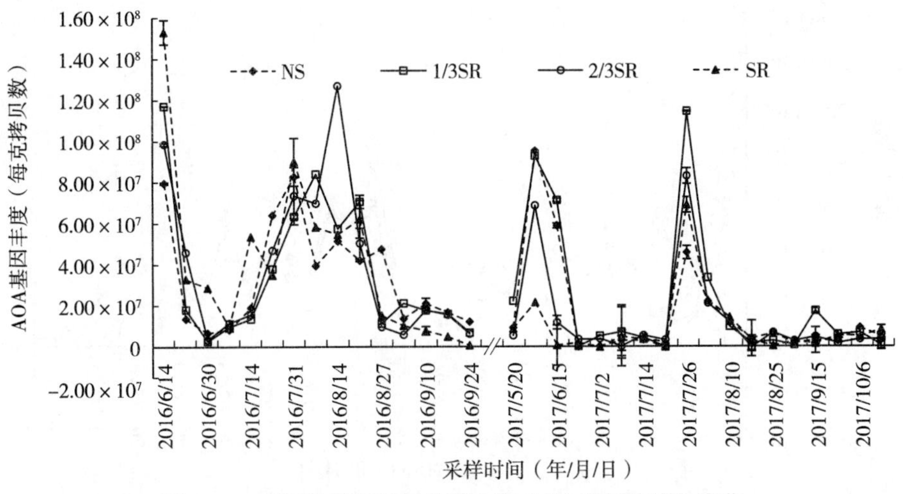

图 2-9　不同秸秆还田量处理土壤 AOA 基因丰度的变化

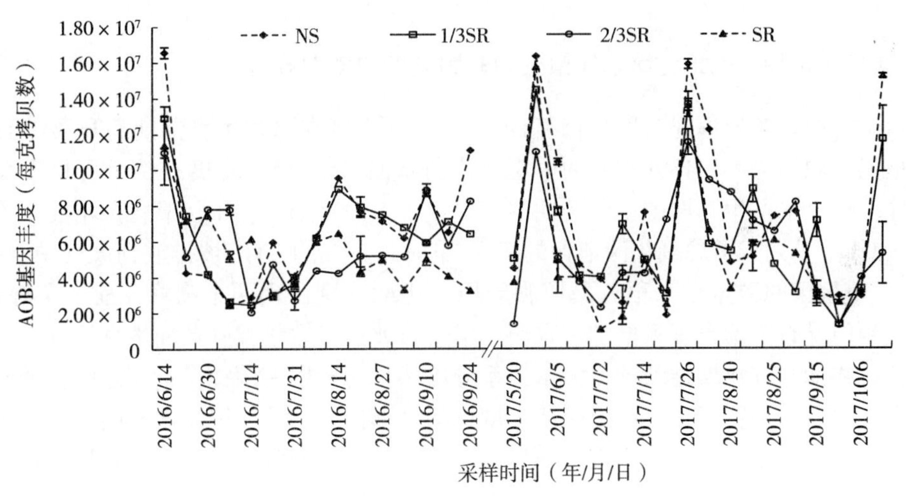

图 2-10　不同秸秆还田量处理土壤 AOB 基因丰度的变化

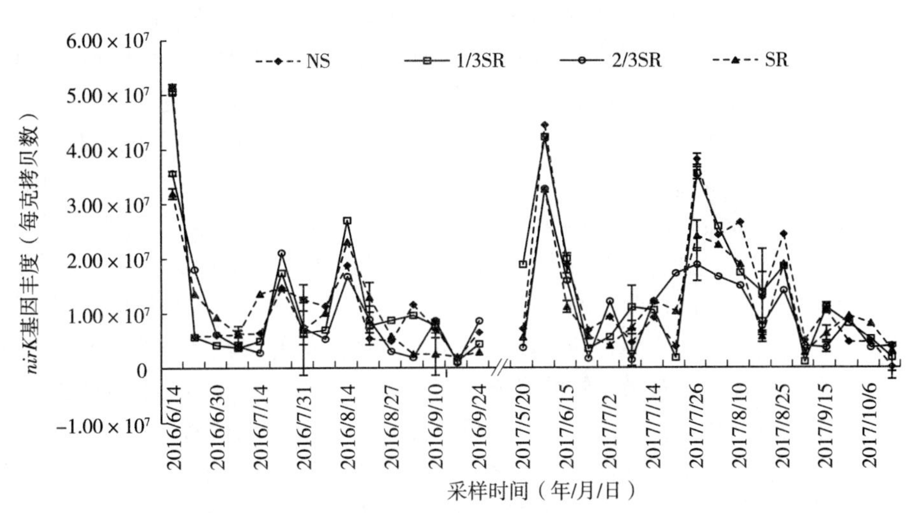

图 2-11　不同秸秆还田量处理土壤 *nirK* 基因丰度的变化

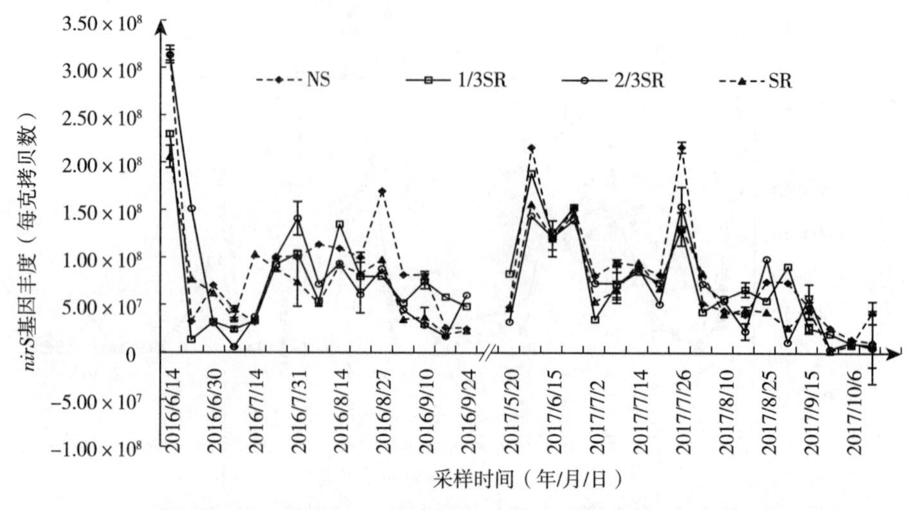

图 2-12　不同秸秆还田量处理土壤 *nirS* 基因丰度的变化

2.5.2　秸秆还田量对稻田土壤功能微生物基因丰度的影响分析

在本研究中，各处理间产甲烷菌基因（*mcrA*）丰度在水稻生育前期有显著差异，但在后期则呈现相同趋势，而各处理间的甲烷氧化菌基因（*pmoA*）丰度在整个水稻生育期没有显著差异。整个水稻生育期中，各时期的产甲烷菌丰度普遍大于甲烷氧化菌丰度，当产甲烷菌产生的 CH_4 量大于甲烷氧化菌消耗的 CH_4 量时，多余的 CH_4 被排放到大气中（闵航等，1994）。产甲烷菌的数量在水稻分蘖期和幼穗分化期分别出现两个高峰，前一个峰值较窄，这可能是晒田导致土壤含氧量增加，致使产甲烷菌死亡，数量骤降，而生育后期，随着水稻根系生长，在幼穗分化期逐渐产生大量根系分泌物，为产甲烷菌提供了充足的养分，其数量逐渐升高，之后分泌物减少，产甲烷菌丰度也随之降低，因此产甲烷菌基因丰度呈现一个较缓的峰。甲烷氧化菌的基因丰度没有明显的峰值，除晒田及收获时有一个较快的降幅，总体变化较缓。在处理之间，秸秆还田显著增加了稻田土壤的产甲烷菌丰度，但对甲烷氧化菌的丰度影响并不显著，这与前人研究结果相一致（韩琳等，2006；吴讷等，2016；颜双双，2016）。秸秆分解消耗 O_2，为产甲烷菌提供低氧环境和丰富的碳源，从而增加产甲烷菌的数量。甲烷氧化菌是好氧菌，在淹水条件下，氧含量是限制其增长的关键因素，因而秸秆还田对其的影响不显著，在幼穗分化期，根系分泌物增多，形成局部有氧环境，此时 CH_4 排放也处于一个高峰，甲烷氧化菌丰度有一个明显增长，但此时秸秆已完全分解完，因而对这一时期的甲烷氧化菌数量增长也没有影响。

本试验发现秸秆还田显著降低 N_2O 相关微生物基因丰度。Maeda 等（2010）发现有机肥显著降低硝化菌群和反硝化菌群的丰度。沙涛等（2000）的试验得出秸秆还田会增加土壤微生物（包括硝化菌和反硝化菌）的丰度，这可能是由于他的试验是旱地种植，水分条件在一定程度上会影响秸秆还田对微生物的影响。张兴（2016）也发现小麦季秸秆还田增加土壤硝化菌群和反硝化菌群数量。对硝化菌群和反硝化菌群丰度影响最直接的农艺措施是施肥，而肥料主要提供铵态氮，是硝化作用的底物。秸秆还田虽然能提供微生物生长的碳源，但在淹水条件下，消耗了大量的氧，抑制了好氧菌 AOA 和 AOB 的生长，进而导致反硝化底物的减少，从而间接抑制了反硝化菌群的丰度；而在旱地中，有充足的氧及秸秆还田提供的养分，从而增加了硝化菌和反硝化菌的丰度。

2.6 秸秆还田对水稻产量的影响

秸秆还田显著提高了作物产量。相对于不还田处理，秸秆还田处理显著提高了 2016 年水稻产量 13.46%，2017 年水稻产量 3.56%（表 2-4）。2017 年不同处理间水稻有效穗数有较大的差异，秸秆还田降低了水稻的有效分蘖数，且在全量还田时，效果最显著，较不还田处理下降了 19.5%；秸秆还田亦显著增加了水稻的每穗粒数，不还田处理下，2016 年和 2017 年的每穗粒数较还田处理的最高穗粒数分别低了 7.4%和 8.2%（表 2-5 和表 2-6）。

表 2-4 不同秸秆还田量处理作物产量（t/hm^2）

处 理	2016—2017 年		2017—2018 年	
	稻 季	麦 季	稻 季	麦 季
NS	9.36±0.01c	4.79±0.12b	8.73±0.08b	4.64±0.19b
1/3SR	10.50±0.21ab	5.53±0.11a	9.19±0.12a	5.33±0.25a
2/3SR	9.77±0.01b	5.46±0.27a	9.30±0.16a	5.11±0.06a
SR	10.60±0.62a	5.80±0.27a	9.81±0.19a	5.52±0.24a

注：不同字母表示不同处理间差异达到显著水平（$P<0.05$）。

表 2-5 2016 年不同秸秆还田量处理水稻产量构成因子

处 理	每公顷有效穗数（$\times10^4$）	穗粒数（粒）	结实率（%）	千粒重（g）
NS	238.8a	249c	88.62a	23.78a
1/3SR	234.7a	269a	87.28a	23.82a
2/3SR	228.4a	269a	87.44a	23.76a
SR	232.2a	256b	87.02a	23.70a

注：千粒重为含水量 14%时的质量。

表 2-6 2017 年不同秸秆还田量处理水稻产量构成因子

处 理	每公顷有效穗数（$\times10^4$）	穗粒数（粒）	结实率（%）	千粒重（g）
NS	235.8a	247b	83.56a	23.18a
1/3SR	209.1b	254a	83.98a	23.32a
2/3SR	220.0ab	257a	84.11a	23.23a
SR	189.8c	269a	83.93a	23.11a

注：千粒重为含水量 14%时的质量。

秸秆还田能增加土壤养分，改善土壤结构，调节土壤水分温度变化，刺激微生物生长（Lenka et al.，2013；Zhao et al.，2014）。本研究发现，不还田处理下的作物产量均显著低于三个还田处理，即秸秆还田增加了作物的产量，这与一些以往的研究相似（刘红江等，2011；李继福等，2013；朱冰莹等，2017）。从水稻的产量构成因子来看，秸秆还田降低了水稻的有效穗数，这可能是由于在还田初期，秸秆分解产生大量活性还原性物质，毒害水稻幼苗根系，阻碍水稻营养吸收，导致还田处理的水稻分蘖较不还田处理少；而穗粒数则相反，不还田处理的穗粒数显著少于还田处理，这可能是由于在结穗时，秸秆已完全分解，将大量营养元素输入土壤，促进结实；各处理的水稻千粒重则没有显著的差异。上述结果与大部分前人研究结果一致（Zhang et al.，2008；Chen et al.，2009）。秸秆还田对水稻生育前期的影响除了通过使土壤处于强还原状态外，还会影响水稻对氮素的吸收（Azam et al.，1991）。杨思存等（2005）发现，旱地秸秆还田降低了土壤中的有效氮含量。但也有部分研究认为秸秆还田会减少作物的产量或影响不显著（Pathak et al.，2006；佘冬立等，2006；Zhu et al.，2011）。水稻四个关键生育期的生物量也体现了秸秆还田前期抑制、后期促进的效应。朱冰莹等（2017）通过Meta分析得出施肥量、土壤本底条件和耕作措施均会影响秸秆还田对产量产生的效应的正负。

虽然在本试验中秸秆还田能显著增加作物产量，但随着秸秆还田量的增加，作物产量并没有增加的显著趋势。与本试验不同的是，于建光等（2013）的研究则认为，过高的秸秆还田量反而会降低作物的产量；而朱冰莹等（2017）的研究则和本文类似，他们发现秸秆全量还田使产量显著增加，并未产生负面影响。

2.7 秸秆还田量对净生态系统经济效益、稻田碳足迹的影响

2.7.1 秸秆还田量对稻田净生态系统经济效益的影响

秸秆还田对NEEB的影响显著（表2-7）。稻麦系统周年NEEB范围为14 161～17 412元/hm^2。与NS、2/3SR和SR处理相比，1/3SR处理显著提高了NEEB 23.0%、15.8%和13.6%。

表2-7 稻麦轮作两年周期不同秸秆还田量处理的年均碳足迹和NEEB

处 理	碳足迹（kg/kg）			NEEB（元/hm^2）		
	稻 季	麦 季	周 年	稻 季	麦 季	周 年
NS	1.40±0.10c	0.58±0.02b	0.99±0.05c	10 984±216b	3 177±246c	14 161±368b
1/3SR	1.36±0.09c	0.56±0.03b	0.96±0.04c	12 938±482a	4 474±411a	17 412±368a
2/3SR	1.69±0.10b	0.61±0.01a	1.15±0.05b	11 341±283b	3 701±268bc	15 042±320b
SR	1.98±0.17a	0.65±0.01a	1.31±0.09a	11 197±1 178b	4 130±47ab	15 327±1 209b

在目前已有较多关于水稻产量和NEEB的报道（Xia et al.，2014；Field et al.，2013），但都忽略了机械操作引起的经济损耗，这可能是由于过往的农业操作多是由人工直接操作完成的。而近来有较多研究讨论了生物炭对农田NEEB的影响（Li et al.，2015；Wrobelto-biszewska et al.，2015），但秸秆还田对农田NEEB的影响的研究较少。在本试验中，秸秆不还田相较于不同还田量显著降低了GWP消耗和机械投入，但在农作物产出收入上，秸秆不还田处理也远低于其他处理，而三种不同还田量处理的作物产量则没有显著差异，综合计算之后得出NEEB在秸秆1/3 SR和2/3SR处理是最高，SR处理次之，NS处理下的NEEB最低。从中可以看出，全量还田虽然提高了作物的产量，但相应的也导致机械操作和温室气体排放量的增加；秸秆不还田虽然是只有最低的GWP，但其产量也因土壤肥力的降低而显著下降；而处于两者之间的两种还田量处理则实现了产量和温室气体排放之间的平衡，达到

了较高的 NEEB。

综上，可以根据 NEEB 来对农田经济效益和生态效益进行综合评估，这对于实现可持续发展战略，指导农民和农业承包大户进行农业生产具有价值。本研究认为，秸秆减量翻埋还田具有高的 NEEB，而目前越来越完备的机械化操作流程也为秸秆的减量还田提供了技术支持。我国的农业正处于关键的转型期，将来农业模式将由传统粗放型逐渐转为高科技集约型（苗泽伟，2000），同时生态农业的概念被提出（李惠英等，1999），而秸秆减量还田既能带来较高的经济收益，也具有一定的生态收益，迎合了目前高速发展的潮流，是一种合理且有效的处理秸秆的模式。

2.7.2 秸秆还田量对稻田碳足迹的影响

温室气体年平均总排放量在 15 382.5～22 853.0kg/hm²，随秸秆还原量的增加而显著增加。与 NS 处理相比，秸秆还田处理（1/3SR、2/3SR 和 SR）的温室气体排放量显著提高了 7.2%～48.6%（图 2-13），其中土壤 CH_4 排放量占总温室气体排放量的比例最大，分别占 NS、1/3SR、2/3SR 和 SR 处理总温室气体排放量的 67.5%、66.6%、70.5% 和 73.5%。农业投入是温室气体年平均总排放量的第二大贡献者，分别占总排放量的 23.3%、25.9%、24.0%和 21.8%。N_2O 排放对总温室气体排放量的贡献最小，仅占总排放量的 4.7%～9.2%。

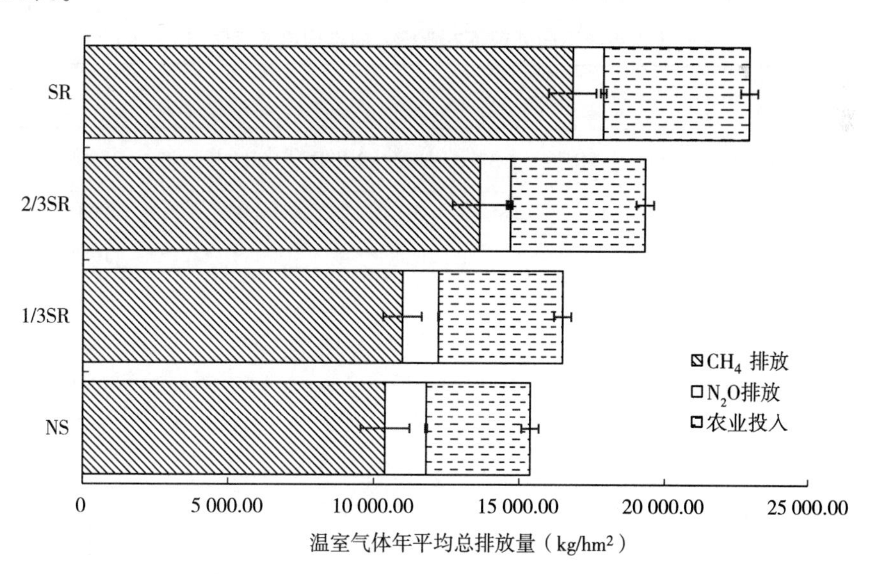

图 2-13 稻麦轮作系统不同秸秆还田量处理温室气体年平均总排放量变化

水稻季碳足迹范围为 1.36～1.98kg/kg，小麦季为 0.56～0.65kg/kg（表 2-7）。不同处理的年均碳足迹范围在 0.96～1.31kg/kg，随着秸秆还田量的增加，碳足迹的值呈增长趋势。SR 处理的年均碳足迹为 1.31kg/kg，分别是 NS、1/3SR 和 2/3SR 处理的 1.32 倍、1.36 倍和 1.14 倍。

在本研究中，燃料消耗是农业投入总温室气体排放的最大贡献者，占总排放量的 37.5%～55.2%（表 2-8）。这一数据高于 Xue 等（2016）的研究结果，他们研究发现，在我国南方双季稻生产中，燃料消耗所诱导的温室气体排放量仅占总排放量的 12.3%。

本研究中燃料消耗产生的较高的温室气体排放可能是由于水稻移栽、小麦播种、作物收获和秸秆处理使用了更多的机械操作。来自化肥的温室气体排放占总排放量的27.1%～37.7%（表2-8）。这一结果与Xue等（2016）的研究结果也不一致，在他们的研究中化肥占农业投入总排放量的78.6%。Liu等（2018）也发现了化肥占中国主要农作物生产总排放量的51%。本研究中化肥在总排放量中所占比例较低的原因可能是机械操作较多，有一些有效的施肥策略减少了温室气体的排放，如降低肥料用量、深层施肥和施用缓释肥料（Smith et al.，2013；Liu et al.，2018；Liu et al.，2020）。在本研究中，薄膜导致的温室气体排放占总排放量的9.1%～12.7%（表2-8）。在华南地区，薄膜通常用于保护水稻和小麦幼苗免受大雨和低温的侵袭。事实上，在这项研究中，薄膜不仅用来保护幼苗，而且还用来防止水和肥料的泄漏。因此，研究可能低估了地膜所导致的温室气体排放。农药（除草剂+杀虫剂+杀菌剂）占水稻季总排放量的4.4%～5.8%，占小麦季总排放量的3.2%～5.0%，占稻麦轮作年总排放量的3.9%～5.4%（表2-8），高于南方双季稻产量的报道值（2.0%～3.2%）（Xue et al.，2014）。本研究的高值可能是由于本研究使用的杀虫剂剂量高。农业投入的温室气体排放量随秸秆还田水平的增加而增加（表2-8），可能是由于还田的秸秆越多，需要更多的机械操作，因此需要更多的燃料消耗，从而导致温室气体排放量增加。

虽然更多的秸秆还田导致了更多的温室气体排放（表2-8），但它可以产生更多的碳汇，抵消部分温室气体排放的负面影响（Liu et al.，2018）。

表2-8 稻麦轮作系统不同处理下农业投入的年均温室气体排放（kg/hm^2）

指标	稻季				麦季				周年			
	NS	1/3SR	2/3SR	SR	NS	1/3SR	2/3SR	SR	NS	1/3SR	2/3SR	SR
燃料消耗	658	985	1 144	1 302	685	1 052	1 251	1 449	1 343	2 038	2 395	2 752
灌溉用电	10.9	10.9	10.9	10.9					10.9	10.9	10.9	10.9
地膜	456	456	456	456					456	456	456	456
氮肥	413	413	413	413	275	275	275	275	689	689	689	689
磷肥	220	220	220	220	147	147	147	147	367	367	367	367
钾肥	176	176	176	176	117	117	117	117	293	293	293	293
杀虫剂	42.4	42.4	42.4	42.4	21.6	21.6	21.6	21.6	63.9	63.9	63.9	63.9
除草剂	51.8	51.8	51.8	51.8	25.9	25.9	25.9	25.9	77.6	77.6	77.6	77.6
杀菌剂	32.2	32.2	32.2	32.2	22.2	22.2	22.2	22.2	54.4	54.4	54.4	54.4
种子	138	138	138	138	87	87	87	87	225	225	225	225
总排放	2 197	2 525	2 683	2 842	1 381	1 749	1 947	2 145	3 579	4 274	4 630	4 987

在这项研究中，CH_4排放总量中小麦季的土壤CH_4排放贡献最小，水稻季的CH_4排放占总CH_4排放的主要地位。稻麦轮作中年均CH_4排放达到10 385.8～16 791.2kg/hm^2，占温室气体年平均总排放量的66.6%～73.5%（图2-13）。类似的结果已在先前的研究中报道（Xue et al.，2016；Dhaliwal et al.，2019）。Dhaliwal等（2019）也发现了稻田CH_4排放在稻麦轮作的总温室气体排放中占主导地位。轮作系统中产生的高CH_4排放量表明，发展清洁生产的轮作模式能更有效减少CH_4在水稻季的排放，同时进一步减少碳足迹。Hou

等（2012）指出，间歇性交替灌溉能有效地减少稻田 CH_4 排放量。高产水稻品种也有减少稻田 CH_4 排放的研究（Jiang et al.，2017）。此外，Liu 等（2020）发现稻田在氮肥深度施用下 CH_4 排放减少。

在本研究中，年度碳足迹的范围为 0.96～1.31kg/kg，这与先前的报道相似（Dhaliwal et al.，2019）。水稻季碳足迹的范围从 1.36～1.98kg/kg，与华南地区报道的两种水稻种植制度下的值（早稻为 1.09～1.26kg/kg，晚稻为 1.42～2.26kg/kg）相当（Xue et al.，2014）。尽管秸秆还田显著提高了粮食产量（表 2-4），但秸秆处理引起的 CH_4 排放增加可能部分掩盖了其对粮食产量的积极影响，从而导致秸秆还田下的高碳足迹。土壤有机碳的固存在抵消农业生产温室气体排放的负面影响方面发挥着重要作用（Jiang et al.，2019）。秸秆还田能有效提高土壤有机碳含量。在本研究中，土壤有机碳的固存不包括在碳足迹的计算中，这可能会导致更高的碳足迹。

参考文献

蔡祖聪，1999. 水分类型对土壤排放的温室气体组成和综合温室效应的影响. 土壤学报，36（4）：484-491.

陈建，2016. 不同氮肥类型和耕作方式对稻田温室气体排放及土壤碳库的影响. 武汉：华中农业大学.

陈跃均，2011. 不同秸秆还田处理对冬小麦田 CH_4 和 N_2O 排放的影响. 大科技：科技天地（22）：39-40.

郭冬生，黄春红，2016. 近 10 年来中国农作物秸秆资源量的时空分布与利用模式. 西南农业学报，29（4）：948-954.

韩琳，史奕，李建东，等，2006. FACE 环境下不同秸秆与氮肥管理对稻田土壤产甲烷菌的影响. 农业环境科学学报，25（2）：322-325.

杭晓宁，2015. 稻作方式和秸秆还田对稻麦产量和温室气体排放的影响研究. 南京：南京农业大学.

霍莲杰，纪雄辉，吴家梅，等，2013. 有机肥施用对稻田甲烷排放的影响及模拟研究. 农业环境科学学报，32（10）：2084-2092.

李成芳，寇志奎，张枝盛，等，2011. 秸秆还田对免耕稻田温室气体排放及土壤有机碳固定的影响. 农业环境科学学报，30（11）：2362-2367.

李惠英，崔振水，1999. 生态环境建设与农业现代化. 农业现代化研究，20（4）：233-236.

李继福，鲁剑巍，李小坤，等，2013. 麦秆还田配施不同腐秆剂对水稻产量、秸秆腐解和土壤养分的影响. 中国农学通报，29（35）：270-276.

李学垣，韩德乾，1966. 绿肥压青后水稻生育期间土壤中还原性物质的动态变化. 土壤学报（1）：59-64.

刘红江，陈留根，周炜，等，2011. 麦秸还田对水稻产量及地表径流 NPK 流失的影响. 农业环境科学学报，30（7）：1337-1343.

鲁如坤，2000. 土壤农业化学分析方法. 北京：中国农业科技出版社.

逯非，王效科，韩冰，等，2010. 稻田秸秆还田：土壤固碳与甲烷增排. 应用生态学报，21（1）：99-108.

吕琴，闵航，陈中云，2004. 长期定位试验对水稻田土壤甲烷氧化活性和甲烷排放通量的影响. 植物营养与肥料学报，10（6）：608-612.

苗泽伟，2000. 我国现代农业发展趋势与生态农业建设. 农业现代化研究，1（3）：171-174.

闵航，陈美慈，钱泽澍，1994. 不同栽培措施对水稻田甲烷释放甲烷产生菌和甲烷氧化菌的影响. 农业环境科学学报，9（1）：7-11.

潘婷，2014. 秸秆还田对福州稻田土壤碳库、甲烷与氧化亚氮排放的影响. 福州：福建师范大学.

潘玉才，钱非凡，黄卫红，等，2001. 麦秸还田对水稻生长的影响. 上海农业学报，17（1）：59-65.

沙涛，程立忠，王国华，等，2000. 秸秆还田对植烟土壤中微生物结构和数量的影响. 中国烟草科学，21（3）：40-42.

邵美红，孙加焱，阮关海，2011. 稻田温室气体排放与减排研究综述. 浙江农业学报，23（1）：181-187.

佘冬立，王凯荣，谢小立，等，2006. 施N模式与稻草还田对土壤供N量和水稻产量的影响. 生态与农村环境学报，22（2）：16-20.

汤宏，2013. 秸秆还田下稻田温室气体排放及其对水分管理的响应. 长沙：湖南农业大学.

吴家梅，纪雄辉，霍莲杰，等，2014. 稻田土壤还原性物质特征及与甲烷排放的关联性分析. 农业现代化研究，35（5）：644-648.

吴讷，侯海军，汤亚芳，等，2016. 稻田水分管理和秸秆还田对甲烷排放的微生物影响. 农业工程学报，32（S2）：69-76.

伍芬琳，张海林，李琳，等，2008. 保护性耕作下双季稻农田甲烷排放特征及温室效应. 中国农业科学（9）：2703-2709.

肖小平，伍芬琳，黄风球，等，2007. 不同稻草还田方式对稻田温室气体排放影响研究. 农业现代化研究，28（5）：629-632.

颜双双，2016. 秸秆还田对寒地稻田甲烷排放及产甲烷菌的影响. 哈尔滨：东北农业大学.

杨长明，杨林章，颜廷梅，等，2004. 不同养分和水分管理模式对水稻土质量的影响及其综合评价. 生态学报，24（1）：63-70.

杨思存，霍琳，王建成，2005. 秸秆还田的生化他感效应研究初报. 西北农业学报，14（1）：52-56.

易琼，逄玉万，杨少海，等，2013. 施肥对稻田甲烷与氧化亚氮排放的影响. 生态环境学报（8）：1432-1437.

于建光，顾元，常志州，等，2013. 小麦秸秆浸提液和腐解液对水稻的化感效应. 土壤学报，50（2）：349-356.

张赓，李小坤，鲁剑巍，等，2014. 不同措施对冷浸田土壤还原性物质含量及水稻产量的影响. 中国农学通报，30（27）：153-157.

张广斌，马静，马二登，等，2010. 尿素施用对稻田土壤甲烷产生、氧化及排放的影响. 土壤，42（2）：178-183.

张兴，2016. 生物炭和秸秆还田对华北农田 N_2O 排放的影响及机理研究. 沈阳：沈阳农业大学.

张雪松，申双和，李俊，等，2006. 华北平原冬麦田土壤 CH_4 的吸收特征研究. 大气科学学报，29（2）：181-188.

郑土英，杨彩玲，徐世宏，等，2012. 不同耕作方式与施氮水平下稻田 CH_4 排放的动态变化. 南方农业学报，43（10）：1509-1513.

朱冰莹，马娜娜，余德贵，2017. 稻麦两熟系统产量对秸秆还田的响应：基于Meta分析. 南京农业大学学报，40（3）：376-385.

邹建文，黄耀，宗良纲，等，2003. 不同种类有机肥施用对稻田 CH_4 和 N_2O 排放的综合影响. 环境科学，24（4）：7-12.

邹建文，黄耀，宗良纲，等，2003. 稻田灌溉和秸秆施用对后季麦田 N_2O 排放的影响. 中国农业科学，36（4）：409-414.

Azam F，Lodhi A，Ashraf M，1991. Availability of soil and fertilizer nitrogen to wetland rice following wheat straw amendment. Biology and Fertility of Soils，11（2）：97-100.

Bhatia A，Sasmal S，Jain N，et al.，2010. Mitigating nitrous oxide emission from soil under conventional and no-tillage in wheat using nitrification inhibitors. Agriculture，Ecosystems & Environment，136（3）：247-253.

Chen G Y，Qiu S L，Zhou Y Y，2009. Diversity and abundance of ammonia-oxidizing bacteria in eutrophic and, oligotrophic basins of a shallow Chinese lake (Lake Donghu). Research in Microbiology, 160 (3): 173 - 178.

Dhaliwal S S, Naresh R K, Gupta R K, et al., 2019. Effect of tillage and straw return on carbon footprint, soil organic carbon fractions and soil microbial community in different textured soils under rice-wheat rotation: a review. Reviews in Environment Science and Bio-Technology, 19 (1): 103 - 115.

Feng J H, Huang J F, Liu T Q, et al., 2019. Effects of tillage straw returning methods on N_2O emissions from paddy fields, nitrogen uptake of rice plant and grain yield. Acta Agronomica Sinica, 45: 1250 - 1259.

Field J L, Keske C M H, Birch G L, et al., 2013. Distributed biochar and bioenergy coproduction: a regionally specific case study of environmental benefits and economic impacts. Global Change Biology Bioenergy, 5 (2): 177 - 191.

Gan Y T, Liang C, Hamel C, et al., 2011. Strategies for reducing the carbon footprint of field crops for semiarid areas: A review. Agronomy for Sustainable Development, 31: 643 - 656.

Gu B J, Leach A M, Ma L, et al., 2013. Nitrogen footprint in China: Food, energy, and nonfood goods. Environmental Science & Technology, 47: 9217 - 9224.

Heal O W, Anderson J M, Swift M J, 1997. Plant litter quality and decomposition: an historical overview// Gadisch G, Giller K E. Driven by nature: plant litter quality and decompostion. Walling ford: CAB Inernational: 3 - 30.

Hou H J, Peng S Z, Xu J Z, et al., 2012. Seasonal variations of CH_4 and N_2O emissions in response to water management of paddy fields located in Southeast China. Chemosphere, 89: 884 - 892.

Huang J X, Chen Y Q, Pan J, et al., 2019. Carbon footprint of different agricultural systems in China estimated by different evaluation metrics. Journal of Cleaner Production, 225: 939 - 948.

IPCC, 2006. 2006 IPCC guidelines for national greenhouse gas inventories. Kanagawa: IPCC.

IPCC, 2013. Climate Change 2013: the Physical Science Basis// Working Group I Contribution to the Fourth Assessment Report of the IPCC. Cambridge: Cambridge University Press.

IPCC, 2014. Climate Change 2014: mitigation of Climate Change // Working Group I Contribution to the Fourth Assessment Report of the IPCC. Cambridge: Cambridge University Press.

Jiang Y, Van Groenigen K J, Huang S, et al., 2017. Higher yields and lower methane emissions with new rice cultivars. Global Change Biology, 23: 4728 - 4738.

Jiang Z H, Zhong Y M, Yang J P, et al., 2019. Effect of nitrogen fertilizer rates on carbon footprint and ecosystem service of carbon sequestration in rice production. Science of the Total Environment, 670: 210 - 217.

Jing M, Ma E, Hua X, et al., 2009. Wheat straw management affects CH_4, and N_2O emissions from rice fields. Soil Biology and Biochemistry, 41 (5): 1022 - 1028.

Kludze H K, DeLaune R D, Patrick W H, 1993. Aerenchyma formation and methane and oxygen exchange in rice. Soil Science Society of America Journal, 57 (2): 386 - 391.

Lenka N K, Lal R, 2013. Soil aggregation and greenhouse gas flux after 15 years of wheat straw and fertilizer management in a no-till system. Soil & Tillage Research, 126: 78 - 89.

Li B, Fan C H, Zhang H, et al, 2015. Combined effects of nitrogen fertilization and biochar on the net global warming potential, greenhouse gas intensity and net ecosystem economic budget in intensive vegetable agriculture in Southeastern China. Atmospheric Environment, 100: 10 - 19.

Li C F, Zhang Z S, Guo L J, et al., 2013. Emissions of CH_4 and CO_2 from double rice cropping systems under varying tillage and seeding methods. Atmospheric Environment, 80: 438 - 444.

Liu S W, Qin Y M, Zou J W, et al., 2010. Effects of water regime during rice-growing season on annual direct N_2O emission in a paddy rice-winter wheat rotation system in southeast China. Science of Total Environment, 408: 906 - 913.

Liu T Q, Huang J F, Chai K B, et al., 2018. Effects of N fertilizer sources and tillage practices on NH_3 volatilization, grain yield, and N use efficiency of rice fields in central China. Frontiers in Plant Science, 9: 1 - 10.

Liu T Q, Li S H, Guo L J, et al., 2020. Advantages of nitrogen fertilizer deep placement in greenhouse gas emissions and net ecosystem economic benefits from no-tillage paddy fields. Journal of Cleaner Production, 263: 121322.

Liu W W, Zhang G, Wang X K, et al., 2018. Carbon footprint of main crop production in China: Magnitude, spatial-temporal patten and attribution. Science of the Total Environment, 645: 1296 - 1308.

Liu Y J, Bi Y C, Xie Y X, et al., 2019. Successive straw biochar amendments reduce nitrous oxide emissions but do not improve the net ecosystem economic benefit in an alkaline sandy loam under a wheat-maize cropping system. Land Degradation & Development, 31 (7): 868 - 883.

Ma J, Li X L, Xu H, et al., 2007. Effects of nitrogen fertilizer and wheat straw application on CH_4 and N_2O emissions from a paddy rice field. Austrulian Journal of Soil Research, 45 (5): 359 - 367.

Maeda K, Morioka R, Dai H, et al., 2010. The impact of using mature compost on nitrous oxide emission and the denitrifier community in the cattle manure composting process. Microbial Ecology, 59 (1): 25 - 36.

Munoz C, Paulino L, Monreal C, et al., 2010. Greenhouse gas (CO_2 and N_2O) emissions from soils: a review. Chilean Journal of Agricultural Research, 70: 485 - 497.

Naser H M, Nagata O, Tamura S, et al., 2007. Methane emissions from five paddy fields with different amounts of rice straw application in central Hokkaido, Japan. Soil Science and Plant Nutrition, 53 (1): 95 - 101.

Pathak H, Singh R, Bhatia A, et al., 2006. Recycling of rice straw to improve wheat yield and soil fertility and reduce atmospheric pollution. Paddy and Water Environment, 4 (2): 111.

Romasanta R R, Sander B O, Gaihre Y K. et al., 2017. How does burning of rice straw affect CH_4 and N_2O emissions? A comparative experiment of different on-field straw management practices. Agriculture, Ecosystems & Environment, 239: 143 - 153.

Russow R, Spott O, Stange C F, 2008. Evaluation of nitrate and ammonium as sources of NO and N_2O emissions from black earth soils (Haplic Chernozem) based on 15N field experiments. Soil Biology and Biochemistry, 40 (2): 380 - 391.

Schütz H, Holzapfel-Pschorn A, Conrad R, et al., 1989. A 3-year continuous record on the influence of daytime, season, and fertilizer treatment on methane emission rates from an Italian rice paddy. Journal of Geophysical Research Atmospheres, 94 (D13): 16405 - 16416.

Shan J, Yan X, 2013. Effects of crop residue returning on nitrous oxide emissions in agricultural soils. Atmospheric Environment, 71 (3): 170 - 175.

Singh J S, Singh S, Raghubanshi A S, et al., 1996. Methane flux from rice/wheat agroecosystem as affected by crop phenology, fertilization and water level. Plant and Soil, 183 (2): 323 - 327.

Smith P, Haberl H, Popp A, et al., 2013. How much land based greenhouse gas mitigation can be achieved without compromising food security and environmental goals? Global Change Biology, 19: 2285 - 2302.

Sun Z C, Guo Y, Li C F, et al., 2019. Effects of straw returning and feeding on greenhouse gas emissions from integrated rice-crayfish farming in Jianghan Plain, China. Environmental Science and Pollution Research, 26: 11710 - 11718.

Wang J, Zhang X, Xiong Z, et al., 2012. Methane emissions from a rice agroecosystem in South China:

Effects of water regime, straw incorporation and nitrogen fertilizer. Nutrient Cycling in Agroecosystems, 93: 103 - 112.

Wang Y Q, Bai R, Di H J, et al., 2018. Differentiated mechanisms of biochar mitigating straw-induced greenhouse gas emissions in two contrasting paddy soils. Frontiers in Microbiology, 9: 1 - 19.

Wrobeltobiszewska A, Boersma M, Sargison J, et al., 2015. An economic analysis of biochar production using residues from Eucalypt plantations. Biomass & Bioenergy, 81: 177 - 182.

Xia L, Wang S, Yan X, 2014. Effects of long-term straw incorporation on the net global warming potential and the net economic benefit in a rice-wheat cropping system in China. Agriculture, Ecosystems & Environment, 197: 118 - 127.

Xue J, Liu S, Chen Z, et al., 2014. Assessment of carbon sustainability under different tillage systems in a double rice cropping system in Southern China. International Journal of Life Cycle Assessment, 19: 1581 - 1592.

Xue J F, Pu C, Liu S L, et al., 2016. Carbon and nitrogen footprint of double rice production in Southern China. Ecological Indicators, 64: 249 - 257.

Yadav G S, Lal R, Meena R S, et al., 2017. Energy budgeting for designing sustainable and environmentally clean/safer cropping systems for rainfed rice fallow lands in India. Journal of Cleaner Production, 158: 29 - 37.

Yang B, Xiong Z, Wang J, et al., 2015. Mitigating net global warming potential and greenhouse gas intensities by substituting chemical nitrogen fertilizers with organic fertilization strategies in rice-wheat annual rotation systems in China: A 3-year field experiment. Ecological Engineering, 81: 289 - 297.

Yao Z S, Zheng X H, Xie B H, et al., 2009. Tillage and crop residue management significantly affects N-trace gas emissions during the non-rice season of a subtropical rice-wheat rotation. Soil Biology and Biochemistry, 41: 2131 - 2140.

Yin H J, Zhao W Q, Li T, et al., 2017. Balancing straw returning and chemical fertilizers in China: Role of straw nutrient resources. Renewable and Sustainable Energy Reviews, 81: 1 - 8.

Zhang F G, Che Y Y, Xiao Y, 2019. Effects of rice straw incorporation and N fertilizer on ryegrass yield, soil quality, and greenhouse gas emissions from paddy soil. Journal of Soil and Sediments, 19: 1053 - 1063.

Zhang H X, Zhao B H, Du Y L, 2008. Growth characteristics of rice under simplified cultivation with wheat residue return. Chinese Journal of Rice Science (6): 603 - 609.

Zhang Z S, Cao C G, Guo L J, et al., 2016. Emissions of CH_4 and CO_2 from paddy fields as affected by tillage practices and crop residues in central China. Paddy and Water Environment, 14: 85 - 92.

Zhang Z S, Guo L J, Liu T Q, et al., 2015. Effects of tillage practices and straw returning methods on greenhouse gas emissions and net ecosystem economic budget in rice-wheat cropping systems in central China. Atmospheric Environment, 122: 636 - 644.

Zhao Y, Pang H, Wang J, et al., 2014. Effects of straw mulch and buried straw on soil moisture and salinity in relation to sunflower growth and yield. Field Crops Research, 161 (1385): 16 - 25.

Zhou Y Z, Zhang Y Y, Tian D, et al., 2017. The influence of straw returning on N_2O emissions from a maize-wheat field in the North China Plain. Science of The Total Environment, 584: 935 - 941.

Zhu L Q, Zhang D W, Bian X M, 2011. Effects of continuous returning straws to field and shifting different tillage methods on changes of physical-chemical properties of soil and yield components of rice. Chinese Journal of Soil Science, 42 (1): 81 - 85.

Zou J W, Huang Y, Zong L G, et al., 2003. Comprehensive effects of different types of organic fertilizer application on CH_4 and N_2O emissions in paddy fields. Environmental Science, 24: 7 - 12.

3 不同秸秆还田方式对稻田温室气体排放的影响

农作物秸秆含有大量矿质营养元素，是一种重要的绿色有机物料，农田中添加农作物秸秆可以提高土壤中的微生物数量和酶活性，能有效改善土壤的理化性质（殷尧翥等，2019）。而中国作为世界上最大的农业国家之一，每年的秸秆产量约在10.4亿t以上。秸秆的不合理利用不但会造成田间营养物质的大量流失，还会对环境造成极大的危害（Romasanta et al.，2017）。而秸秆还田措施有着很多好处，例如降低土壤容重，增加土壤孔隙度（陈尚洪等，2006），优化土壤微生物群落结构和功能多样性（周文新等，2008），提高土壤有机质含量（王丹丹等，2013），增加作物产量（叶文培等，2008）等，同时秸秆还田也影响着稻田温室气体的排放。

秸秆腐解是一个较为复杂的过程，主要是通过微生物的作用，将秸秆中多种有机物的氮、磷、钾等养分释放出来，供作物吸收利用，因此秸秆的腐解效率受很多环境因素如埋深、温度、湿度、土壤质地等的影响（武际等，2011）。不同的秸秆还田方式也会影响秸秆腐解情况，进而影响作物产量和温室气体的排放。研究表明，秸秆翻压比秸秆覆盖更有利于秸秆分解，当翻压深度为5cm时，秸秆分解最快，其次为埋深15cm（李新举等，2001）。土壤水分也会影响作物秸秆的腐解速率，土壤水分过高或过低都不利于秸秆分解，而地膜覆盖＋秸秆还田能加快秸秆的分解（江长胜等，2001）。在翻耕秸秆还田条件下，水稻有效穗数和每穗粒数都会显著增加，水稻产量增加（刘世平等，2006）。同时，秸秆腐熟剂是一种常见的有机物料腐熟剂，主要通过增强微生物的代谢来加快作物秸秆的分解（马煜春等，2017）。与传统秸秆还田相比，添加秸秆腐熟剂能较快速地腐解还田秸秆，加快秸秆中的养分释放，有利于水稻幼苗的早期生长（邓国英，2013）。

稻田CH_4排放主要包括土壤CH_4产生、氧化及排放传输3个过程（Whalen，2000；李茂柏等，2010）。稻田中的CH_4是产甲烷菌利用土壤中碳水化合物代谢过程中的产物，主要发生在2～20cm的土壤耕作层中（江长胜等，2004）。土壤中产生的CH_4还会在有氧条件下被土壤中的甲烷氧化菌氧化为CO_2（Watanabe et al.，2007）。在水稻生长阶段，土壤中生成的CH_4主要通过植物体内部的通气组织排放到大气中（尉海东等，2013）。一般认为秸秆还田会增加农田的CH_4排放。比如张翰林等（2015）研究了不同秸秆还田年限下农田CH_4的排放情况发现，与秸秆不还田相比，秸秆还田下农田的CH_4排放增加量高达73.52%；陈苇等（2002）认为在早晚稻种植模式下，早稻稻草还田会增加晚稻田的CH_4排放，而相比于稻草翻施，采用稻草表施能降低CH_4排放。但是也有研究认为秸秆还田会降低土壤的CH_4产生，如李成芳等（2011）认为免耕秸秆还田能显著降低稻田土壤的CH_4排放，CH_4累积排放量随着秸秆还田量的增加而降低。

在自然耕作土壤中，土壤N_2O主要来源于微生物硝化作用和反硝化作用（Barnard et al.，2005）。硝化作用是指土壤中微生物将铵盐氧化为硝酸盐的过程，包含氨氧化和亚硝酸盐氧化两个过程（黄树辉等，2004），其中氨氧化过程是硝化作用的限速步骤，N_2O 则是硝化作用的最终产物（Poth，1986；Arp et al.，2002）；反硝化作用是在多种微生物的参与下，硝酸盐被多种酶还原成 N_2 的过程，而 N_2O 则作为中间产物被释放出来（刘若萱等，2014）。由于 N_2O 的产生过程较为复杂，影响因素较多，土壤类型、土壤湿度、温度、氮肥的施用都会影响农田土壤 N_2O 的产生（Shan et al.，2013），所以不同的研究得到的结果存在一定的差异。比如 Hu 等（2016）认为，与秸秆不还田相比，秸秆还田会增加土壤中的 N_2O 排放，而与秸秆翻埋措施相比，秸秆沟埋能够降低 N_2O 排放，这可能是由于作物秸秆为 N_2O 的产生提供了丰富的碳源和氮源，而秸秆沟埋下作物秸秆与土壤的接触面积降低，产生的 N_2O 较少；Ma 等（2010）在研究中发现秸秆还田会使稻田中的 N_2O 排放量增加 15%～39%；Dendooven 等（2012）发现，无论采用免耕还是翻耕措施，秸秆还田下土壤中的 N_2O 排放量均高于移除秸秆的处理。也有研究认为秸秆还田措施会降低农田的 N_2O 排放。Xia 等（2014）认为与秸秆不还田相比，长期秸秆还田会减少 N_2O 的排放；Jiang 等（2003）也认为稻田中采取秸秆还田措施会降低 N_2O 的产生，而且 N_2O 的排放量与秸秆还田量成反比。

很多研究认为秸秆还田能够增加作物产量。如 Lou 等（2011）发现与秸秆不还田和 25%秸秆还田量处理相比，50%和 100%秸秆还田量处理显著增加了作物产量，秸秆的添加能够直接增加土壤肥力如土壤有机质、营养元素等，改善土壤物理性质。常勇等（2018）通过定位试验研究了麦秆还田对水稻产量的影响发现，麦秆还田能够显著增加水稻产量，而且全量麦秆还田下的水稻产量要高于半量麦秆还田，分别比秸秆不还田处理高 15.48%、7.48%，秸秆还田处理中水稻的每穗粒数、结实率和千粒重均有提升。也有研究认为秸秆还田会降低作物产量。王丹丹等（2018）发现与秸秆不还田相比，高量秸秆还田下水稻产量下降了 9%～24%。

农业生产活动始终伴随着温室气体的排放，影响全球气候。仅仅从经济层面来评价一个农业生态系统的优劣有失偏颇，还有必要将其对温室气体排放的影响考虑在内，考查整个系统的净生态系统经济效益（NEEB）。NEEB 是综合衡量温室气体排放、增温潜势、农艺生产投入和作物生产收益的指标（Li et al.，2015）。我国是农业大国，秸秆资源丰富，秸秆处理不当则会造成巨大的资源浪费和环境问题。秸秆还田措施在解决以上问题的同时，也会对农业生态系统的 NEEB 产生影响。目前已经有很多的研究着眼于农业生产中秸秆还田的经济效益，如黄鹏等（2013）在试验中发现在不同施肥水平下，秸秆还田处理的经济效益均高于传统的秸秆不还田处理；郑仁兵等（2017）发现用一定比例的秸秆还田代替化肥能增加水稻的经济效益；孙小祥等（2017）在稻麦轮作系统中发现，采用稻秸还田和稻麦秸秆全还田均能显著提高经济效益。但是将农业系统的经济效益与温室气体排放结合，考查 NEEB 的研究还比较少见。

农作物秸秆作为一种重要的有机肥料，如果有效利用，既能够避免资源的浪费，又能够降低诸如焚烧秸秆等不当措施对环境造成的危害。同时，面对着全球气候变暖所带来的严峻挑战，秸秆还田过程中所产生的温室气体也不容忽视。因此，本章主要参考本研究组开展不同秸秆还田方式对稻田温室气体排放和水稻产量的影响结果，来讨论秸秆处理方式与稻田温室气体减排的关系。

3.1 研究方法

3.1.1 试验设计

试验地点位于湖北省武穴市花桥镇（东经115°30′，北纬29°55′），当地主要种植模式为稻—油复种。该区地属长江中下游稻区，海拔20m，亚热带季风气候，年均温16.8℃，年降水量1 278.7～1 442.6mm。土壤为潴育型水稻土，泥沙田，由第四纪红土沉积物发育。试验开始之前土壤pH为5.30，土壤有机碳含量为21.5g/kg，全氮含量为2.68g/kg，全磷含量为0.42g/kg，全钾含量为3.07g/kg，土壤容重为1.26g/cm^3。

本试验于2018—2019年进行，水稻种植模式为移栽，试验采用随机区组设计，共设5种处理：秸秆不还田（CK）、秸秆粉碎覆盖（SC）、秸秆粉碎翻埋（SB）、秸秆粉碎覆盖加腐熟剂（SDC）和秸秆粉碎翻埋加腐熟剂（SDB）。其中，所用油菜秸秆碳氮比为32.7，采用全量秸秆还田方式，还田量约为6t/hm^2。每个处理3次重复，共15个小区，每个小区面积为30m^2，小区边缘设有田埂（宽30cm，高30cm），田埂上铺有黑膜，小区之间用宽为1.2m的保护行隔开，保护行内种植水稻，以防止小区间串肥。秸秆不还田处理在前季油菜收获之后移除全部秸秆，秸秆还田处理则将收获的油菜秸秆切成5～7cm长度，均匀铺撒在整个小区中，然后均匀施入腐熟剂，进行后续处理。水稻收获之后所有处理均移除全部秸秆。试验品种：水稻（*Oryza sativa* L.）为黄华占，油菜（*Brassica napus* L.）为中双9号。供试腐熟剂：君德微生物有机肥发酵剂（山东君德生物科技有限公司），有益活菌数≥0.5亿/g，腐熟剂用量为12kg/hm^2。

每年6月5号左右开始水稻育秧，7月10号左右水稻移栽，在水稻移栽前一周左右完成各个处理要求，然后灌水泡田，直至移栽。水稻季施肥用量为氮肥180kg/hm^2、磷肥90kg/hm^2和钾肥180kg/hm^2；氮肥分四次，在苗期、分蘖期、拔节期、孕穗期施用，施用比例为5∶2∶1.2∶1.8；磷、钾肥作为基肥一次性施用。具体施肥时间见表3-1。

表3-1 具体氮肥施用时间

关键生育期	氮肥施用时间	
	2018年	2019年
苗　期	7月9日	7月3日
分蘖期	7月25日	7月18日
拔节期	8月12日	8月2日
孕穗期	9月2日	8月26日

病虫草害均按照当地管理措施进行管理。在水稻移栽之后，定期观察是否存在草害状况，主要预防的杂草类型为稗草和鸭舌草，使用草甘膦和二甲四氯进行防治。同时，水稻病虫害主要防治卷叶螟、二化螟、纹枯病、稻飞虱、蓟马、稻瘟。油菜直播之后要打封闭草药，预防杂草，后期再根据具体情况进行病虫草害防治。

3.1.2 温室气体相关微生物功能基因丰度测定

取0.3g左右的土壤样品，冻干，利用土壤DNA提取试剂盒（Power Soil DNA Isdction

Kit）提取出土壤中的总DNA，通过琼脂糖凝胶电泳来检验提取土壤DNA的质量。提取出来的土壤DNA置于-40℃条件下保存以进行下一步的测定。通过RT-PCR技术来测定土壤中微生物相关功能基因（*amoA*、*nirK*、*nirS*、*nosZ*、*mcrA*和*pmoA*）的丰度，首先使用带有引物对和热循环程序的SBYR Green测试来对功能基因进行定量，qPCR反应在25μL的混合体系中进行，混合体系包括12.5μL的SYBR Premix Ex Taq TM，用于测定*nirK*、*nirS*和*nosZ*基因的引物（浓度为10μmol/L）各1μL，用于测定*amoA*、*mcrA*和*pmoA*基因的引物（浓度为10μmol/L）各2μL。在所有qPCR反应过程中，都要添加一个没有DNA样板的对照组。每次PCR反应结束后都要测定熔化曲线以确保反应的特异性。当熔化曲线仅有一个峰值时，扩增效率在86.3%～110.0%，R^2值大于0.95时qPCR结果才是可用的。为了获取qPCR的标准曲线，在克隆测序之后，要用上述相同的引物集对目标基因进行扩增。要以稀释10倍的模板DNA作为qPCR的标准，再对含有正确插入物的质粒DNA进行提取、纯化和定量。土壤DNA样品、模板DNA和对照组在每次测定过程中都要设置3个重复。根据Ct值来计算qPCR效率与拷贝数，运用iCycler软件来进行数据分析。试验中所用到的引物对和qPCR反应过程分别如表3-2和表3-3所示。

表3-2 目的基因引物

目的基因	引物名称	引物序列（5′—3′）	基因片段长度（bp）
AOA-*amoA*	Arch-amoAF	STAATGGTCTGGCTTCTTC	635
	Arch-amoAR	GCGGCATCCATCTGTATGT	
AOB-*amoA*	amoA-1F	GGGGTTTCTACTGGTGGT	490
	amoA-2R	CCCCTCKGSAAAGCCTTCTTC	
nirK	F1aCu	ATCATGGTSCTGCCGCG	476
	R3Cu	GCCTCGATCAGRTTGTGGTT	
	cd3aF	GTSAACGTSAAGGARACSGG	420
nirS	R3cd	GASTTCGGRTGSGTCTTGA	
nosZ	nosZ_2R	CGCRACGGCAASAAGGTSMSSGT	453
	nosZ_2F	CAKRTGCAKSGCRTGGCAGAA	
mcrA	ME1	GCMATGCARATHGGWATGTC	719
	ME2	TCATKGCRTAGTTDGGRTAGT	
pmoA	A189F	GGNGACTGGGACTTCTGG	491
	mb661R	CCGGMGCAACGTCYTTACC	

表3-3 qPCR反应过程

目的基因	qPCR反应过程
AOA-*amoA*	95℃ 3min。35个循环：95℃ 10s，55℃ 30s，72℃ 60s。在每个循环83℃时检测荧光10s（Francis et al.，2005）
AOB-*amoA*	95℃ 3min。35个循环：95℃ 10s，55℃ 30s，72℃ 60s。在每个循环83℃时检测荧光10s（Rotthauwe et al.，1997）

（续）

目的基因	qPCR 反应过程
nirK	95℃ 5min。40 个循环：95℃ 30s，58℃ 30s，72℃ 60s。在每个循环 83℃时检测荧光 10s（Hallin et al.，1999）
nirS	94℃ 2min。30 个循环：94℃ 30s，53℃ 60s，72℃ 30s。在每个循环 83℃时检测荧光 10s（Throback et al.，2004）
nosZ	95℃ 10min。40 个循环：95℃ 30s，60℃ 30s，72℃ 60s。在每个循环 83℃时检测荧光 10s（Henry et al.，2006）
mcrA	94℃ 3min。35 个循环：94℃ 45s，50℃ 45s，72℃ 90s。在每个循环 83℃时检测荧光 10s（Hale et al.，1996）
pmoA	94℃ 2min。35 个循环：94℃ 45s，53℃ 60s，72℃ 2min。在每个循环 83℃时检测荧光 10s（Horz，2001）

3.2 秸秆还田方式对稻田土壤碳、氮的影响

3.2.1 土壤可溶性有机碳

图 3-1 所示的为 2018—2019 年不同水稻生育期稻田土壤可溶性有机碳（DOC）含量。两年整体变化趋势基本一致，都是先增加后降低，在水稻分蘖期达到最大，在水稻成熟期含量最低。2018 年稻田土壤 DOC 变化范围为 201.70～674.56mg/kg，最大值为水稻分蘖期的 SDC 处理，最小值为水稻成熟期的 NS 处理。除水稻苗期之外，其余各时期 NS 处理土壤 DOC 含量均低于其他处理。在水稻成熟期，秸秆翻埋处理（SB 和 SDB 处理）土壤 DOC 含量要显著高于 NS 处理。2019 年稻田土壤 DOC 含量变化范围为 250.14～756.25mg/kg，最大值为水稻分蘖期的 SDB 处理，要显著高于 NS 处理，最小值为水稻成熟期的 NS 处理。在所有水稻生育期中，NS 处理的土壤 DOC 含量均低于其他处理。

土壤 DOC 是土壤中各种微生物所赖以生存的重要能量来源。农业土壤中的环境复杂，存在着很多影响土壤 DOC 含量变化的因素，比如土壤中微生物的数量和活性、外源有机质的添加、农作物根系分泌物和耕作措施等（汤宏等，2013）。尤其是在淹灌状态的稻田中，土壤有机质的分解会产生大量的 DOC。丁洁等（2019）认为秸秆还田措施为农业土壤添加添加了外源有机质，为土壤中的微生物提供了丰富的碳源，促进了土壤微生物的生长繁殖，增加了土壤中的 DOC 含量。这与本试验中的研究结果相一致。在本试验中水稻分蘖期秸秆还田处理中的土壤 DOC 含量要高于秸秆不还田处理，但是在水稻齐穗期秸秆还田处理和不还田处理之间的差异变小。这可能是由于在水稻分蘖期，秸秆还田处理尤其是在添加秸秆腐熟剂的处理中作物秸秆在微生物的分解作用下产生了大量的 DOC，而随着时间的推进，土壤微生物大量繁殖，秸秆还田处理中微生物数量和活性要大大高于秸秆不还田处理，导致微生物消耗大量的 DOC 用于代谢活动，这也就造成了水稻齐穗期添加秸秆腐熟剂的秸秆还田处理中的 DOC 含量的下降（倪进治等，2001；马超等，2013），然后整个生态系统达到动态平衡，但秸秆还田处理的 DOC 含量仍高于秸秆不还田处理。

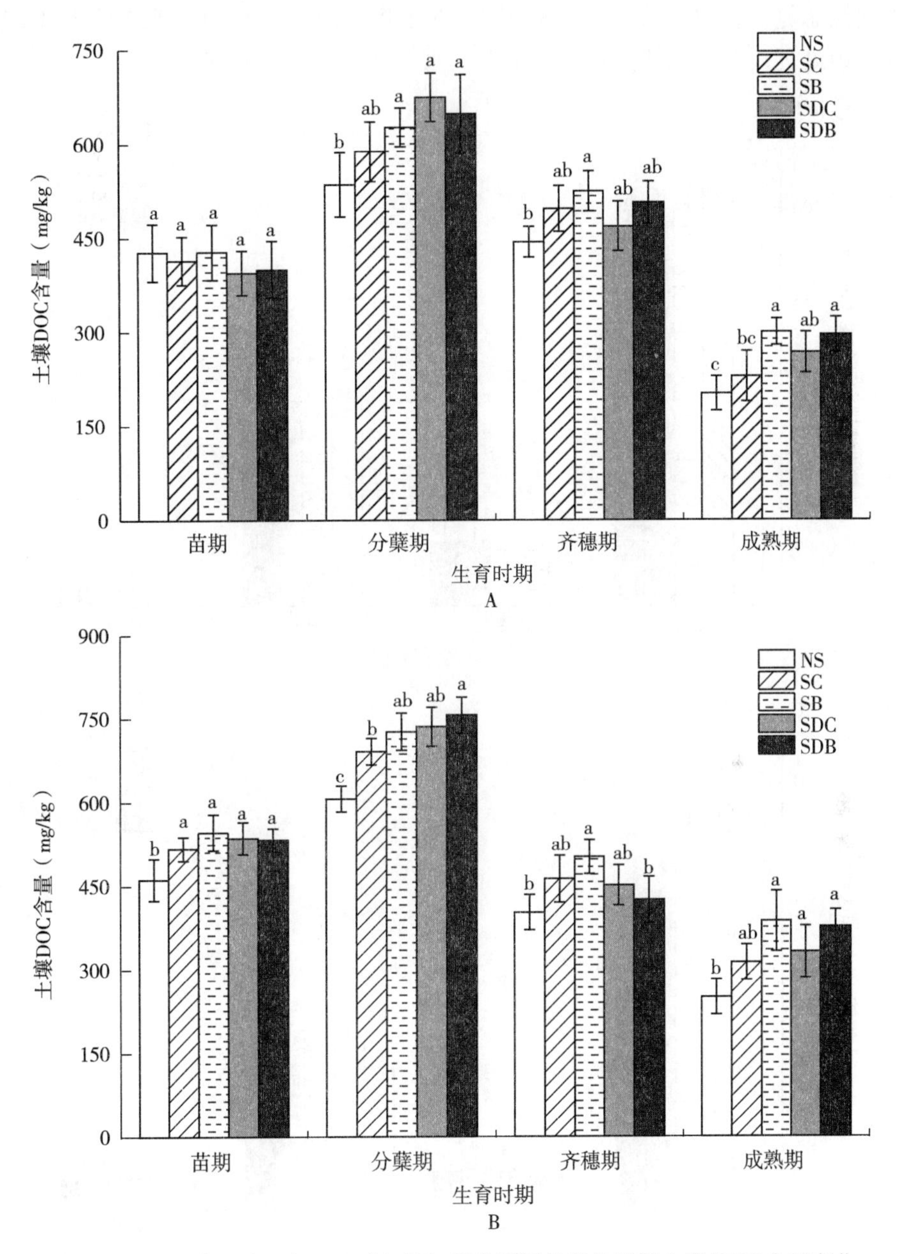

图 3-1　2018 年（A）和 2019 年（B）稻季不同处理各时期土壤 DOC 含量变化

3.2.2　土壤矿质氮

2018 年和 2019 年不同时期稻田土壤铵态氮变化趋势基本一致，都是先增加后降低，在水稻苗期呈现最大（图 3-2）。2018 年不同时期土壤铵态氮含量为 3.13～110.91mg/kg，最小值出现在成熟期 NS 处理，最大值出现在苗期 NS 处理。在水稻苗期铵态氮含量最高为 NS 处理，显著高于添加秸秆腐熟剂的处理（SDC 和 SDB 处理）；在水稻齐穗期秸秆还田处理铵态氮含量要显著高于秸秆不还田处理。2019 年不同时期土壤铵态氮含量为 3.62～58.51mg/kg，最小值为成熟期 SC 处理，最大值为苗期 SC 处理。在水稻苗期，添加秸秆腐熟剂的处理铵态氮含量要显著低于NS处理；在水稻齐穗期SDB处理和NS处理要显著低于其他秸秆还田处理；在水稻成熟期，SDB处理要显著高于NS处理。

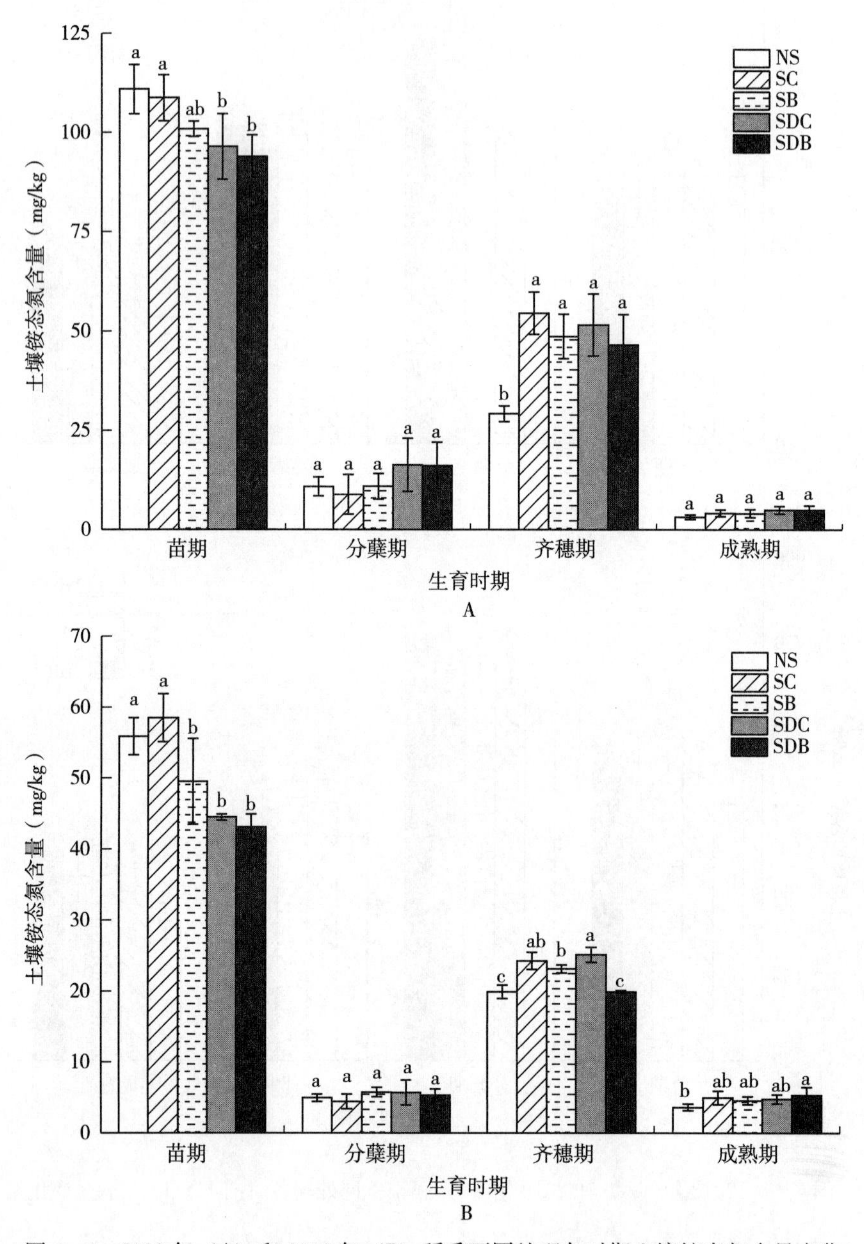

图3-2　2018年（A）和2019年（B）稻季不同处理各时期土壤铵态氮含量变化

2018—2019年不同处理各时期稻田土壤硝态氮含量变化如图3-3所示。土壤硝态氮含量最大值出现在水稻成熟期，且要远低于土壤铵态氮含量最大值。2018年稻田土壤硝态氮含量最小值为1.49mg/kg，为水稻分蘖期的SB处理；最大值为11.72mg/kg，为水稻成熟期的SDB处理。水稻成熟期不同处理之间的土壤硝态氮含量差异较大，表现为SDB处理硝态氮含量要显著高于SC和SB处理。2019年稻田土壤硝态氮含量变化范围为2.93～19.26mg/kg，最小值为水稻苗期的SC处理，最大值为水稻成熟期的SDB处理。在水稻成

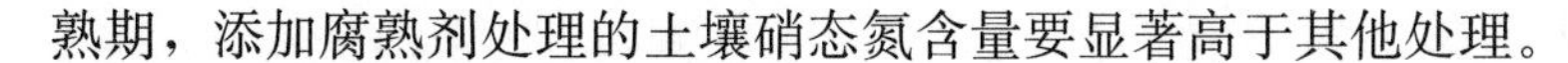

熟期，添加腐熟剂处理的土壤硝态氮含量要显著高于其他处理。

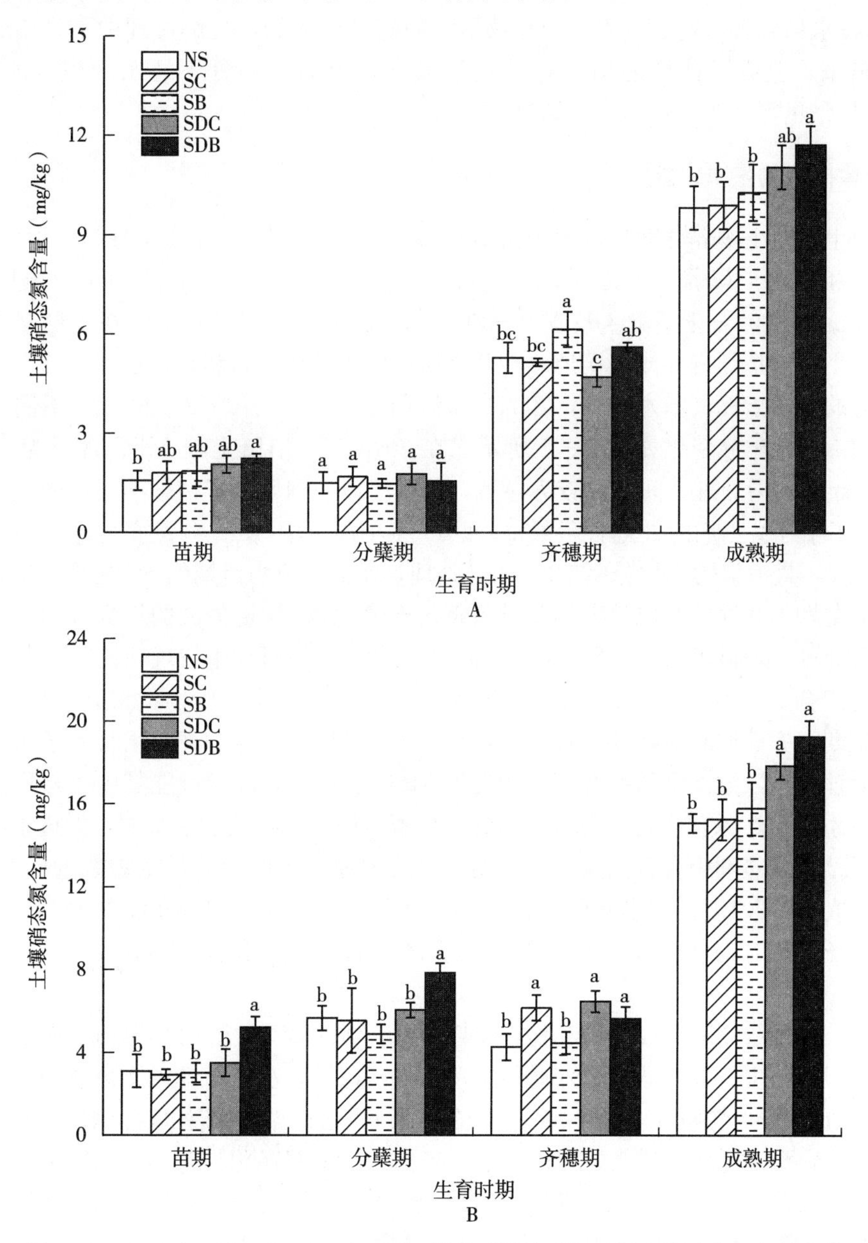

图 3-3　2018 年（A）和 2019 年（B）稻季不同处理各时期土壤硝态氮含量变化

土壤矿质氮主要包括土壤铵态氮和硝态氮，是土壤中能够直接被植物吸收利用的氮素（Caicedo et al.，2000），它们在土壤中的含量变化对土壤微生物和植株的生长具有重要的影响。作物秸秆中含有大量碳、氮等营养元素，有研究认为长期秸秆还田可以增加土壤氮素，影响土壤中的矿质氮含量（单鹤翔等，2012；李锦等，2014）。本试验中发现在秸秆还田初期，添加秸秆腐熟剂的秸秆还田处理下土壤铵态氮含量要低于秸秆不还田处理，这可能是由于作物秸秆刚施入土壤时，其碳氮比相对较高（32.7），而当作物秸秆碳氮比大于 25 时，微生物在分解秸秆的过程中会从土壤中额外吸收氮素，对土壤中有效氮素产生短期的固定，从而造成了水稻生长初期中土壤铵态氮含量的降低（Sakala et al.，2000；Hadas et al.，2004）。而在水稻生育后期，随着还田作物秸秆的碳氮比降低，分解过程中秸秆中的氮素会逐渐释放出来，造成了秸秆还田处理的矿质氮含量要高于秸秆不还田处理（胡宏祥等，2012），这与张星等（2016）的研究结果相类似。

3.2.3 土壤微生物量碳、氮

土壤微生物在土壤养分循环过程中扮演着重要角色，它们在直接参与养分循环的同时，还能够储存和释放土壤养分和能量，为土壤养分循环提供动力（Jenkinson et al.，1981；Jawson et al.，1989）。土壤微生量碳（MBC）、微生量氮（MBN）虽然在土壤全碳和全氮中的占比很小，但是却直接或间接地参与几乎所有的土壤生化过程，能够作为评价土壤质量和土壤肥力的重要指标（苏永春等，2004；张海燕等，2006）。2018—2019 年不同处理各时期稻田土壤 MBC 含量变化如图 3－4 所示。在 2018 年，稻田土壤 MBC 含量为 307.75～997.80mg/kg，不同处理之间差异较为显著，秸秆还田处理均高于秸秆不还田处理，不同时期均为添加了秸秆腐熟剂的处理含量最高。2019 年稻田土壤 MBC 含量变化范围为 354.84～815.88mg/kg，最大值为水稻分蘖期的 SDC 处理，而最小值为苗期的 SC 处理。不同处理之间在水稻分蘖期、齐穗期和成熟期均差异显著，土壤 MBC 含量最大的均为添加秸秆腐熟剂的秸秆还田处理，均显著高于 NS 处理。Guo 等（2015）在研究中发现相比于秸秆不还田处理，秸秆还田会显著增加0～5cm土壤中的 MBC 含量。在本次试验中也得到了相似的结果，在水稻分蘖期、齐穗期和成熟期秸秆还田处理下土壤 MBC 含量均高于秸秆不还田处理，而秸秆还田处理中又以添加了秸秆腐熟剂的处理 MBC 含量较高。这可能是由于秸秆还田相当于向土壤中添加了外源有机质，为微生物的生长繁殖提供了物质能量来源，促进了微生物的生长，同时秸秆腐熟剂中含有大量的微生物，直接增加了土壤中的微生物数量（李新华等，2016；于建光等，2010）。而也有研究认为秸秆还田对土壤成熟期 MBC 含量影响不大，这可能是因为还田秸秆对土壤微生物量的影响会随着时间的推移而减少的缘故（王丹丹等，2018）。

如图 3－5 所示，2018—2019 年不同时期稻田土壤 MBN 含量均在水稻苗期最低，后出现增加。2018 年土壤 MBN 含量最小值为 37.38mg/kg，为水稻苗期的 NS 处理，最大值为成熟期的 SDB 处理，含量为 87.82mg/kg。在水稻分蘖期，添加秸秆腐熟剂的秸秆还田处理土壤 MBN 含量要显著高于其他处理；在水稻齐穗期，秸秆还田处理土壤 MBN 含量要显著高于秸秆不还田的处理；在水稻成熟期，SDB 处理要显著高于 NS 处理，秸秆还田处理土壤 MBN 含量显著高于 NS 处理。2019 年稻田土壤 MBN 含量为 30.20～84.09mg/kg，不同时期 MBN 含量最高的均为 SDB 处理，含量最低的均为 NS 处理，在水稻成熟期，添加秸秆腐熟剂的秸秆还田处理要显著高于其他处理。这可能是由于微生物在进行代谢活动吸收土壤中碳素的同时，也需要吸收氮素以维持自身的碳氮比，因此，秸秆还田措施下土壤 MBC 含量的增加与 MBN 含量的增加存在着一定的对应的关系（王志明等，1999）。这与张电学等（2005）的研究结果相类似。

3.2.4 土壤总有机碳

2018 年和 2019 年不同处理成熟期土壤总有机碳含量如图 3－6 所示。2018 年 NS 处理

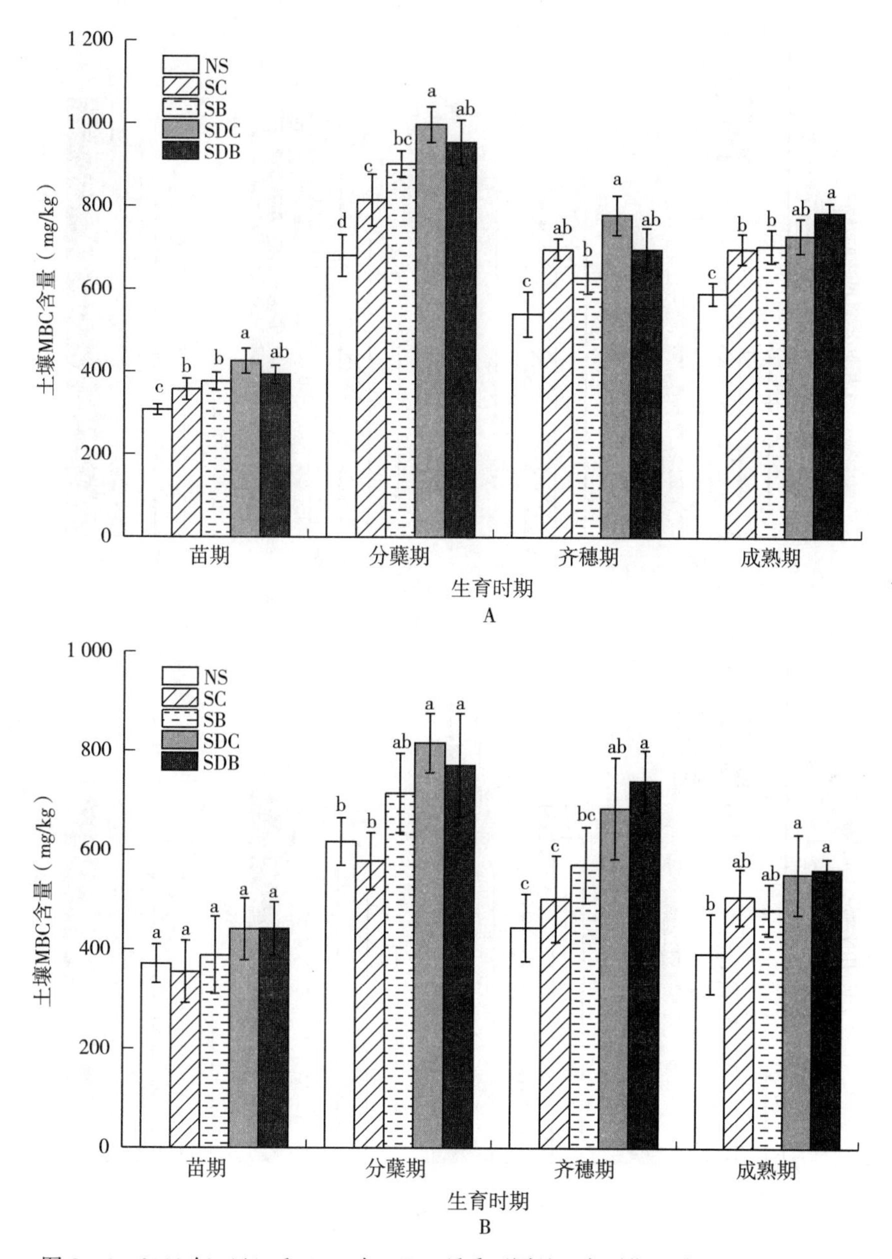

图 3-4　2018 年（A）和 2019 年（B）稻季不同处理各时期土壤 MBC 含量变化

的总有机碳含量最低，为 23.21g/kg，SDC 处理的总有机碳含量最高，为 24.97g/kg。所有秸秆还田处理的总有机碳含量均高于 NS 处理，但是不同处理之间差异不显著。2019 年不同秸秆还田处理的总有机碳含量要显著高于 NS 处理，分别比 NS 处理高 8.23%（SB 处理）、7.86%（SC 处理）、8.64%（SDC 处理）和 7.35%（SDB 处理），但是不同秸秆还田处理之间的差异不显著。

土壤有机质在土壤物质循环过程中具有重要作用，能够作为评价土壤质量和生产力高低的重要参考指标（潘剑玲等，2013）。而土壤有机碳的含量水平能直接反应出土壤有机质的状况。本次试验中发现秸秆还田处理下土壤总有机碳含量要高于秸秆不还田处理，但是在仅

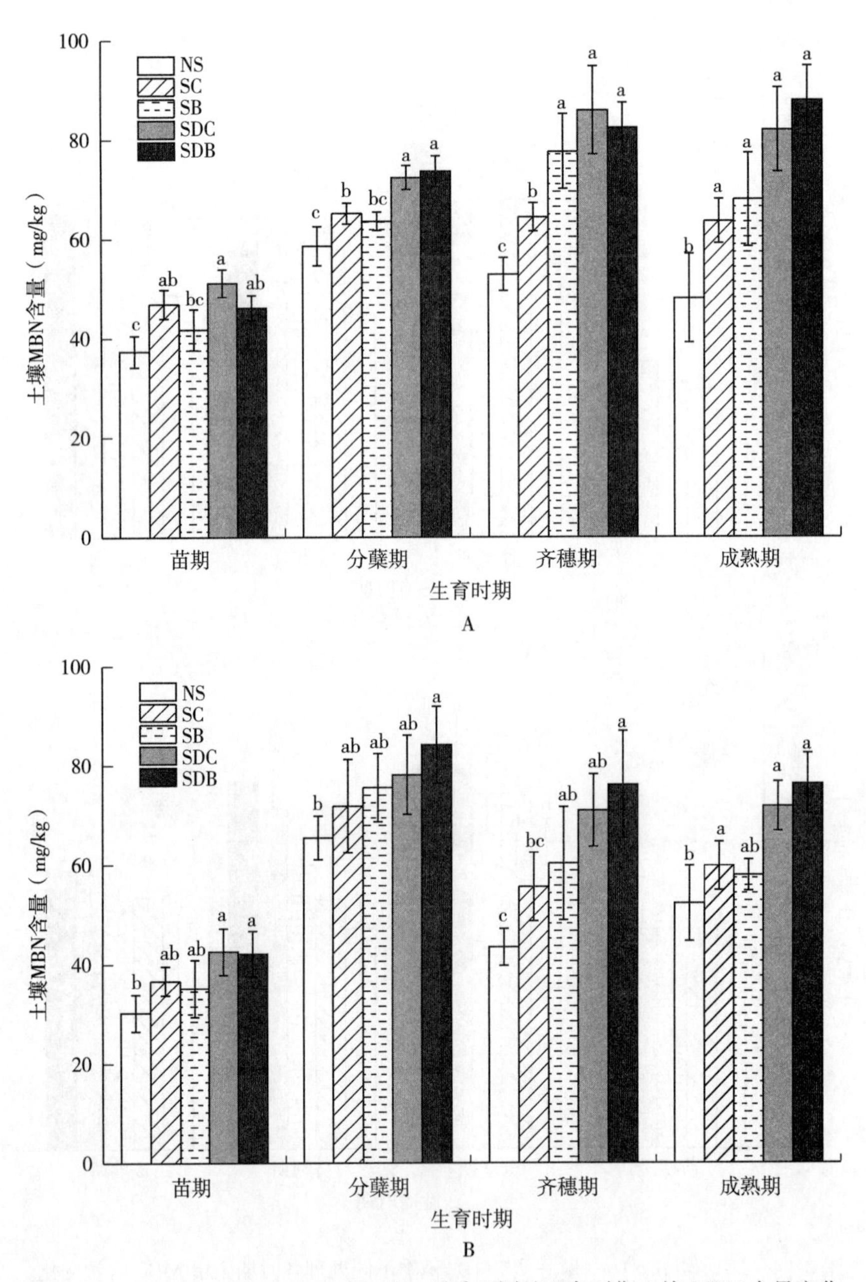

图 3-5　2018 年（A）和 2019 年（B）稻季不同处理各时期土壤 MBN 含量变化

经过一年秸秆还田的情况下，还田处理与不还田处理之间的差异不显著，在经过两年秸秆还田处理后会达到显著差异。Jin 等（2017）在试验中也得到了相类似的结果。在自然环境中，生长在土壤中的植物是土壤有机碳的重要来源，而在农业生产过程中，作物残体经过土壤微生物的分解代谢为农业土壤提供了大量的有机碳，因而秸秆还田措施会增加土壤中的有机碳含量（南雄雄等，2011）。而一些研究认为短期的秸秆还田对土壤总有机碳含量的影响不显著，这可能是由于土壤有机碳需要较长的时间来响应秸秆还田所带来的变化（Guo et al.，2015；Yang et al.，2017）。

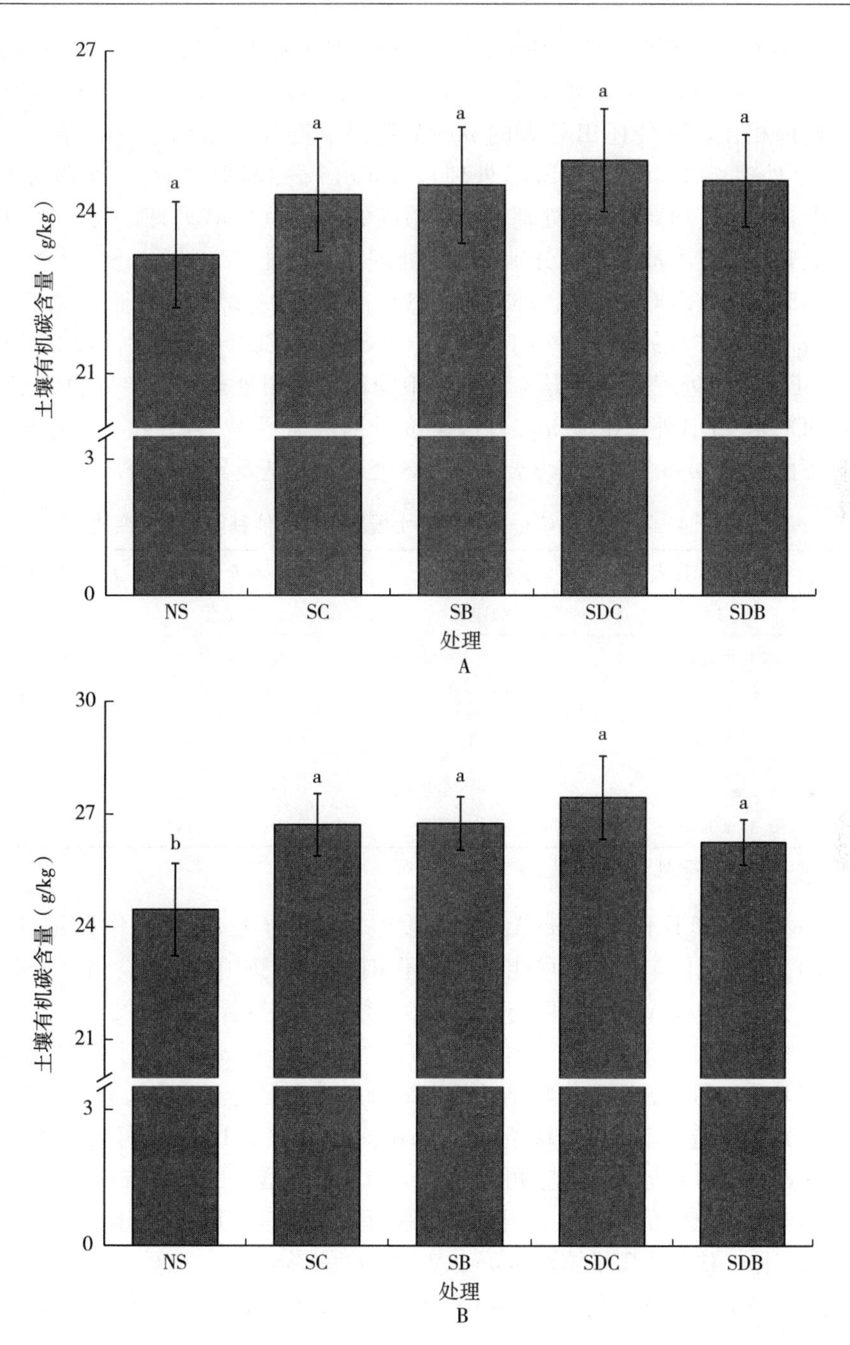

图 3-6　2018 年（A）和 2019 年（B）水稻成熟期土壤总有机碳含量

3.3　秸秆还田方式对稻田微生物群落的影响

3.3.1　秸秆还田方式对 CH_4 排放相关微生物功能基因丰度的影响

产甲烷菌中存在的 *mcrA* 基因和甲烷氧化菌中存在的 *pmoA* 基因分别是调控土壤中 CH_4 的产生与氧化的关键基因（Hu et al.，2019）。2018 年水稻成熟期不同处理土壤中 *mcrA* 基因丰度从大到小依次为SDB>SB>SDC>SC>NS，所有秸秆还田处理中的*mcrA*基因丰度均显著高于秸秆不还田处理，SDB处理中*mcrA*基因丰度显著高于SC和SDC处理（表3-4）。与NS处理相比，秸秆还田处理的*mcrA*基因丰度分别增加了91.62%（SC处理）、157.84%（SB处理）、107.83%（SDC处理）、166.45%（SDB处理）。2019年秸秆还田处理中的*mcrA*基因丰度均高于NS处理，丰度最高的处理为SDB处理，其次为SB处理。各个秸秆还田处理的*mcrA*基因丰度分别比NS处理显著高出72.60%（SC处理）、137.18%（SB处理）、99.26%（SDC处理）、163.61%（SDB处理）。2018年水稻成熟期不同处理之间土壤中*pmoA*基因丰度的差异要小于*mcrA*，仅SDC和SDB处理分别与NS处理之间差异显著，SC、SB和NS处理之间差异不显著，不同秸秆还田处理之间差异也不显著。与NS处理相比，SDC和SDB处理中*pmoA*基因丰度分别增加了47.77%和53.50%。2019年秸秆还田处理下的土壤*pmoA*基因丰度要高于NS处理，但是差异不显著。

表3-4　不同处理CH_4排放相关土壤微生物功能基因丰度的变化

处　理	*mcrA*基因丰度（$\times 10^9$每克拷贝数）		*pmoA*基因丰度（$\times 10^8$每克拷贝数）	
	2018年	2019年	2018年	2019年
NS	2.38±0.12c	2.72±0.65d	2.58±0.41b	3.33±0.44a
SC	4.55±0.42b	4.69±0.89c	3.25±0.51ab	4.07±0.78a
SB	6.12±0.60a	6.44±0.93ab	3.39±0.43ab	3.90±0.58a
SDC	4.94±0.83b	5.41±0.79b	3.81±0.52a	4.06±0.63a
SDB	6.33±0.59a	7.16±0.67a	3.96±0.61a	4.22±0.66a

注：同列不同字母表示不同处理差异达到显著水平（$P<0.05$）。

本试验中不同处理下土壤中*mcrA*基因丰度差异显著（表3-4）。秸秆还田显著增加了稻田土壤中的*mcrA*基因丰度，这可能与秸秆还田措施下土壤中DOC含量增加有关（图3-1）。一方面，土壤的*mcrA*基因丰度与土壤DOC含量具有显著的正相关性，土壤DOC是土壤中各种微生物的重要能量来源（王莹等，2010；Tokida et al.，2011），为微生物繁殖代谢提供了反应基质。另一方面，作物秸秆的有氧分解也会促进土壤中厌氧环境的形成，为产甲烷菌的生长繁殖创造了良好的环境条件（Bertora et al.，2018）。秸秆翻埋措施下的*mcrA*基因丰度显著高于秸秆覆盖处理，这可能是由于秸秆翻埋增加了作物秸秆与土壤微生物的接触面积，使得微生物能够更高效地利用秸秆分解所产生的有机物质（Angers et al.，1997）。与*mcrA*基因相比，秸秆还田措施对*pmoA*基因丰度的影响较小，这可能是因为水稻生长期间，稻田土壤主要处于厌氧环境下，不利于甲烷氧化菌的生长（王玲等，2002）。

3.3.2　秸秆还田方式对N_2O排放相关微生物功能基因丰度的影响

稻田土壤中N_2O的产生较为复杂，微生物的硝化作用和反硝化作用都能影响最终的N_2O排放（Barnard et al.，2005）。其中，AOA和AOB所参与的反应过程是硝化作用的限速步骤，而*nirK*和*nirS*基因是调控反硝化作用的快慢的关键基因，*nosZ*基因则是调控反硝化作用当中唯一消耗N_2O反应的关键基因（Arp et al.，2002；秦红灵等，2018）。2018年不同处理水稻成熟期土壤中与N_2O排放相关微生物功能基因丰度如表3-5所示。水稻成熟期秸秆还田处理土壤中的AOA-*amoA*要高于秸秆不还田处理，但是不同处理间差异不显著（$P>0.05$）。2018 年水稻成熟期不同处理 AOB-*amoA* 基因丰度之间的差异较小，只有 SDB 处理比 NS 处理显著增加了 50.53%（$P<0.05$）。秸秆还田处理水稻成熟期土壤中 *nirK* 基因丰度显著高于秸秆不还田处理，前者分别为后者的 1.91 倍（SC 处理）、2.03 倍（SB 处理）、3.02 倍（SDC 处理）、3.22 倍（SDB 处理）（$P<0.05$）。同样地，SC、SB、SDC 和 SDB 处理下水稻成熟期土壤中 *nirS* 基因丰度分别比 NS 处理显著增加了 89.14%、73.65%、138.54%和 289.32%（$P<0.05$）；SC、SB、SDC 和 SDB 处理下水稻成熟期土壤中 *nosZ* 基因丰度分别比 NS 处理显著增加了 84.34%、91.21%、110.97%和 157.21%（$P<0.05$）。

表 3-5　不同处理水稻成熟期土壤中与 N_2O 排放相关微生物功能基因丰度

年份	处理	AOA-*amoA*（$\times10^8$ 每克拷贝数）	AOB-*amoA*（$\times10^7$ 每克拷贝数）	*nirK*（$\times10^7$ 每克拷贝数）	*nirS*（$\times10^6$ 每克拷贝数）	*nosZ*（$\times10^6$ 每克拷贝数）
2018	NS	1.82±0.48a	2.97±0.65b	1.84±0.60c	1.80±0.80c	2.29±0.53c
	SC	2.36±0.66a	3.53±0.54ab	3.51±0.91b	3.41±0.53b	4.22±0.85b
	SB	2.71±0.71a	3.78±0.67ab	3.73±0.80b	3.13±0.45b	4.38±0.88b
	SDC	3.19±0.77a	4.30±0.76ab	5.55±0.94a	4.30±0.64b	4.83±0.74ab
	SDB	3.07±0.88a	4.47±0.90a	5.90±0.11a	7.02±0.98a	5.89±0.84a
2019	NS	2.27±0.57a	2.56±0.45b	1.91±0.68c	2.55±0.88b	2.45±0.58b
	SC	2.78±0.65a	3.27±0.71ab	3.78±0.80b	3.88±0.58b	4.05±0.92a
	SB	3.02±0.75a	3.56±0.75ab	4.14±0.90b	3.99±0.62b	4.25±0.94a
	SDC	3.45±0.66a	4.20±0.94a	5.17±0.10ab	6.15±0.89a	4.92±0.65a
	SDB	3.61±0.94a	4.42±0.99a	6.01±0.89a	7.28±0.84a	5.37±0.94a

2019 年不同处理水稻成熟期 N_2O 排放相关微生物功能基因丰度如表 3-5 所示。可以看到，秸秆还田处理的 AOA-*amoA* 基因丰度要高于 NS 处理，而不同处理间差异不显著（$P>0.05$）。同样地，秸秆还田处理下的 AOB-*amoA* 基因丰度也要高于 NS 处理，其中 SDC 和 SDB 处理分别比 NS 处理显著增加了 63.87%和 72.71%（$P<0.05$）。与 NS 处理相比，不同秸秆还田处理成熟期土壤中的 *nirK* 基因丰度分别增加了 0.97 倍（SC 处理）、1.16 倍（SB 处理）、1.70 倍（SDC 处理）、2.14 倍（SDB 处理）（$P<0.05$）。对于 *nirs* 基因，SDC 处理和 SDB 处理分别比 NS 处理显著增加了 1.41 倍和 1.85 倍（$P<0.05$）。秸秆还田处理下 *nosZ* 基因丰度均显著高于 NS 处理，分别增加了 65.32%（SC 处理）、73.51%（SB 处理）、100.81%（SDC 处理）、119.03%（SDB 处理）（$P<0.05$）。

本试验中秸秆还田措施显著增加了 AOA-*amoA* 和 AOB-*amoA* 的丰度，但是不同秸秆还田处理之间的差异不显著。本试验也发现秸秆还田措施尤其是添加秸秆腐熟剂的秸秆还田措施显著增加了稻田土壤中与反硝化用有关的 *nirK*、*nirS* 和 *nosZ* 基因的丰度。这可能与秸秆还田下土壤硝态氮含量的增加有关，硝态氮作为反硝化作用的反应底物，对反硝化作用的顺利进行具有重要意义（张星等，2016）。同时，秸秆还田处理中 DOC 含量的增加也为硝化细菌和反硝化细菌的生长繁殖创造了条件（图 3-1）（周际海等，2019）。因此，秸秆还田措施增加了土壤中的硝态氮含量和 DOC 含量，为硝化、反硝化微生物提供了碳源和氮源，增加了与 N_2O 产生相关微生物功能基因的丰度。

3.4 秸秆还田方式对稻田温室气体排放和水稻产量的影响

3.4.1 秸秆还田方式对稻田土壤 CH_4 排放的影响

2018 年稻季 CH_4 排放主要集中在水稻移栽之后到中期排水阶段（图 3－7），中期排水到最后成熟收获 CH_4 排放相对较少。各个处理在水稻移栽两周左右达到排放峰值，可能是由于此时气温升高，水稻分蘖旺盛，稻田土壤处于厌氧环境，有利于 CH_4 的产生与排放。此时，CH_4 通量最大的为 SDB 处理［102.31mg/(m^2·h)］，其次为 SB 处理［90.59mg/(m^2·h)］，所有秸秆还田处理的 CH_4 排放峰值均高于 NS 处理［66.84mg/(m^2·h)］。2019 年稻季排放整体趋势与 2018 年相类似，较多 CH_4 排放集中在水稻生育前期。与 2018 年不同的是，SDB 和 SDC 处理的 CH_4 排放峰值出现的时间要早于其余三种处理，CH_4 通量最大值为 SDB 处理［113.79mg/(m^2·h)］，其次为 SB 处理［104mg/(m^2·h)］，最低的则为 NS 处理［83.48mg/(m^2·h)］。

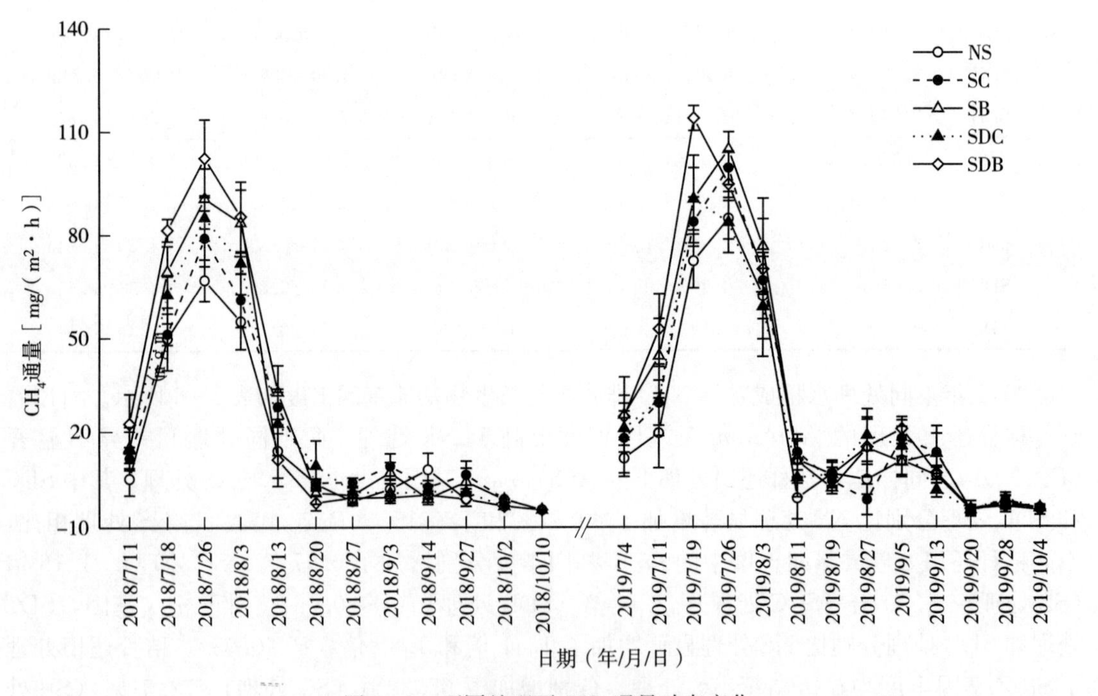

图 3－7 不同处理下 CH_4 通量动态变化

试验中发现稻季 CH_4 排放主要集中在水稻移栽至中期排水这段时间里，这是由于农业土壤中 CH_4 主要是由产甲烷菌在厌氧条件下产生的，水稻移栽之后，稻田始终处于淹灌状态下，土壤中形成的厌氧环境有利于产甲烷菌分解代谢产生 CH_4，同时抑制了 CH_4 的氧化过程（Xia et al.，2014）。CH_4 排放峰值一般出现在水稻移栽之后 2～3 周，此时气温逐渐升高，产甲烷菌分解底物丰富，水稻分蘖迅速，通气组织逐渐发达，既有利于微生物分解活动产生 CH_4，又有利于 CH_4 的排放（徐华等，1999；马二登等，2010）。而在水稻中期排水打破了稻田中的厌氧环境，阻碍了产甲烷菌的代谢活动，同时产生的 CH_4 易于被甲烷氧化菌氧化，CH_4 的排放大大降低（Wang et al.，2019）。在稻田中期排水再灌水到水稻成熟期间采用的是间歇性灌溉，这种状态下稻田土壤中的含氧量要高于完全淹灌条件，不利于 CH_4 的产生，因而在水稻生育后期，CH_4 排放始终较低。在两年水稻季中，CH_4 排放出现略微的差异可能是与两年试验期间气温、灌水等条件不同有关。

3.4.2　秸秆还田方式对稻田土壤 N_2O 排放的影响

2018 年稻季不同处理之间 N_2O 排放变化趋势相类似，排放峰值主要出现在施肥过后和稻田中期排水再灌水阶段（图 3-8）。整个生育期中 N_2O 通量最大值出现在中期排水到再灌水阶段，其中最大值为 183.37μg/(m² · h)（SB 处理），其次为 176.55μg/(m² · h)（SC 处理），最小值为 110.31μg/(m² · h)（NS 处理）。此外，在基肥施用过后也具有较大的 N_2O 排放，而在其他追肥阶段 N_2O 排放峰值相对较低。2018 年油菜生长阶段，排放峰值主要在施肥之后，且以基肥施用之后 N_2O 排放最多，其中最大值为 202.87μg/(m² · h)（SC 处理），最小值为 133.82μg/(m² · h)（NS 处理），并且在追肥之后也会出现较小的排放峰值。2019 年稻季 N_2O 变化趋势与 2018 年相似，排放最大值也出现在稻田中期排水到再灌水阶段，此阶段中 N_2O 排放最大值为 205.47μg/(m² · h)（SDB 处理），最小值为 98.25μg/(m² · h)（NS 处理）。

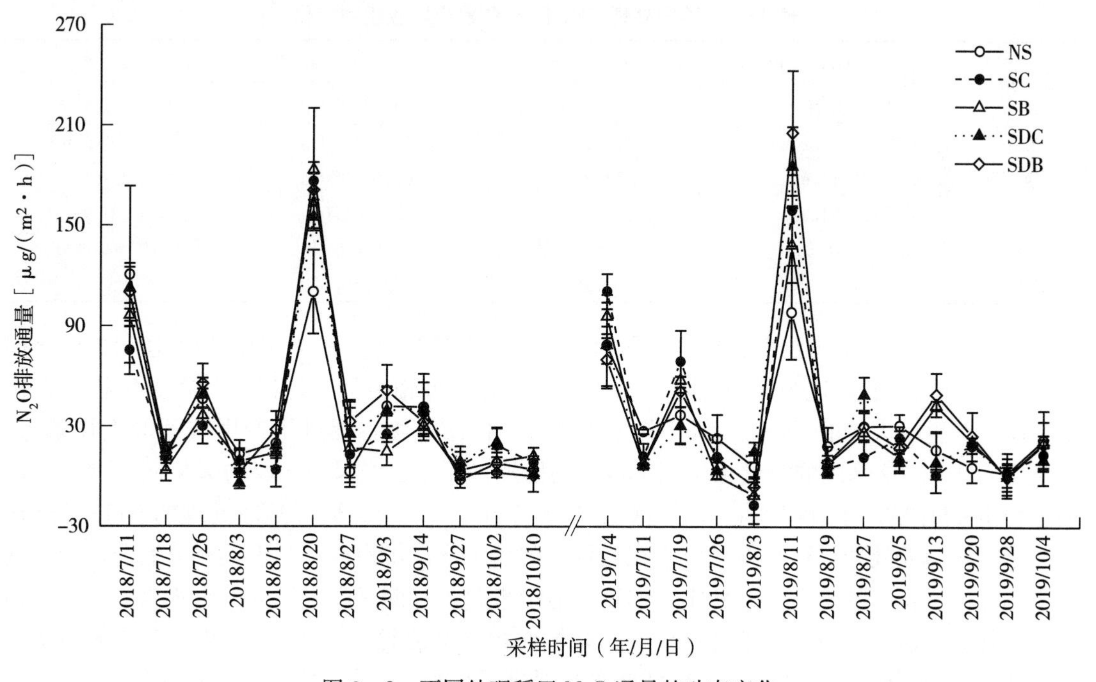

图 3-8　不同处理稻田 N_2O 通量的动态变化

本次试验发现，水稻季的 N_2O 排放主要发生在施肥之后和中期排水干湿交替时期，这与很多人的研究结果相类似（Shen et al.，2014；Tariq et al.，2017）。在稻田淹灌期间，稻田土壤处于厌氧环境下，有利于反硝化作用进行而不利于硝化作用的进行，当反硝化作用底物不充足时，反硝化过程进行比较彻底，产生的 N_2O 会被进一步还原为 N_2 释放出来，因此 N_2O 的排放量较低（傅志强等，2015）。当向稻田施用大量的化学肥料时，土壤中的铵盐和硝酸盐的含量都会增加，为硝化作用和反硝化作用提供了大量的反应底物，促进了 N_2O 的产生与释放

(夏仕明等，2017)。而在稻季中期排水后，土壤含氧量增加，土壤中的铵盐被氧化为硝酸盐，而硝酸盐又能作为反硝化作用的反应底物，硝化作用与反硝化作用同时进行，稻田土壤含水量降低有利于 N_2O 的运输，因此会检测到大量的 N_2O 排放（Xiong et al.，2007）。

3.4.3 秸秆还田方式对稻田土壤温室气体累积排放量的影响

如表 3-6 所示，2018 年水稻季 CH_4 累积排放量从大到小依次为 SB＞SDB＞SDC＞SC＞NS，秸秆还田处理均大于秸秆不还田处理，均表现出了显著性的差异。与 NS 处理相比，各个秸秆还田处理的 CH_4 累积排放量分别增加了 22.63%（SC 处理）、41.79%（SB 处理）、26.41%（SDC 处理）和 37.64%（SDB 处理）($P<0.05$)。2019 年水稻季 CH_4 累积排放量从大到小依次为 SDB＞SB＞SC＞SDC＞NS，秸秆翻埋处理（SDB 和 SB 处理）CH_4 累积排放量要显著高于秸秆覆盖处理（SC 和 SDC 处理），而秸秆覆盖处理又显著高于 NS 处理。与 NS 处理相比，SC、SB、SDC、SDB 处理的 CH_4 累积排放量分别增加了 20.44%、34.47%、15.99%和 42.47% ($P<0.05$)。在 2018 年水稻季，添加秸秆腐熟剂的处理的 N_2O 累积排放量要高于其他处理，但是不同处理之间的差异不显著。2019 年水稻季不同处理 N_2O 累积排放量从大到小依次为 SDB＞SDC＞SB＝SC＞NS，其中 SDB 处理要显著高于 NS、SC 和 SB 处理 ($P<0.05$)。

表 3-6　不同处理 CH_4 和 N_2O 累积排放量的变化

处　理	CH_4 累积排放量（kg/hm^2）		N_2O 累积排放量（kg/hm^2）	
	2018 年水稻季	2019 年水稻季	2018 年水稻季	2019 年水稻季
NS	447.27±29.28c	546.27±26.38c	0.69±0.09a	0.62±0.07b
SC	548.49±47.60b	657.91±30.09b	0.70±0.07a	0.65±0.11b
SB	634.18±54.22a	734.55±41.76a	0.69±0.06a	0.65±0.06b
SDC	565.38±31.31ab	633.64±33.72b	0.79±0.11a	0.70±0.03ab
SDB	615.61±36.06ab	778.28±45.54a	0.82±0.07a	0.81±0.08a

研究表明不同秸秆还田方式对稻季 CH_4 排放的影响显著（表 3-6)。秸秆还田措施会促进稻田的 CH_4 排放，这与 Wang 等（2019）的研究结果相类似。还田秸秆在微生物的作用下降解，产生了大量的 DOC，为产甲烷菌提供了代谢底物，促进了产甲烷菌的生长繁殖，土壤中 *mcrA* 功能基因的丰度也出现了显著的增加，而且还能提高土壤的氧化还原电位，有助于稻田 CH_4 的产生（Ma et al.，2008；Liu et al.，2014)。秸秆翻埋处理的 CH_4 排放显著高于秸秆覆盖处理，这可能是由于在秸秆翻埋措施下，作物秸秆与土壤充分混合，为土壤微生物提供了良好的生活环境和丰富的物质能量来源，有助于产甲烷菌的生长繁殖，与之相反，秸秆直接覆盖则减少了秸秆与土壤的接触面积（顾道健等，2014)。秸秆腐熟剂的使用也增加了稻田 CH_4 的排放峰值，秸秆腐熟剂促进了秸秆的分解，更能增加土壤 DOC 含量，为 CH_4 的产生创造了有利条件（Ma et al.，2019)。

研究发现，在水稻季秸秆还田措施对 N_2O 的产生影响不大（表 3-6)，这与 Zhang 等（2015）和马煜春等（2017）的研究结果一致。也有研究认为秸秆还田会增加 N_2O 的排放（Chen et al.，2013；Huang et al.，2017)。这可能与还田秸秆的碳氮比、还田方法和土壤 pH 的差异有关。Moura 等（2019）认为当还田作物秸秆碳氮比较低（＜25）时，秸秆分解速率较快并释放氮素，有助于硝化作用和反硝化作用的进行，会促进 N_2O 的排放。而当作物秸秆碳氮比较高（＞40）时，微生物在分解秸秆的过程中会固定土壤中的氮素，从而减少了硝化作用与反硝化作用的反应底物，减少了 N_2O 的产生（Toma et al.，2007；Xia et al.，2014）。而本试验中还田油菜秸秆碳氮比为 32.7，土壤微生物在秸秆分解前期可能对土壤氮素具有短期的固定作用，随着分解作用的不断进行，秸秆的碳氮比会随时间下降，秸秆中的氮素会渐渐释放出来，最终使得普通秸秆还田措施对 N_2O 排放影响不大（Zhang et al.，2015）。水稻生育初期，秸秆还田处理的矿质氮含量要低于秸秆不还田处理，而在水稻生育中后期，前者的矿质氮含量要高于后者，这也许就解释了普通秸秆还田措施对 N_2O 排放影响不大的原因。此外，本试验还发现，添加秸秆腐熟剂的秸秆还田处理的 N_2O 排放要高于秸秆不还田处理，这可能是由于一方面秸秆腐熟剂的添加促进了秸秆的分解，使得秸秆中的氮素能够更快地释放，为硝化作用与反硝化作用提供了反应底物，同时，秸秆腐熟剂中的微生物可能携带有与硝化作用和反硝化作用有关的功能基因，从而促进了硝化作用与反硝化作用的进行（Wang et al.，2019）。另一方面，添加秸秆腐熟剂的秸秆还田处理土壤中的 *nirS*、*nirK* 和 *nosZ* 基因丰度均显著高于秸秆不还田处理，且前者的（*nirS*+*nirK*）/*nosZ* 比值也高于后者（表 3-5），这一结果也印证了上述解释。而在油菜季，由于气温较低，微生物分解代谢的活性较低，N_2O 的排放始终较低，当施肥之后出现降雨时才会有峰值出现；水稻季的秸秆还田措施则略微增加了 N_2O 的产生，这可能是由于部分作物秸秆还未腐解，在缓慢分解的过程中为硝化作用和反硝化作用提供了反应底物，同时，在秸秆还田措施下，表层土壤的物理环境也有所改善，有助于土壤微生物的活动（丘华昌等，1998；García-Ruiz et al.，2007）。

3.4.4 秸秆还田方式对水稻地上部生物量和产量的影响

如图 3-9 所示，在 2018 年水稻成熟期，SC 处理的茎部干物质量最低，其他处理之间的差异不显著；SB 处理的穗部干物质量最低，其他处理之间的差异不显著；添加秸秆腐熟剂的秸秆还田处理的总地上部干物质量要显著高于其他三个处理。在 2019 年水稻成熟期，SDB 处理的茎部干物质量要显著高于 NS 处理；SB、SDC 和 SDB 处理的穗部干物质量要显著高于 SC 和 NS 处理；秸秆还田处理的总地上部干物质量要高于 NS 处理，与 NS 处理相比，秸秆还田处理分别增加了 3.79%（SC 处理）、10.67%（SB 处理）、9.54%（SDC 处理）和 16.47%（SDB 处理）（$P<0.05$）。

如表 3-7 所示，2018 年 NS 处理的水稻产量最低，为 8.35t/hm^2，与 SC 和 SB 处理之间没有显著差异。SDC 和 SDB 处理的水稻产量要显著高于 NS 处理，分别比 NS 处理高 9.42%和 10.31%（$P<0.05$）。2019 年所有秸秆还田处理的水稻产量均高于 NS 处理，其中 SDC 和 SDB 处理表现出了显著性，分别比 NS 处理增加了 11.03%和 11.77%（$P<0.05$）。

表 3-7 不同处理水稻产量、全球增温潜势和温室气体强度的变化

处 理	水稻产量（t/hm^2）		GWP（kg/hm^2）		GHGI（kg/kg）	
	2018 年	2019 年	2018 年	2019 年	2018 年	2019 年
NS	8.35±0.20b	8.43±0.21c	12 706±826c	15 460±739c	1.52±0.14c	1.83±0.06b
SC	8.37±0.18b	8.59±0.29c	15 543±1 334b	18 595±832b	1.86±0.19ab	2.17±0.16a
SB	8.49±0.34b	8.88±0.36bc	17 939±1 533a	20 739±1 156a	2.12±0.22a	2.34±0.20a
SDC	9.13±0.15a	9.36±0.16ab	16 041±905ab	17 928±944b	1.76±0.12bc	1.92±0.09b
SDB	9.21±0.25a	9.42±0.26a	17 456±992ab	22 007±1 277a	1.90±0.15ab	2.34±0.08a

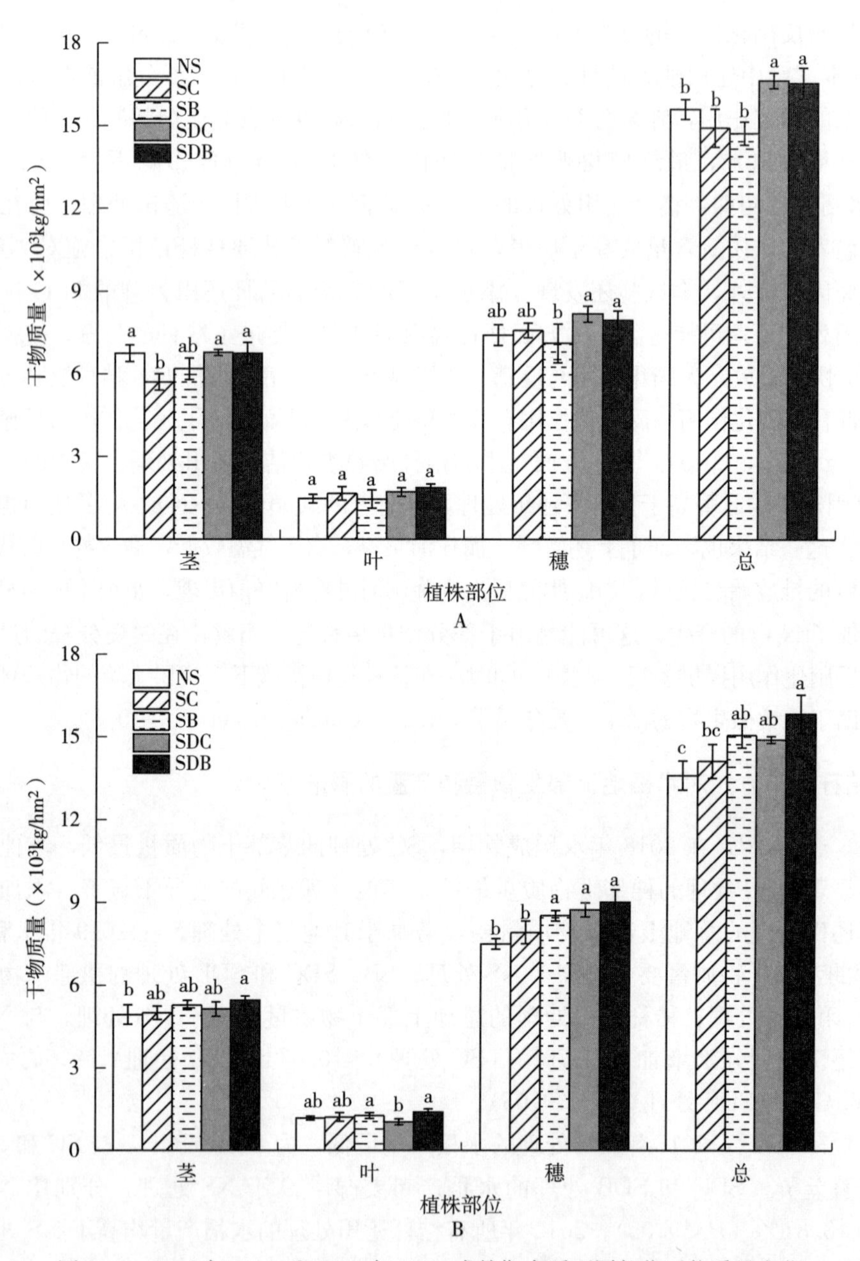

图 3-9　2018 年（A）和 2019 年（B）成熟期水稻不同部位干物质量变化

关于秸秆还田对作物产量的影响，前人已经做了很多的研究。有研究认为秸秆还田能够增加作物产量（刘红江等，2011；朱冰莹等，2017），本试验中不同秸秆还田方式对水稻产量的影响显著，也得到了相似的结果。这可能是由于一方面还田秸秆在分解过程中能够释放出对作物生长有利的营养元素和多种有机物质，提高了土壤肥力，有利于水稻植株的营养生长与生殖生长；另一方面，秸秆还田能够改善土壤物理性状，有利于水稻根系生长，而添加秸秆腐熟剂能促进秸秆分解，加快秸秆中的养分释放，增产作用更明显（叶文培等，2008；常勇等，2018；李文红等，2018）。也有研究认为秸秆还田措施对作物产量没有显著影响甚至会造成作物减产（Pathak et al.，2006；朱利群等，2011）。其给出的理由是作物秸秆腐解早期，微生物的快速繁殖会造成微生物与植株“争氮”现象的出现（马宗国等，2003），不利于水稻生长，而在本试验中所用的还田油菜秸秆碳氮比较低，微生物分解秸秆的过程中不需要从土壤中夺取大量的氮素。也有人认为作物秸秆在分解初期会产生一些有机酸等有害物质影响水稻分蘖（徐国伟等，2009；李朝苏等，2010），从而对产量造成负面影响，本试验中也发现了秸秆还田处理下水稻植株有效穗数要低于秸秆不还田处理，但是前者的其他产量构成因子如每穗粒数和有效穗数等均要高于后者，这表明秸秆还田对水稻的中后期生长具有显著的促进作用。同样地，水稻季秸秆还田处理对后季油菜产量也有促进作用，这就说明秸秆还田对土壤性状的改良作用和土壤肥力的提升作用效果持久。

3.5　秸秆还田方式对稻田全球增温潜势和温室气体强度的影响

如表 3-7 所示，2018 年水稻季 NS 处理的 GWP 最低，相比于 NS 处理，秸秆还田处理 GWP 分别要高 22.33%（SC 处理）、41.19%（SB 处理）、26.25%（SDC 处理）和 37.38%（SDB 处理）（$P<0.05$）。2019 年水稻季秸秆翻埋处理的 GWP 显著高于秸秆覆盖处理，秸秆覆盖处理的 GWP 显著高于 NS 处理；相比于 NS 处理，秸秆还田处理的 GWP 分别显著增加了 20.28%（SC 处理）、34.15%（SB 处理）、15.96%（SDC 处理）和 42.35%（SDB 处理）（$P<0.05$）。

如表 3-7 所示，2018 年水稻季 NS 处理的 GHGI 最低，SDC 处理与 NS 处理之间没有显著差异，其余处理分别比 NS 处理显著提高了 22.00%（SC 处理）、38.78%（SB 处理）和 24.50%（SDB 处理）（$P<0.05$）。2019 年水稻季不同处理间 GHGI 从大到小依次为 SDB=SB>SC>SDC>NS，而且 SDB、SB 和 SC 处理 GHGI 要显著高于 SDC 和 NS 处理（$P<0.05$）。

在本试验中，秸秆还田处理下 GWP 均显著高于秸秆不还田处理，其中由 CH_4 排放所造成的 GWP 要大于 N_2O 所造成的 GWP，因而处理间 GWP 的差异与 CH_4 排放差异更相近，这与秦晓波等（2012）中的研究结果相类似。因此，在该地区进行秸秆还田的情况下，可以采取降低稻田 CH_4 排放的还田方式来显著降低稻田的 GWP，如采取秸秆覆盖措施。与 NS 处理相比，SC、SB、SDC、SDB 处理的 GHGI 增加的百分比均小于 GWP 增加的百分比，这是因为秸秆还田措施下作物产量不同程度的增加对 GHGI 也有着很大的影响。其中，SDC 处理和 SDB 处理的作物产量增加得较为显著，同时 SDC 处理的 GWP 也相对较低，因此相比于其余 3 种秸秆还田方式，秸秆覆盖加腐熟剂处理的 GHGI 最低，是一种比较适宜的秸秆还田措施。

3.6　秸秆还田方式对净生态系统经济效益的影响

如表 3-8 所示，在 2018 年水稻季，添加秸秆腐熟剂的秸秆还田处理的 NEEB 要显著高于未添加秸秆腐熟剂的秸秆还田处理（SC 和 SB 处理）。2019 年水稻季中只有 SDC 处理的 NEEB 显著高于 SB 处理，而其他处理分别与这两种处理之间未表现出显著性差异。本次试验中所有操作均采用人工的形式，秸秆还田处理会产生更多的劳工费用，施用秸秆腐熟剂会增加生产投入，而较高的 GWP 也会增加 GWP 支出。在当地常规劳动力价格和湖北省碳交易价格（26.6元/t）下，与NS处理相比，SB和SC处理的产量收入增加的不多，劳工费用出现了增加，由于温室气体排放增加而带来了更多的GWP支出，因此，最终的NEEB与NS处理相比差不多或略有下降。同样地，与NS处理相比，SDC处理和SDB处理的作物产量提升显著，增加了大量的产量收入，虽然也增加了劳工费用、腐熟剂费用和GWP支出，但是最终的NEEB仍高于NS处理，其中SDC处理的NEEB在两年试验中均显著高于SC处理。在计算生态系统的NEEB时，劳动力价格和碳交易价格会影响到最终的结果，劳动力价格和碳交易价格越低，SDB和SDC处理的NEEB增加越明显；相反，当劳动力价格和碳交易价格升高时，则不利于试验处理NEEB的增加。此外，相比于农业投入，GWP支出要明显较小，这也说明在选择不同秸秆还田措施时，可以在保证作物产量的前提下，把秸秆还田与一些能够降低农业投入的措施（如减少氮肥用量、选用机械化方式还田等措施）相结合来增加整个农业系统的NEEB。

表3-8 不同处理净生态系统经济效益（元/hm^2）

年份	处理	产量收入	农业投入				GWP支出	NEEB
			种子	农药	肥料	劳工		
2018	NS	21 699	1 200	1 785	3 562	2 850	338.0	11 964±536ab
	SC	21 751	1 200	1 785	3 562	3 300	413.5	11 491±489b
	SB	22 082	1 200	1 785	3 562	3 600	477.2	11 458±896b
	SDC	23 742	1 200	1 785	3 712	3 750	426.7	12 868±417a
	SDB	23 936	1 200	1 785	3 712	4 050	464.3	12 725±673a
2019	NS	22 114	1 200	1 785	3 562	2 850	411.2	12 306±523ab
	SC	22 323	1 200	1 785	3 562	3 300	494.6	11 981±771b
	SB	23 025	1 200	1 785	3 562	3 600	551.7	12 326±890ab
	SDC	24 326	1 200	1 785	3 712	3 750	476.9	13 403±409a
	SDB	24 489	1 200	1 785	3 712	4 050	585.4	13 157±658ab

秸秆还田处理显著增加了稻田的CH_4排放，而从不同秸秆处理措施之间来看，秸秆翻埋处理的CH_4排放要高于秸秆覆盖处理；秸秆还田措施对稻田N_2O排放的影响较小。秸秆还田措施配合秸秆腐熟剂的施用显著地增加了作物产量。秸秆还田处理下稻田的GHGI均要高于秸秆不还田，不同秸秆还田处理中以秸秆覆盖配施腐熟剂处理的GHGI最低。秸秆还田配合施用秸秆腐熟剂处理下的NEEB要高于其他处理，其中秸秆覆盖配施腐熟剂处理最高，与其他处理之间的差异性最大。因此，综合来看，秸秆覆盖添加腐熟剂处理在带来较大经济效益的同时，也能够降低秸秆还田措施对环境的影响，是一种值得推荐的秸秆还田方式。

参考文献

常勇，黄忠勤，周兴根，等，2018. 不同麦秸还田量对水稻生长发育、产量及品质的影响. 江苏农业科学，

46 (20)：47 - 51.
陈尚洪，朱钟麟，吴婕，等，2006. 紫色土丘陵区秸秆还田的腐解特征及对土壤肥力的影响. 水土保持学报，12 (6)：141 - 144.
陈苇，卢婉芳，段彬伍，等，2002. 稻草还田对晚稻稻田甲烷排放的影响. 土壤学报，8 (2)：170 - 176.
单鹤翔，卢昌艾，张金涛，等，2012. 不同肥力土壤下施氮与玉米秸秆还田对冬小麦氮素吸收利用的影响. 植物营养与肥料学报，18：35 - 41.
邓国英，2013. 不同秸秆腐熟剂对水稻产量的影响. 作物研究，27 (3)：249 - 254.
丁洁，杨士红，金元林，等，2019. 秸秆还田对节水灌溉稻田土壤有机碳及其组分的影响. 节水灌溉，9：14 - 18.
傅志强，龙攀，刘依依，等，2015. 水氮组合模式对双季稻甲烷和氧化亚氮排放的影响. 环境科学，36 (9)：3365 - 3372.
顾道健，薛朋，陆希婕，等，2014. 秸秆还田对水稻生长发育和稻田温室气体排放的影响. 中国稻米，20 (3)：1 - 5.
胡宏祥，汪玉芳，邸云飞，等，2012. 油菜秸秆腐解进程及碳氮释放规律研究. 皖西学院学报，28：101 - 105.
黄鹏，杨亚丽，杨育川，2013. 不同秸秆还田方式及施肥对小麦复种小油菜经济效益的影响. 中国农学通报，29 (27)：53 - 57.
黄树辉，吕军，2004. 农田土壤 N_2O 排放研究进展. 土壤通报，9：516 - 522.
江长胜，王跃思，郑循华，等，2004. 稻田甲烷排放影响因素及其研究进展. 土壤通报，17 (5)：663 - 669.
江长胜，杨剑虹，谢德体，等，2001. 有机物料在紫色母岩风化碎屑中的腐解及调控. 西南农业大学学报，21 (5)：463 - 467.
江永红，宇振荣，马永良，2001. 秸秆还田对农田生态系统及作物生长的影响. 土壤通报，15 (5)：209 - 213.
李朝苏，谢瑞芝，黄钢，等，2010. 稻麦轮作区保护性耕作条件下氮肥对水稻生长发育和产量的调控效应. 植物营养与肥料学报，16：528 - 535.
李成芳，寇志奎，张枝盛，等，2011. 秸秆还田对免耕稻田温室气体排放及土壤有机碳固定的影响. 农业环境科学学报，30 (11)：2362 - 2367.
李锦，田霄鸿，王少霞，等，2014. 秸秆还田条件下减量施氮对作物产量及土壤碳氮含量的影响. 西北农林科技大学学报（自然科学版），42：137 - 143.
李茂柏，张建明，程灿，等，2010. 稻田甲烷排放影响因素及减排措施研究进展. 上海农业学报，26 (3)：118 - 121.
李文红，曹丹，张朝显，等，2018. 作物秸秆配施腐熟剂还田对小麦产量及其物质生产的影响. 江苏农业科学，46 (22)：63 - 66.
李新华，郭洪海，朱振林，等，2016. 不同秸秆还田模式对土壤有机碳及其活性组分的影响. 农业工程学报，32：130 - 135.
李新举，张志国，李贻学，2001. 土壤深度对还田秸秆腐解速度的影响. 土壤学报，22 (1)：135 - 138.
刘红江，陈留根，周炜，等，2011. 麦秸还田对水稻产量及地表径流 NPK 流失的影响. 农业环境科学学报，30 (7)：1337 - 1343.
刘若萱，贺纪正，张丽梅，2014. 稻田土壤不同水分条件下硝化/反硝化作用及其功能微生物的变化特征. 环境科学，35 (11)：4275 - 4283.
刘世平，聂新涛，张洪程，等，2006. 稻麦两熟条件下不同土壤耕作方式与秸秆还田效用分析. 农业工程学报，7：48 - 51.
马超，周静，刘满强，等，2013. 秸秆促腐还田对土壤养分及活性有机碳的影响. 土壤学报，50：915 - 921.
马二登，纪洋，马静，等，2010. 耕种方式对稻田甲烷排放的影响. 生态与农村环境学报，26 (6)：513 - 518.
马煜春，周伟，刘翠英，等，2017. 秸秆腐熟剂对秸秆还田稻田 CH_4 和 N_2O 排放的影响. 生态与农村环境学报，33（2）：159-165.

马宗国，卢绪奎，万丽，等，2003. 小麦秸秆还田对水稻生长及土壤肥力的影响. 作物杂志，5：37-38.

南雄雄，游东海，田霄鸿，等，2011. 关中平原农田作物秸秆还田对土壤有机碳和作物产量的影响. 华北农学报，26（5）：222-229.

倪进治，徐建民，谢正苗，等，2001. 不同有机肥料对土壤生物活性有机质组分的动态影响. 植物营养与肥料学报，16：374-378.

潘剑玲，代万安，尚占环，等，2013. 秸秆还田对土壤有机质和氮素有效性影响及机制研究进展. 中国生态农业学报，21：526-535.

秦红灵，陈安磊，盛荣，等，2018. 稻田生态系统氧化亚氮排放微生物调控机制研究进展及展望. 农业现代化研究，39（6）：922-929.

秦晓波，李玉娥，刘克樱，等，2006. 不同施肥处理稻田甲烷和氧化亚氮排放特征. 农业工程学报，7：143-148.

丘华昌，刘鹏程，李学垣，等，1998. 稻草还田与土壤有机无机复合状况. 植物营养与肥料学报，1：92-96.

苏永春，勾影波，王立新，2004. 农田土壤动物和微生物与生物化学动态关系的研究. 生态学杂志，3：134-137.

孙小祥，常志州，靳红梅，等，2017. 太湖地区不同秸秆还田方式对作物产量与经济效益的影响. 江苏农业学报，33（1）：94-99.

汤宏，沈健林，张杨珠，等，2013. 秸秆还田与水分管理对稻田土壤微生物量碳、氮及溶解性有机碳、氮的影响. 水土保持学报，27：240-246.

王丹丹，曹凑贵，2018. 耕作措施与秸秆还田方式对土壤活性有机碳库及水稻产量的影响. 安徽农业科学，46（32）：123-127.

王丹丹，周亮，黄胜奇，等，2013. 耕作方式与秸秆还田对表层土壤活性有机碳组分与产量的短期影响. 农业环境科学学报，32（4）：735-740.

王玲，魏朝富，谢德体，2002. 稻田甲烷排放的研究进展. 土壤与环境，11（2）：158-162.

王莹，阮宏华，黄亮亮，等，2010. 围湖造田不同土地利用方式土壤水溶性有机碳的变化. 南京林业大学学报（自然科学版），34（5）：109-114.

王志明，朱培立，黄东迈，1999. ^{14}C、^{15}N 双标记秸秆对土壤微生物量碳、氮动态变化的影响. 江苏农业学报，3：173-176.

尉海东，2013. 稻田甲烷排放研究进展. 中国农学通报，29（18）：6-10.

武际，郭熙盛，王允青，等，2011. 不同水稻栽培模式和秸秆还田方式下的油菜、小麦秸秆腐解特征. 中国农业科学，44（16）：3351-3360.

夏仕明，陈洁，蒋玉兰，等，2017. 稻田 N_2O 排放影响因素与减排研究进展. 中国稻米，23（2）：5-9.

徐国伟，谈桂露，王志琴，等，2009. 秸秆还田与实地氮肥管理对直播水稻产量、品质及氮肥利用的影响. 中国农业科学，42：2736-2746.

徐华，蔡祖聪，李小平，1999. 土壤 Eh 和温度对稻田甲烷排放季节变化的影响. 农业环境保护，18（4）：145-149.

叶文培，谢小立，王凯荣，等，2008. 不同时期秸秆还田对水稻生长发育及产量的影响. 中国水稻科学，1：65-70.

殷尧翥，郭长春，孙永健，等，2019. 稻油轮作下油菜秸秆还田与水氮管理对杂交稻群体质量和产量的影响. 中国水稻科学，33（3）：257-268.

于建光，常志州，黄红英，等，2010. 秸秆腐熟剂对土壤微生物及养分的影响. 农业环境科学学报，29：563-570.

张电学，韩志卿，李东坡，等，2005. 不同促腐条件下秸秆还田对土壤微生物量碳氮磷动态变化的影响.

应用生态学报，10：1903-1908.

张海燕，肖延华，张旭东，等，2006. 土壤微生物量作为土壤肥力指标的探讨. 土壤通报，3：422-425.

张翰林，吕卫光，郑宪清，等，2015. 不同秸秆还田年限对稻麦轮作系统温室气体排放的影响. 中国生态农业学报，23（3）：302-308.

张星，刘杏认，林国林，等，2016. 生物炭和秸秆对华北农田表层土壤矿质氮和 pH 的影响. 中国农业气象，37（2）：131-142.

郑仁兵，李敏，韩上，等，2017. 秸秆还田替代磷钾肥对水稻产量和经济效益的影响. 安徽农业科学，45（18）：34-38.

周际海，陈晏敏，袁颖红，等，2019. 秸秆与生物质炭施用对土壤温室气体排放的影响差异. 水土保持学报，33（4）：248-254.

周文新，陈冬林，卜毓坚，等，2008. 稻草还田对土壤微生物群落功能多样性的影响. 环境科学学报，2（2）：326-330.

朱冰莹，马娜娜，余德贵，2017. 稻麦两熟系统产量对秸秆还田的响应：基于 Meta 分析. 南京农业大学学报，40（3）：376-385.

朱利群，张大伟，卞新民，2011. 连续秸秆还田与耕作方式轮换对稻麦轮作田土壤理化性状变化及水稻产量构成的影响. 土壤通报，42（1）：81-88.

Angers D A，Recous S，1997. Decomposition of wheat straw and rye residues as affected by particle size. Plant and Soil，189：197-203.

Arp D J，Sayavedra-Soto L A，Hommes N G，2002. Molecular biology and biochemistry of ammonia oxidation by Nitrosomonas europaea. Archives of Microbiology，178：250-255.

Barnard R，Leadley P W，Hungate B A，2005. Global change，nitrification，and denitrification：A review. Global Biogeochemical Cycles，19：1-13.

Bertora C，Cucu M A，Lerda C，et al.，2018. Dissolved organic carbon cycling，methane emissions and related microbial populations in temperate rice paddies with contrasting straw and water management. Agriculture，Ecosystems & Environment，265：292-306.

Caicedo J R，Van Der Steen N P，Arce O，et al.，2000. Effect of total ammonia nitrogen concentration and pH on growth rates of duckweed（*spirodela polyrrhiza*）. Water Research，34（15）：3829-3835.

Chen H，Li X，Hu F，et al.，2013. Soil nitrous oxide emissions following crop residue addition：A meta-analysis. Global Change Biology，19：2956-2964.

Dendooven L，Patio-Zúiga L，Verhulst N，et al.，2012. Global warming potential of agricultural systems with contrasting tillage and residue management in the central highlands of Mexico. Agriculture，Ecosystems & Enironment，152：50-58.

Francis C A，Roberts K J，Beman J M，et al.，2005. Ubiquity and diversity of ammonia-oxidizing archaea in water columns and sediments of the ocean. Proceedings of the National Academy of Sciences，102：14683-14688.

García-Ruiz R，Baggs L，2007. N_2O emission from soil following combined application of fertiliser-N and ground weed residues. Plant and Soil，299：263-274.

Guo L J，Zhang Z S，Wang D D，et al.，2015. Effects of short-term conservation management practices on soil organic carbon fractions and microbial community composition under a rice-wheat rotation system. Biology and Fertility of Soils，51：65-75.

Hadas A，Kautsky L，Goek M，et al.，2004. Rates of decomposition of plant residues and available nitrogen in soil，related to residue composition through simulation of carbon and nitrogen turnover. Soil Biology and Biochemistry，36（2）：255-266.

Hales B, Edwards C, Ritchie D, et al., 1996. Isolation and identification of methanogen-specific DNA from blanket bog feat by PCR amplification and sequence analysis. Applied and Environmental Microbiology, 62: 668-675.

Hallin S, Lindgren P E, 1999. PCR detection of genes encoding nitrite reductase in denitrifying bacteria. Applied and Environmental Microbiology, 65: 1652-1657.

Henry S, Bru B, Stres S, et al., 2006. Quantitative detection of the nosZ gene, encoding nitrous oxide reductase, and comparison of the abundances of 16S rRNA, *narG*, *nirK*, and *nosZ* genes in soils. Applied and Environmental Microbiology, 72: 5181-5189.

Horz H, 2001. Detection of methanotroph diversity on roots of submerged rice plants by molecular retrieval of *pmoA*, *mmoX*, *mxaF*, and 16S rRNA and ribosomal DNA, including pmoA-based terminal restriction fragment length polymorphism profiling. Applied and Environmental Microbiology, 67: 4177-4185.

Hu N, Wang B, Gu Z, et al., 2016. Effects of different straw returning modes on greenhouse gas emissions and crop yields in a rice-wheat rotation system. Agriculture, Ecosystems & Environment, 223: 115-122.

Hu Q, Liu T, Jiang S, et al., 2019. Combined Effects of Straw Returning and Chemical N Fertilization on Greenhouse Gas Emissions and Yield from Paddy Fields in Northwest Hubei Province, China. Journal of Soil Science and Plant Nutrition, 20: 392-406.

Huang T, Yang H, Huang C, et al., 2017. Effect of fertilizer n rates and straw management on yield-scaled nitrous oxide emissions in a maize-wheat double cropping system. Field Crops Research, 204: 1-11.

Jawson M D, Elliott L F, Papendick R I, et al., 1989. The decomposition of 14C-labeled wheat straw and 15n-labeled microbial material. Soil Biology and Biochemistry, 21: 417-422.

Jenkinson D S, Ladd J N, 1981. Microbial biomass in soil: measurement and turnover. Soil Biochemistry, 5: 458-471.

Jiang J Y, Huang Y, Zong L G, 2003. Influence of water controlling and straw application on CH_4 and N_2O emissions from rice field. China Environmental Science, 23: 552-556.

Jin V L, Schmer M, Stewart C, et al., 2017. Long-term no-till and stover retention each decrease the global warming potential of irrigated continuous corn. Global Change Biology, 23: 2848-2862.

Li B, Fan C H, Zhang H, et al., 2015. Combined effects of nitrogen fertilization and biochar on the net global warming potential, greenhouse gas intensity and net ecosystem economic budget in intensive vegetable agriculture in southeastern china. Atmospheric Environment, 100: 10-19.

Liu C, Lu M, Cui J, et al., 2014. Effects of straw carbon input on carbon dynamics in agricultural soils: A meta-analysis. Global change biology, 20: 1366-1381.

Liu H, Jiang G M, Zhuang H Y, et al., 2006. Distribution, utilization structure and potential of biomass resources in rural china: With special references of crop residues. Renewable and Sustainable Energy Reviews, 12: 1402-1418.

Lou Y, Xu M, Wang W, et al., 2011. Return rate of straw residue affects soil organic c sequestration by chemical fertilization. Soil & Tillage Research, 113: 70-73.

Ma E, Zhang G, Ma J, et al., 2010. Effects of rice straw returning methods on N_2O emission during wheat-growing season. Nutrient Cycling in Agroecosystems, 88: 463-469.

Ma J, Xu H, Yagi K, et al., 2008. Methane emission from paddy soils as affected by wheat straw returning mode. Plant and Soil, 313: 167-174.

Ma Y, Liu L, Schwenke G, et al., 2019. The global warming potential of straw-return can be reduced by application of straw-decomposing microbial inoculants and biochar in rice-wheat production systems. Environmental pollution, 252: 835 - 845.

Pathak H, Singh R, Bhatia A, et al., 2006. Recycling of rice straw to improve wheat yield and soil fertility and reduce atmospheric pollution. Paddy and Water Environment, 4: 111 - 117.

Poth M, 1986. Dinitrogen production from nitrite by a nitrosomonas isolate. Applied and Environmental Microbiology, 52: 957 - 959.

Romasanta R R, Sander B O, Gaihre Y K, et al., 2017. How does burning of rice straw affect CH_4 and N_2O emissions? A comparative experiment of different on-field straw management practices. Agriculture, Ecosystems & Environment, 239: 143 - 153.

Rotthauwe J H, Witzel K P, Liesack W., 1997. The ammonia monooxygenase structural gene amoA as a functional marker: molecular fine - scale analysis of natural ammonia-oxidizing populations. Applied and Environmental Microbiology, 63: 4704 - 4712.

Sakala W D, Cadisch G, Giller K E, 2000. Interactions between residues of maize and pigeonpea and mineral n fertilizers during decomposition and n mineralization. Soil Biology and Biochemistry, 32: 679 - 688.

Shan J, Yan X, 2013. Effects of crop residue returning on nitrous oxide emissions in agricultural soils. Atmospheric Environment, 71: 170 - 175.

Shen J, Tang H, Liu J, et al., 2014. Contrasting effects of straw and straw-derived biochar amendments on greenhouse gas emissions within double rice cropping systems. Agriculture, Ecosystems & Environment, 188: 264 - 274.

Tariq A, Vu Q D, Jensen L S, et al., 2017. Mitigating CH_4 and N_2O emissions from intensive rice production systems in northern Vietnam: Efficiency of drainage patterns in combination with rice residue incorporation. Agriculture, Ecosystems & Environment, 249: 101 - 111.

Throback I N, Enwall K, Jarvis S, et al., 2004. Reassessing PCR primers targeting nirS, nirK and nosZ genes for community surveys of denitrifying bacteria with DGGE. Fems Microbiology Ecology, 49: 401 - 417.

Tokida T, Adachi M, Cheng W, et al., 2011. Methane and soil CO_2 production from current-season photosynthates in a rice paddy exposed to elevated CO_2 concentration and soil temperature. Global Change Biology, 17 (11): 3327 - 3337.

Toma Y, Hatano R, 2007. Effect of crop residue C: N ratio on N_2O emissions from gray lowland soil in mikasa, hokkaido, Japan. Soil Science and Plant Nutrition, 53: 198 - 205.

Wang H, Shen M, Hui D, et al., 2019. Straw incorporation influences soil organic carbon sequestration, greenhouse gas emission, and crop yields in a Chinese rice (*Oryza sativa* L.)-wheat (*Triticum aestivum* L.) cropping system. Soil & Tillage Research, 195: 104 - 112.

Wang W, Chen C, Wu X, et al., 2019. Effects of reduced chemical fertilizer combined with straw retention on greenhouse gas budget and crop production in double rice fields. Biology and Fertility of Soils, 55: 89 - 96.

Wassmann R, Pathak H, 2007. Introducing greenhouse gas mitigation as a development objective in rice-based agriculture: II. Cost-benefit assessment for different technologies, regions and scales. Agricultural Systems, 94: 807 - 825.

Watanabe T, Kimura M, Asakawa S, 2007. Dynamics of methanogenic archaeal communities based on rRNA analysis and their relation to methanogenic activity in Japanese paddy field soils. Soil Biology and Biochemistry, 39: 2877 - 2887.

Whalen S C, 2000. Influence of N and non-N salts on atmospheric methane oxidation by upland boreal forest and tundra soils. Biology and Fertility of Soils, 31: 279 - 287.

Xia L, Wang S, Yan X, 2014. Effects of long-term straw incorporation on the net global warming potential and the net economic benefit in a rice-wheat cropping system in china. Agriculture, Ecosystems & Environment, 197: 118 - 127.

Xiong Z Q, Xing G X, Zhu Z L, 2007. Nitrous oxide and methane emissions as affected by water, soil and nitrogen. Pedosphere, 17: 146 - 155.

Yang X M J, Lan Y, Chen W, et al., 2017. Effects of maize stover and its biochar on soil CO_2 emissions and labile organic carbon fractions in northeast china. Agriculture, Ecosystems & Environment, 240: 24 - 31.

Zhang Z S, Guo L J, Liu T Q, et al., 2015. Effects of tillage practices and straw returning methods on greenhouse gas emissions and net ecosystem economic budget in rice-wheat cropping systems in central china. Atmospheric Environment, 122: 636 - 644.

4 秸秆炭化还田对稻田温室气体排放和氮肥利用率的影响

我国是一个农业大国，每年的农作物秸秆产出约10.4亿t，能够收集到的秸秆约为9.0亿t，秸秆还田比例不足50%，远低于欧美国家水平（宋佳等，2020）。秸秆利用率低，大部分秸秆都是就地焚烧处理（刘彩虹，2016），已造成了严重的环境污染。

当前秸秆还田方式主要有粉碎还田、覆盖还田等（王青霞等，2019）。秸秆粉碎还田是将秸秆通过机械粉碎，均匀地撒在田间进行翻耕，这样可以将秸秆的营养完全留在土壤中。秸秆覆盖是将秸秆粉碎后直接覆盖在地表，可以有效地减少水分蒸发，达到保墒的目的；腐烂后还可增加土壤有机质含量，还可增加作物产量、调整土壤理化性质、增加土壤养分含量（宋佳等，2020）。但是秸秆还田也可能影响作物出苗，降低出苗率和出苗质量（崔正果等，2018），会将病原菌重新带回土壤中，加重苗期病害和土传病害的发生（张国等，2017），同时也会影响重金属的植物有效性，进而影响重金属在植物体内的积累（Zhu et al.，2015）。在东北等地区发现，由于低温秸秆腐烂较慢，会在前期抑制作物生长（刘彩虹，2016）。

生物炭是以生物质材料，例如农作物秸秆、城市废弃物或者动物粪便等材料在高温低氧或者无氧的条件下热解生成的含碳量丰富的高度芳香化固体（Moses et al.，2011）。生物炭的研究起源于亚马孙流域土壤中黑土的发现和研究（Sombroek，1996），其能将碳固定在土壤中历经几百、几千年而不被矿化和淋溶，引起了人们的关注（Goldber，1985）。生物炭含碳量丰富，通常在60%左右，并且性质极其稳定，可在土壤中保持长期不分解（张旭东等，2003）。生物炭除含碳量高以外，还含有氢、氧、氮，以及多种植物所需的营养元素，如磷、硫、钾、钙、镁等。生物炭一般呈碱性，pH4～12，且制备生物炭的温度越高，其pH越高（王怀臣等，2012）。随着研究发现，生物炭有着复杂孔隙结构和较大的比表面积（Zwieten et al.，2010），表面含有丰富的含氧官能团，因此具有大量的表面负电荷及高电荷密度的特性（Liang et al.，2006），这些特性使得生物炭具有良好的吸附特性和亲水、疏水的特点及对酸碱的缓冲能力，从而可以吸附水、土壤中的多种无机离子，减少养分的损失（Laird et al.，2010；Mizuta et al.，2004）。生物炭的制炭工艺和原材料会影响其孔径大小（Angin et al.，2014）。不同的制作工艺和制作材料对生物炭的理化性质有很大的影响（Lehmann et al.，2009；Yuan et al.，2011；袁艳文等，2012）。生物炭的原材料多种多样，生物炭制备的原材料和温度不同，其物理性质、化学性质也会有一定的差异（李靖，2013）。虽然制作工艺会影响生物炭的理化性质，但生物炭含有的成分和性质的主要是由原材料的成分决定（李力等，2011）。目前，关于生物炭对稻田生态系统的影响尚无定论，生物炭施入土壤中受地域、气候、温度等多种因素的影响，导致微生物对其响应的机理也不一样。因此，实际应用中情况会存在差异。

目前研究发现，生物炭具有诸多生物质原料（如秸秆）不具备的优良性状。Bruun 等（2010）发现，将小麦秸秆热解制成的生物炭能显著降低纤维和半纤维的含量。陈应泉等（2012）研究发现，将棉花秸秆制成生物炭，比表面积由 $1.72m^2/g$ 增加到 $224.12m^2/g$，比表面积明显增加。将秸秆制成生物炭，可以避免直接还田和秸秆焚烧等方式造成的资源浪费和环境污染（钟婷，2017）。因此，生物炭替代传统的秸秆还田是一种有效的尝试。近年来，学者们开始探究生物炭与化肥配施对稻田温室气体、氮肥利用率的影响（Lehmann J，2007；Yuan et al.，2011）。研究发现，通过不同比例的化肥与生物炭混合施用能有效地改善肥料的利用率，这可能与生物炭和化肥配施增效有关，或与二者之间的互作或者协同作用有关（Steiner et al.，2007）。生物炭化肥混合施用，生物炭可为植物提供多种其所需要的营养元素，同时生物炭含有元素有限，化肥可以为生物炭补充缺失的营养元素（Zhu et al.，2014）；另外，生物炭可以吸附土壤中的营养元素，减少养分通过淋失等途径的损失，从而提高肥料利用率（Steiner et al.，2007；何绪生等，2011）。

水稻是世界上重要的粮食作物之一，也是我国主要的粮食作物之一。据报道，CO_2、CH_4 和 N_2O 在全球气候变暖的贡献分别占比 75%、18%和 6%（王妙莹等，2017）。全球农业生态系统每年温室气体排放总量为 5.1～6.1Pg，占人为活动所引起的温室气体排放总量的 1/10～1/8（Smith et al.，2006），农田 CO_2、CH_4 和 N_2O 的排放占农田温室气体排放量的 3/5、1/6 和 1/20（Watson et al.，1996）。已有研究指出，生物炭施用能有效地降低稻田温室气体排放（Liang et al.，2010）。其减排的机理主要是以下几个方面：①生物炭具有强吸附性，可以吸收土壤中的营养元素或者气体分子（Liang et al.，2010），从而影响温室气体排放；②生物炭可能影响土壤理化性质，如土壤容重、pH 及阳离子交换能力等（Bagreev et al.，2001），从而影响温室气体排放；③生物炭可以改善与温室气体有关的微生物活性，从而改变微生物群落结构，影响温室气体的排放（Liu et al.，2011）。然而，当前生物炭对稻田温室气体排放的影响报道不一致（王国强等，2018），还有待进一步探讨，以期为生物炭的合理与正确应用提供理论依据。

4.1 研究方法

本试验于 2018 年与 2019 年在武穴市花桥镇开展大田试验。该区地属长江中下游稻区（东经 115°30′，北纬 29°55′），海拔 20m，亚热带季风气候，年均温 16.8℃，年降水量 1 278.7～1 442.6mm。土壤为潴育型水稻土，泥沙田，由第四纪红土沉积物发育。试验点土壤基本理化性质为 pH6.27、容重 $1.12g/cm^3$、有机碳含量 22.7g/kg、全氮含量 1.63g/kg、铵态氮含量 50.75mg/kg 和硝态氮含量 2.31mg/kg。试验所用生物炭为江苏艾格尼丝环境科技有限公司提供，其基本性质见表 4-1。

表 4-1　生物炭基本性质

pH	全 氮（%）	全 碳（%）	比表面积（m^2/g）	灰 分（%）	孔 径（nm）
9.45	1.02	44.81	27.34	5.11	8.12

本试验设置 4 个试验处理：①不施氮肥处理，CK；②常规施肥处理，IF；③常规施

氮+10t/hm² 生物炭处理，IF+C；④减氮 30%+10t/hm² 生物炭处理，RIF+C。试验采用随机区组设计，每个处理 3 次重复，每小区规格为 5m×6m。

6 月初育秧，7 月初进行人工移栽，10 月初进行收获，每穴 3 株，插秧尺寸为 25cm×25cm。水稻移栽前进行土壤翻耕，深度 15～20cm。对于 IF 和 IF+C 处理，水稻生育期施肥水平为：氮肥 180kg/hm²、磷肥 90kg/hm² 和钾肥 180kg/hm²。其中对于氮肥，50%做基肥，20%做分蘖肥，30%做穗肥，而磷肥、钾肥作为基肥一次性施入。IF+C 处理中，生物炭与 50%氮肥作为基肥一起通过翻耕混入土壤。对于 RIF+C 处理，氮肥总量相对于 IF+C 处理减少 30%，其他肥料施用量与方式、生物炭施用量均与 IF+C 处理一致。对于 CK 处理，除了不施用氮肥和生物炭，90kg/hm² 磷肥和 180kg/hm² 钾肥作为基肥一次性施入。水稻生长期间，田间水位保持在 3～5cm；在分蘖盛期排水晒田一周，控无效分蘖，之后复水，水稻收获前 10d 排水晒干。

4.2　生物炭对稻田温室气体排放的影响

4.2.1　生物炭对稻田 CH_4 排放的影响

稻田中 CH_4 的产生是通过产甲烷菌和甲烷氧化菌这两种菌共同作用形成的。产甲烷菌作为厌氧菌，只有处于极度缺氧或者无氧及强还原状态下才会产生 CH_4，最后通过土壤的孔隙及水稻发达的通气组织将 CH_4 排放到大气中。CH_4 排放到大气中分为两个过程，一是稻田 CH_4 的产生，二是 CH_4 向大气中排放。稻田 CH_4 的产生是一个生物化学过程，土壤中的有机质，在各类细菌的转化下组成了产 CH_4 的前体，在稻田淹水强还原的条件下产甲烷菌将这些前体转换为 CH_4（朱荫湄，1993）。而 CH_4 想要往大气中排放还要经过第二个过程，稻田土壤产生的 CH_4 扩散至氧化层时，大约 80%的 CH_4 会被甲烷氧化菌和氨氧化细菌氧化，剩下的 CH_4 才会排放到大气中。而 CH_4 进入大气也分为三种途径，其中 80%通过植物通气组织排放到大气，少部分则通过气泡或通过水层缓慢地排放到大气中（IRRI，1991）。因此，稻田 CH_4 的产生需要经过三个过程决定，CH_4 的产生、CH_4 的氧化和 CH_4 从土壤输送到大气中，每个过程的变化都可能影响到 CH_4 的排放量。

从图 4-1 可以看出，CH_4 排放随作物生长周期的变化波动比较大。在土壤通气情况较好的时期，产甲烷菌的活性被抑制，甲烷氧化菌活性被激发（Feng et al.，2012）。有研究表明，土壤温度和土壤含水量与 CH_4 的排放呈正相关（刘芳等，2013）。研究表明，在淹水下分蘖期为水稻 CH_4 排放的高峰期，这可能是由于分蘖期水稻根系和通气组织生长旺盛，而水稻通气组织是 CH_4 排放到大气中的主要途径（Schutz et al.，1989）。在中期晒田期间，田间水分排干，土壤通气较好，CH_4 排放量降低；在复水后，厌氧环境再次形成，CH_4 排放量再次出现排放高峰。而在水稻田收获前，田间水分被完全排干的情况下，CH_4 排放量接近于零，这是因为厌氧环境被破坏，导致产甲烷菌活性降低（Conrad，2007）。

从图 4-2 可知，与 IF 处理相比，生物炭处理下稻田 CH_4 排放量虽有增加，但增加不明显。在 Zhang 等（2010）的研究中，40t/hm² 施炭量下，稻田 CH_4 排放量明显增加。本试验 CH_4 排放增加不明显，这可能是生物炭施用年限较短或施用量较低，在短时间内会对 CH_4 的排放不产生影响。

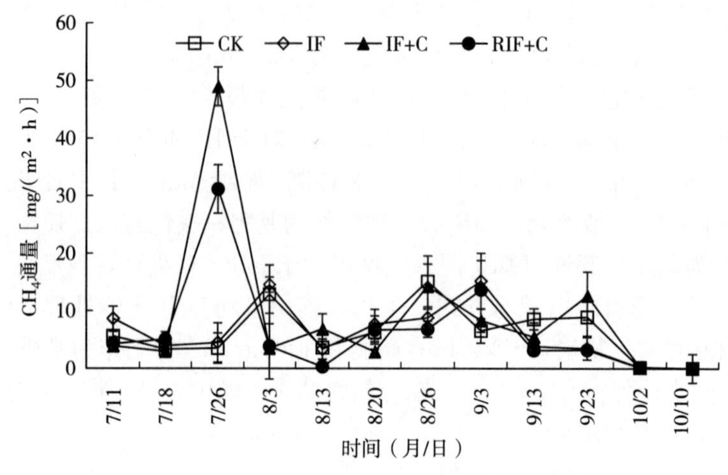

图 4-1　不同处理稻田 CH_4 通量的季节性变化

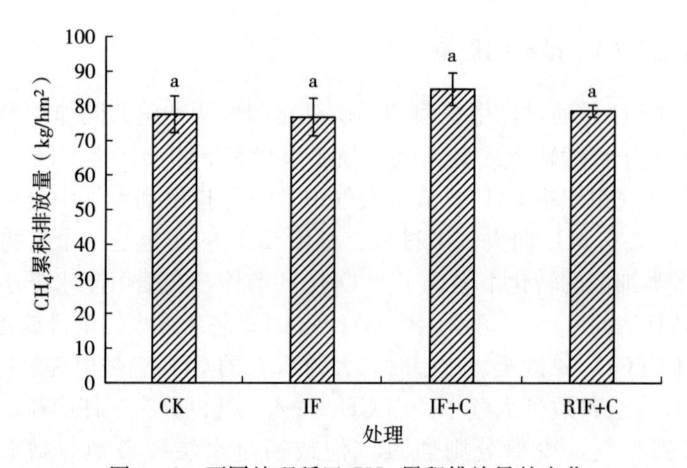

图 4-2　不同处理稻田 CH_4 累积排放量的变化

从表 4-2 可以看出，在苗期与分蘖期，生物炭施用后稻田土壤 pH 发现显著改变，土壤 pH 明显增加。这可能是因为生物炭呈碱性，施入土壤中会影响土壤 pH，而产甲烷菌在中性或者碱性的环境中活性较强，甲烷氧化菌在酸性环境中活性较高（谢军飞等，2002），也有可能是试验地土壤 pH 本身较高，因此 CH_4 排放量增加。有研究表明，生物炭含有许多不稳定成分会增加土壤碳库，使得产甲烷菌底物增加（Castaldi et al.，2011）。在齐穗期和成熟期稻田土壤 pH 无显著变化，这可能是生物炭在土壤中经过矿化作用后，生物有效性降低，对土壤的影响减弱。因此就整体情况来看，生物炭对稻田 CH_4 排放虽有促进，但促进效果不显著。

有研究表明，生物炭对稻田 CH_4 的排放具有抑制作用，其原因可能是生物炭的添加改变了土壤的通气环境，破坏了严格的厌氧环境，土壤氧化还原电位增加，降低了产甲烷菌的活性，从而导致 CH_4 排放量降低（Rondon et al.，2007）。Bossio 等（1999）研究发现，将稻秆燃烧后还田，土壤氧化还原电位要比稻秆直接还田高 50mV，而前者 CH_4 释放量只是后者的 1/5。CH_4 的产生需要严格的厌氧环境和低氧化还原电位的条件。生物炭的多孔结构还会影响土壤的含水量，土壤含水量的多少会影响土壤含氧量。土壤含水量高，厌氧微生物活性高，CH_4 排放量高；土壤含水量低，甲烷氧化菌活性增加，CH_4 排放量减少。生物炭结构多孔，施入土壤后，可以增加土壤含水量，从而抑制 CH_4 的排放（Zwieten et al.，2009）。生物炭的多孔结构使其具有较强的吸附力，对土壤中的铵态氮进行吸附，铵态氮是产甲烷菌的主要底物，铵态氮含量的减少，将直接影响 CH_4 的排放（颜永毫等，2013）。而且氮素的聚集，也会引起植株根系分泌活动增强，进而使产甲烷菌的底物增加（丁维新等，2003）。生物炭本身的碳氮比较高，施入土壤中使土壤碳氮比增加，使得土壤氮素固定（颜永毫等，2013）。因此，生物炭施入土壤后，对稻田 CH_4 排放具有抑制作用。

表 4-2　不同时期各处理土壤 pH 的变化

处　理	苗　期	分蘖期	齐穗期	成熟期
CK	6.29±0.46d	6.71±0.12bc	5.92±0.46a	6.23±0.02a
IF	7.01±0.52bc	6.61±0.11c	6.33±0.20a	6.27±0.09a
IF+C	7.61±0.15a	6.83±0.04ab	6.32±0.14a	6.32±0.09a
RIF+C	7.40±0.08 abc	6.92±0.04a	6.15±0.11a	6.32±0.10a

目前，生物炭对稻田 CH_4 排放的结论不一，生物炭对稻田 CH_4 排放的影响主要结论为：①生物炭施入土壤后，通过影响土壤 pH、土壤容重、土壤含水量、土壤有机质含量、土壤氧化还原电位等理化性质来降低产甲烷菌的活性、种群丰度，同时增加甲烷氧化菌的活性，从而抑制 CH_4 的排放（Singh et al.，2014；Sonoki et al.，2013；杨敏等，2013）。此外，生物炭巨大的比表面积和多孔的特性使得生物炭可以吸附土壤中的 CH_4 或者有机物（王国强等，2018），从而减少 CH_4 排放。②生物炭会促进土壤 CH_4 的排放，可能是由于生物炭本身含有的有机物增加了土壤的碳汇，为土壤中产甲烷菌提供了丰富的碳源，从而促进了 CH_4 的排放（Castaldi et al.，2011）；也可能与生物质炭含有的某种有毒有害化学物质对土壤甲烷氧化菌的活性存在抑制作用有关（Spokas et al.，2010）；或者是生物炭为微生物提供还原位点来促进 CH_4 排放（Chen et al.，2014）。

4.2.2　生物炭对稻田 N_2O 排放的影响

N_2O 的温室效应是 CO_2 的 298 倍，对全球气候变化有着重要的贡献，因此关于 N_2O 的研究显得至关重要。土壤 N_2O 是通过硝化作用和反硝化作用共同作用产生的。硝化作用分为氨氧化阶段和硝化阶段。氨氧化阶段由氨氧化细菌（*Ammonia-oxidizing bacteria*，AOB）或氨氧化古菌（*Ammonia-oxidizing archaea*，AOA）在氨单加氧酶（Ammonia monoox-ygenase，AMO）催化下完成（Zhang et al.，2012）。硝化阶段由亚硝酸盐氧化细菌（*nitrite-oxidizing bacteria*，NOB）在亚硝酸氧化还原酶（nitrite oxidoreductase，NOR）催化下完成（武志杰等，2008；朱永官等，2014）。在氨氧化阶段，N_2O 会作为中间产物出现（Frame et al.，2007）。硝化作用第一阶段 NH_4^+ 被亚硝酸氧化还原酶氧化为 NO_2^-，N_2O 作为副产物出现，在第二阶段 NO_2^- 被硝化细菌氧化为 NO_3^-，N_2O 会在 O_2 不足的时候产生（Wrage et al.，2005）。反硝化作用通常在嫌气或低氧土壤系统中硝酸还原酶（nitrate reductase，Nar）、亚硝酸还原酶（nitrite reductase，Nir）、一氧化氮还原酶（nitric oxide reductase，Nor）和氧化亚氮还原酶（nitrous oxide reductase，Nos）作用下完成，在中间过

程中释放 N_2O（Morley et al.，2008）。

在 20 世纪 80 年代，Freney 等（1981）研究表明，稻田 N_2O 的排放量占全球温室气体排放比例很小。但近年的研究表明，稻田中期晒田排放的 N_2O，其排放量与旱地相比也不低。目前，关于生物炭对稻田 N_2O 的影响的研究中结论不一，但对于 N_2O 的排放和氮肥施用量呈正比的关系已经确定（纪君，2018），并且在水稻生长中期进行的晒田排水也会促进土壤 N_2O 的排放（Elke et al.，2006）。

由图 4-3 可知，在施肥过后或者土壤水分缺失时 N_2O 出现排放高峰，而在其他时期 N_2O 排放一直维持在较低水准，这与前人的研究一致（宋开付等，2019）。也就是说 N_2O 的排放对肥料和土壤水分比较敏感（Beare et al.，2009；Singh et al.，2010）。在基肥施用后，氮肥为微生物提供了大量底物，N_2O 大量排放，之后降低；在分蘖期随着追肥的施用，N_2O 出现一个排放小高峰，但由于肥料施用量相比基肥较少，N_2O 的排放相比初期较少；而随后的中期晒田，随着土壤通气情况的改善，以及齐穗期追肥的施用，在双重作用下，N_2O 出现排放高峰，随后下降；而在水稻收获前的落干期，随着土壤通气情况的改善，N_2O 再次出现一个排放小高峰（图 4-4）。

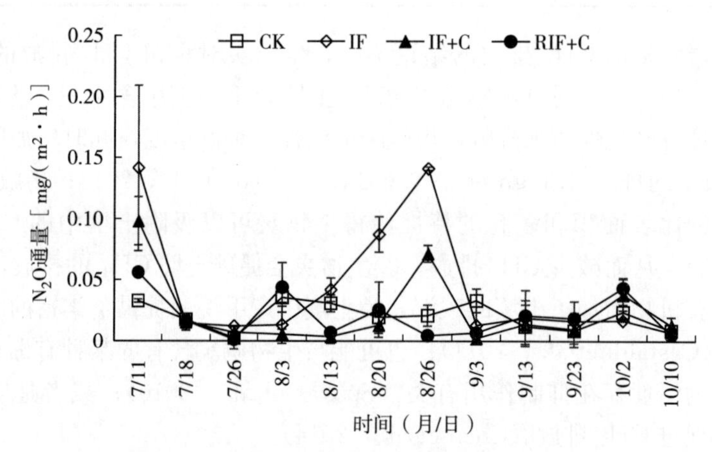

图 4-3　不同处理稻田 N_2O 通量的季节性变化

由图 4-4 可知，生物炭处理下 N_2O 排放量显著降低，这与大多数的研究中生物炭可以抑制土壤 N_2O 排放的结果一致（Renner et al.，2007）。由表 4-3 可知，生物炭施用后土壤容重有降低趋势。Oguntunde 等（2009）在非洲木炭生产点附近随机选取了 12 个点发现，木炭可以明显降低土壤容重 9%。岑睿等（2016）通过大田试验发现，生物炭施用量 $1kg/m^2$、$2kg/m^2$、$3kg/m^2$、$5kg/m^2$ 时，土体密度分别下降 4.05%、4.73%、5.41%、10.14%。生物炭对土壤具有降低土壤容重，增加土壤透气性，增加土壤含氧量的效果（Zwieten et al.，2009）。土壤含氧量增加后，可以明显减少反硝化作用产生的 N_2O。生物炭的多孔结构也会为土壤中的微生物群落提供栖息环境，改变土壤微生物群落结构（Kolb et al.，2009），从而影响 N_2O 排放。Anderson 等（2011）研究发现，土壤添加生物炭后，硝化螺菌属细菌明显增多，群落结构发生明显变化。而且生物炭表明丰富的官能团可以增强对土壤中可溶性有机物质的吸附，使其不被土壤中的微生物吸收利用，降低其生物有效性，从而抑制土壤 N_2O 的排放。也可能是由于生物炭的添加对土壤的通气透水情况进行了改善，改变了土壤微生物群落的结构，从而导致土壤 N_2O 排放降低。也有可能是因为生物炭吸附性比较强，将土壤中的无机氮吸附，减少了反硝化作用的底物，从而减少了 N_2O 的排放（Shen et al.，2014）。

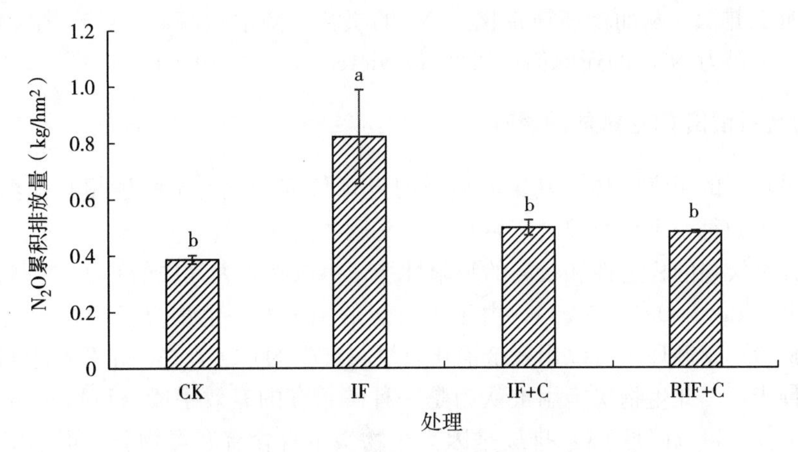

图 4-4 不同处理稻田 N_2O 累计排放量的变化

表 4-3 稻田土壤容重变化

处 理	容 重	孔隙度	含水率
CK	1.36±0.05a	48.95±1.53b	29.34±0.04a
IF	1.26±0.05ab	52.21±1.81ab	32.49±0.07a
IF+C	1.21±0.12b	53.92±2.34a	36.68±0.08a
RIF+C	1.23±0.04ab	53.40±1.28ab	37.55±0.05a

研究表明碱性环境是降低土壤 N_2O 排放的重要因素，施用生物炭降低 N_2O 排放可能是由土壤 pH 改变引起的（张玉铭等，2004）。南方的土壤多呈酸性，碱性的生物炭对土壤的 pH 影响比较明显，进而影响土壤微生物的活性，而 H^+ 存在时会抑制氧化亚氮还原酶的活性，主要是由于氧化亚氮还原酶争夺电子的能力弱，充足的电子供体可以促进 N_2O 的还原（李鹏章等，2014）。

但也有研究表明，生物炭对稻田 N_2O 的排放无明显影响或者有促进效果。廖萍等（2018）研究发现，施用生物炭增加了早晚稻田土壤有机质含量，但对 N_2O 的排放无显著影响。Karhu 等（2011）研究表明，生物炭添加量为 $9t/hm^2$ 时，对土壤 N_2O 的排放没有明显影响。这可能是因为土壤类型、气候不同，以及生物炭的制备温度和原材料不同。Clough 等（2010）研究发现，在粉沙土壤中生物炭配施氮肥和不配施氮肥均能增加土壤 N_2O 排放，这可能是由于添加生物炭之后，土壤微生物可利用的碳源充足，从而促进了 N_2O 的产生。生物炭的添加可能导致土壤透气性、水分和养分含量发生改变，影响了微生物的栖息环境，进而影响 N_2O 的排放（Tao et al.，2014），而 Hawthorne 等（2017）通过盆栽试验证明，在森林土壤中添加 10%的生物炭，可以增加土壤 N_2O 排放。

目前，关于生物炭对稻田 N_2O 排放的结论主要是可降低其排放。生物炭影响稻田 N_2O 排放的机理主要有：①生物炭可以影响土壤 pH、土壤容重、土壤含水量、土壤透气性等理化性质，进而影响反硝化细菌或者酶的活性，从而抑制 N_2O 排放（Chen et al.，2010；

Singh et al.，2010；Yanai et al.，2007)；或者增强氧化亚氮还原酶活性，催化 N_2O 还原为 N_2，使稻田 N_2O 排放量降低（Case et al.，2015)。②生物炭具有巨大的比表面积，可以吸附 N_2O，缓冲其排放，从而增加被转化为 N_2 的机会（颜永毫等，2013)；生物炭表面含有多种官能团，可以为 N_2O 的还原创造条件（Zwieten et al.，2009)。

4.2.3 生物炭对稻田 CO_2 排放的影响

CO_2 是最重要的温室气体，其排放量及对全球气候变化的贡献远超其他温室气体。据研究发现，农田的每一个反应都会产生 CO_2（王欣欣，2013)。

生物炭具有极强的稳定性和较高的吸附性能，可以吸收大气中的 CO_2，并将其长期储存于土层中（Shackley et al.，2009)。由于生物炭的稳定性，生物炭可以在土壤中存在数千年，并且极少参与碳循环，可以用来抵消化石燃料产生的 CO_2，在一定程度上可以减缓全球气候变化的脚步，因此生物炭施用被认为是一种碳封存的有效手段（Lehmann，2007)。有研究表明，生物炭可以降低 CO_2 排放是因为生物炭本身含有有毒物质，可以降低土壤微生物活性，从而降低土壤呼吸，减少 CO_2 排放（Spokas et al.，2009)。也有研究表明，生物炭含有一些可溶性物质，溶于水后可以被微生物利用，促进了土壤呼吸，从而增加 CO_2 排放（邱虎森等，2012)。

生物炭影响稻田 CO_2 排放的机理主要是：生物炭可以改善土壤理化性质，提高土壤养分的有效性（Nocentini et al.，2010)；减少土壤养分的淋失（Lehmann et al.，2003)，同时改善土壤微生物群落的结构和活性（Khodadad et al.，2011)。

目前，由于不同研究的土壤类型、生物炭制备条件等因素不同，生物炭对温室气体的影响也不同。这主要是因为不同类型土壤的质地、理化性质、养分含量不同，以及当地的气候等不同。因此，对于生物炭对稻田温室气体的排放的影响尚没有统一的结论，生物炭应用中应以实际作为参考。

4.3 生物炭对水稻产量、氮肥利用率的影响

中国作为一个人口大国，人口数量占全世界的18%，人均耕地面积只有世界平均水平的40%，要以不到1/10的耕地养活占世界近1/5的人口。而国际粮食市场供求矛盾日益突出，国际上还有11亿人的温饱问题没有得到解决（刘国凤，2011)。中国以10%的耕地面积养活世界18%的人口，这对于中国来说是一个严峻的挑战（张卫峰等，2013)。为了解决中国人口的粮食问题，通过改变农业措施提高作物产量，尤其是增施化肥已经成为重要的手段。中国施用化肥平均328.5kg/hm²，远高于世界化肥施用平均水平（杨忠赞，2019)。近年来，随着化肥不合理的大量使用的现象日趋加重，土壤的多项理化性质受到了极大的负面影响，主要表现为土壤微生物生存遭到破坏，土壤肥力下降，土壤酸化程度加深等。但研究发现氮肥低量或者不施氮肥，作物产量会明显下降或土壤中氮素缺失；大量施用氮肥，只会维持作物产量，产量并未明显增加，氮素盈余却急剧增加（范明生等，2004)。氮肥大量施用只有一小部分被作物吸收利用，大部分的氮素通过挥发、淋溶和径流等途径损失掉，以气态的形式，如 NH_3、NO、N_2O 和 N_2 的形式排放到大气中（Liu et al.，2013)。而且长期大量施用氮肥会导致土壤板结，土壤肥力下降等问

题，多余的氮肥还会经过雨水的冲刷流失到河流湖泊，使水体富营养化，污染环境，甚至影响农产品的质量（孙丽梅等，2005）。过量施用氮肥，不仅氮肥利用率低，对环境的污染也比较大。而化肥减量配施有机肥可以提高作物产量、增加氮肥利用率（郭智等，2013）。因此，合理施用氮肥，不仅可以增加水稻的产量，还可以减少氮肥过量施用带来的环境污染（Xu et al.，2013）。提高氮肥利用率、增加作物产量，是当前必须要面对的难题。

生物炭作为一种以农作物秸秆、城市废弃物或者动物粪便等材料合成的生物质材料，能够合理地利用作物秸秆，减少因秸秆带来的环境污染、资源浪费，还可将资源优化，使资源利用科学化，增加作物产量，并对减缓全球气候变暖的趋势有一定的贡献。

从图 4-5 可知，RIF+C 处理下水稻产量明显增加。生物炭本身呈碱性，施加到土壤中改变了土壤的理化环境（Zwieten et al.，2010），土壤理化环境的改变影响了作物的生长。并且生物炭具有很强的吸附性，配施氮肥施用，减少了氮肥的损失，还可以作为“氮”的储存库，在作物需要氮肥的时期将氮肥释放出来，以此促进作物生长，提高作物产量。从图4-6可知，生物炭处理下氮肥利用率有所提升，减氮处理下氮肥利用率显著增加。这可能是因为化学肥料是速效肥，肥效有效时间短，而生物炭可以吸附肥料因子，使肥料缓慢释放，延长肥效，从而提高氮肥利用率，还可以补充肥料营养元素的不足（葛银凤，2017）。

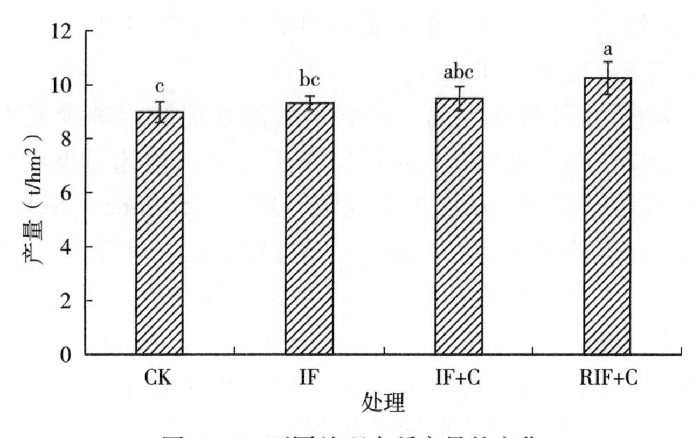

图 4-5 不同处理水稻产量的变化

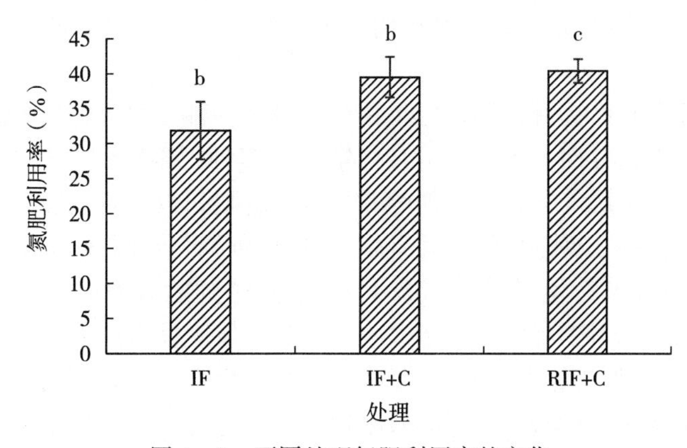

图 4-6 不同处理氮肥利用率的变化

表 4-4　不同处理土壤养分含量

处　理	硝态氮 (mg/kg)	铵态氮 (mg/kg)	土壤可溶性有机碳 (mg/kg)	土壤有机质 (mg/kg)	土壤全氮 (mg/g)
CK	4.30±0.52a	4.16±0.28b	236.33±3.66c	39.63±1.79b	1.34±0.14c
IF	4.45±0.16a	4.97±0.30b	304.11±25.40bc	41.80±0.42b	1.48±0.04bc
IF+C	4.58±0.14a	5.91±0.18a	358.54±23.98ab	52.70±6.60a	1.91±0.20a
RIF+C	4.63±0.15a	5.87±0.42a	428.33±55.32a	45.32±2.40ab	1.73±0.28ab

由表 4-4 可知，生物炭处理下除硝态氮含量各土壤养分含量均显著增加。这表明生物炭可以直接或间接地提高土壤养分含量，弥补减氮减少的养分，减少氮肥的施用。土壤有机质作为衡量土壤质量的重要指标，是土壤结构的重要组成部分，可直接影响土壤的物理和化学性质。生物炭添加到土壤中增加了土壤有机碳的含量，从而间接提高了土壤碳氮比，并且生物炭的微孔结构使得其对土壤养分离子吸附力加强，改善土壤通气状况，增强土壤微生物活动，从而减少土壤通过淋溶和挥发的途径损失的氮素（Mizuta et al.，2004）。

生物炭由于其制作工艺和制作材料的差异，生物炭的性质也有会很大差别，而国内外不同研究中，由于地域限制、气候条件及土壤类型的不同，生物炭对土壤产生的变化也会有很大差别，但总体上都呈正向报道（Olmo et al.，2014）。

研究表明添加生物炭可以改良土壤，影响土壤氮素流转，减少氮素流失，提高养分利用率（张登晓等，2014）。施加生物炭可以减少土壤中氮素通过淋溶和径流等途径造成的流失，促进作物对氮素的吸收，从而提高氮肥利用率（Steiner et al.，2008）。有研究表明，氮肥配施大量生物炭会使产量降低，但是仍然大于单施化肥处理（蔡祖聪等，2006）。添加生物炭可以使水稻产量因子如穗粒数和穗数增加，使其理论产量增加，并且可以减少稻田通过淋失等途径损失的营养元素（Tsuruta et al.，2011）。并且生物炭本身是高含碳物质，除碳以外还含有多种营养元素，施加到土壤中，在土壤的作用下缓慢释放，为作物生长提供了更多的养分，来满足作物的生长（Haefele et al.，2011）。并且生物炭较大的比表面积和电荷密度使生物炭对土壤水分和养分元素的吸持力强，可以将土壤中植物没有利用到的那部分营养元素利用起来（Mizuta et al.，2004），从而间接提高了土壤的养分含量。

生物炭对土壤养分具有提升作用，但生物炭本身是一种高度芳香化的结构，具有高度稳定性，在土壤中可长期保存而不被氧化，其稳定性受多种因素影响（刘玉学等，2009）。因此，生物炭虽可以增加土壤养分，但增加的养分含量有限。也有研究发现，添加生物炭对作物的生长没有影响甚至存在抑制作用，并且施炭量过高反而会抑制作物生长，降低作物产量（Rondon et al.，2007）。王悦满等（2018）通过土柱试验发现，低用量的裂解生物炭（0.5%）可以提高水稻产量、籽粒吸氮量、收获指数、氮肥偏生产力及氮肥利用率，而高用量的裂解生物炭（3%）处理中除了收获指数和氮肥偏生产力有所增加，其他指标均下降，而且高用量的水热生物炭对所有的指标的效果都呈下降趋势。这可能是由于生物炭含有某些有害物质，如烃类和金属类元素等（Devonald et al.，1982），这些元素会影响作物的生长。

也有研究发现，化肥配施生物炭在一定程度上会影响生物炭对作物生长的影响，低量化肥和高量化肥配施生物炭发现，低量化肥配施生物炭会促进作物对氮、磷、钾的吸收，增加作物产量，而高量化肥配施生物炭则会抑制作物对氮、磷、钾的吸收（张万杰等，2011）。同时，也有研究表明，生物炭对作物的生长发育和产量影响的不同是土壤类型不同导致的。Jeffery等（2011）通过对几种酸碱性不同的土壤中添加生物炭发现，生物炭对这几种土壤的增产幅度不同。

生物炭施入土壤对水稻产量及氮肥利用率产生影响的主要机理为：①生物炭本身含有一定的植物所需元素，在施入土壤后会释放出的 K^+、Ca^{2+} 和 Mg^{2+} 等盐基离子，能够提高土壤阳离子交换性能，促进土壤保肥能力（Liu et al.，2015）；而且生物炭的多孔结构和比表面积大的特点，使得生物炭对土壤的营养元素具有吸附固持能力，进而提高养分利用效率。②生物炭本身碳氮比较高，施入土壤会改变与碳、氮有关的酶的活性，从而促进植物对养分的吸收（Zwieten et al.，2010；张晗芝等，2010；刘卉等，2016）。③生物炭与化学肥料配施时，可减少养分的淋失，从而提高肥料利用率（陈温福等，2013）。但也有研究表明，生物炭的添加会对作物产生抑制作用（刘悦等，2017）。张斌等（2012）发现生物炭（0、20t/hm^2、40t/hm^2）配施 240kg/hm^2 氮肥时两年内水稻产量持续增加，但是单施生物炭时施炭量过高反而会抑制作物生长，降低作物产量。

4.4 生物炭对稻田全球增温潜势的影响

CH_4 和 N_2O 是稻田主要的两种温室效应气体。温室气体减排效果可用温室气体排放量、全球增温潜势（Global warming potential，GWP）、温室气体排放强度（Greenhouse gas intensity，GHGI）三种指标来表征（成臣等，2015；Li et al.，2015）。温室气体排放总量表示的是在一定时期内不同温室气体排放的总量，GWP 表示的是在一定时间尺度上 CH_4 和 N_2O 的综合温室气体效应，GHGI 表示的是单位产量的 GWP。生物炭具有较强的稳定性，可长期存在于土壤中，可以增加稻田土壤的“碳汇”，稻田施入生物炭可对 CH_4 和 N_2O 排放产生影响（王国强等，2018）。目前，有关施用生物炭对稻田 CH_4 和 N_2O 排放影响方面的研究存在较大差异和分歧。

按照单位质量 CH_4 和 N_2O 的 GWP 在 100 年时间尺度上分别为 CO_2 的 25 倍和 298 倍（Knoblauch et al.，2011）可计算稻田 GWP。从已研究稻田中添加生物炭的试验结果来看，在大多数情况下施用生物炭有明显降低稻田 GWP 的作用。张斌等（2012）研究发现，施氮肥下施用生物炭连续两年显著降低了稻田的 N_2O 排放和稻田气体的 GWP，降幅高达 66%，且高用量生物炭（40t/hm^2）显著降低稻田 CH_4 和 N_2O 的 GWP。稻田 GWP 主要来源于 CH_4 排放，N_2O 对稻田 GWP 贡献仅占很小比例。由图 4-7 可知，生物炭处理下 GWP 增加不明显。在本研究中，CH_4 对 GWP 的贡献占到 83.4%～93.16%，因此，生物炭处理下 N_2O 的排放量虽然显著减少，各处理的 GWP 差异也不显著。由图 4-8 可知，不同处理的 GHGI 差异不显著，这可能是由 GWP 之间差异不显著导致的。

稻田施用生物炭 GWP 显著降低，主要是因为生物炭降低了 CH_4 的排放（李露等，2015）。而 CH_4 的排放量主要与水分管理有关（Dong et al.，2013），因此，对于稻田温室气体减排的研究中应该重点关注 CH_4 的排放。

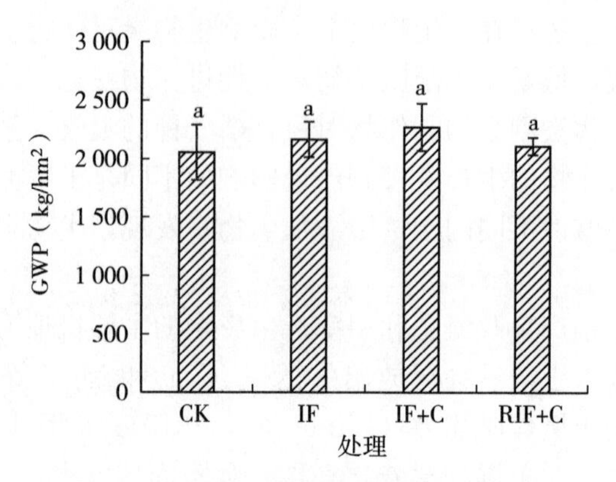

图 4-7　不同处理全球增温潜势的变化

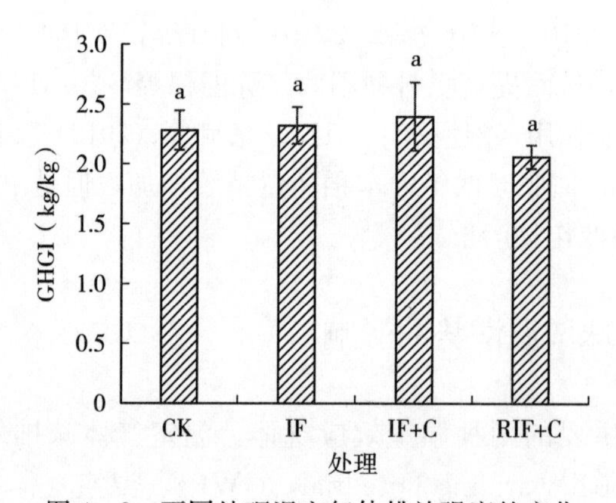

图 4-8　不同处理温室气体排放强度的变化

参考文献

鲍士旦，2000. 土壤农化分析. 北京：中国农业出版社.

蔡祖聪，钦绳武，2006. 华北潮土长期试验中的作物产量、氮肥利用率及其环境效应. 土壤学报，43（6）：905-910.

岑睿，屈忠义，孙贯芳，等，2016. 秸秆生物炭对黏壤土入渗规律的影响. 水土保持研究，23（6）：284-289.

陈灿，潘亚男，王欣，等，2017. 凤眼莲生物炭对稻田土壤肥力的影响. 环境化学，36（4）：907-914.

陈温福，张伟明，孟军，2013. 农用生物炭研究进展与前景. 中国农业科学，46（16）：3324-3333.

成臣，曾勇军，杨秀霞，等，2015. 不同耕作方式对稻田净增温潜势和温室气体强度的影响. 环境科学学报，35（6）：1887-1895.

崔正果，李秋祝，张玉斌，等，2018. 玉米秸秆全量粉碎耕翻还田条件下播种深度与镇压强度对玉米出苗率的影响. 东北农业科学，43（6）：16-19.

丁维新，蔡祖聪，2003. 氮肥对土壤甲烷产生的影响. 农业环境科学学报，22（3）：380-383.

范明生，刘学军，江荣风，等，2004. 覆盖旱作方式和施氮水平对稻-麦轮作体系生产力和氮素利用的影响. 生态学报（11）：2591-2596.

葛银凤，2017. 连续施用生物炭对土壤理化性质及氮肥利用率的影响. 沈阳：沈阳农业大学.

郭智，周炜，陈留根，等，2013. 施用猪粪有机肥对稻麦两熟农田稻季养分径流流失的影响. 水土保持学报，27（6）：21-25，61.
何绪生，张树清，佘雕，等，2011. 生物炭对土壤肥料的作用及未来研究. 中国农学通报，27（15）：16-25.
纪君，2018. 生物炭施用对南方油菜水稻轮作体系农田温室气体排放与作物生长及土壤肥力的影响. 杨凌：西北农林科技大学.
李靖，2013. 不同源生物炭的理化性质及其对双酚A和磺胺甲噁唑的吸附. 昆明：昆明理工大学.
李力，刘娅，陆宇超，等，2011. 生物炭的环境效应及其应用的研究进展. 环境化学，30（8）：1411-1421.
李露，周自强，潘晓健，等，2015. 不同时期施用生物炭对稻田 N_2O 和 CH_4 排放的影响. 土壤学报，52（4）：839-848.
李鹏章，王淑莹，彭永臻，等，2014. COD/N 与 pH 对短程硝化反硝化过程中 N_2O 产生的影响. 中国环境科学，34（8）：2003-2009.
廖萍，眭锋，汤军，等，2018. 施用生物炭对双季稻田综合温室效应和温室气体排放强度的影响. 核农学报，32（9）：1821-1830.
刘彩虹，2016. 秸秆炭化还田对稻田氮素利用及水稻产量的影响. 沈阳：沈阳农业大学.
刘芳，李天安，樊小林，2013. 华南地区覆膜旱种稻田甲烷排放及其与土壤水分和温度的关系. 农业工程学报，29：110-116.
刘国凤，2011. 中国最严格耕地保护制度研究. 长春：吉林大学.
刘卉，周清明，黎娟，等，2016. 生物炭施用量对土壤改良及烤烟生长的影响. 核农学报，30（7）：1411-1419.
刘玉学，2011. 生物质炭输入对土壤氮素流失及温室气体排放特性的影响. 杭州：浙江大学.
刘玉学，刘微，吴伟祥，等，2009. 土壤生物质炭环境行为与环境效应. 应用生态学报，20（4）：977-982.
刘悦，黎子涵，邹博，等，2017. 生物炭影响作物生长及其与化肥混施的增效机制研究进展. 应用生态学报（3）：1030-1038.
秦晓波，李玉娥，Wang H，等，2015. 生物质炭添加对华南双季稻田碳排放强度的影响. 农业工程学报，31（5）：226-234.
邱虎森，王翠红，盛浩，2012. 生物质炭对土壤温室气体排放影响机制探讨. 湖南农业科学，11：49-52.
曲晶晶，郑金伟，郑聚锋，等，2012. 小麦秸秆生物质炭对水稻产量及晚稻氮素利用率的影响. 生态与农村环境学报，28（3）：288-293.
尚杰，耿增超，陈也想，等，2015. 施用生物炭对旱作农田土壤有机碳、氮及其组分的影响. 农业环境科学学报，34（3）：509-517.
宋佳，曾希柏，王亚男，等，2020. 秸秆还田的效果、问题与对策. 生态学杂志，39（5）：1715-1722.
宋开付，于海洋，张广斌，等，2019. 川中丘陵区覆膜再生稻田 N_2O 排放规律研究. 农业环境科学学报，38（6）：1381-1387.
孙丽梅，李季，董章杭，2005. 冬小麦-夏玉米轮作系统化肥农药投入调查研究. 农业环境科学学报，24（5）：935-939.
王国强，孙焕明，郭琰，2018. 生物炭对 CH_4 和 N_2O 排放的影响综述. 中国农学通报，34（27）：118-123.
王怀臣，冯雷雨，陈银广，2012. 废物资源化制备生物质炭及其应用的研究进展. 化工进展，31（4）：907-914.
王妙莹，许旭萍，王维奇，等，2017. 炉渣与生物炭施加对稻田温室气体排放及其相关微生物影响. 环境科学学报，37（3）：1046-1056.
王青霞，陈喜靖，喻曼，等，2019. 秸秆还田对稻田氮循环微生物及功能基因影响研究进展. 浙江农业学报，31（2）：333-342.

王欣欣，2013. 生物炭施用对稻田温室气体排放的影响研究. 南京：南京农业大学.

王耀锋，刘玉学，吕豪豪，等，2015. 水洗生物炭祀施化祀对水稻产量及养分吸收的影响. 植物营养与肥料学报，21（4）：1049－1055.

王悦满，冯彦房，杨林章，等，2018. 水热及裂解生物炭对水稻产量及氮素利用率的影响. 生态与农村环境学报，34（8）：755－761.

王振营，王晓鸣，2019. 我国玉米病虫害发生现状、趋势与防控对策. 植物保护，45（1）：1－11.

武志杰，史云峰，陈利军，2008. 硝化抑制作用机理研究进展. 土壤通报，39（4）：962－970.

肖建南，张爱平，刘汝亮，等，2017. 生物炭施用对稻田氮磷肥流失的影响. 中国农业气象，38（3）：163－171.

谢军飞，李玉娥，2002. 农田土壤温室气体排放机理与影响因素研究进展. 中国农业气象，23（4）：48－53.

颜永毫，王丹丹，郑纪勇，2013. 生物炭对土壤 N_2O 和 CH_4 排放影响的研究进展. 中国农学通报，29（8）：140－146.

杨敏，刘玉学，孙雪，等，2013. 生物质炭提高稻田甲烷氧化活性. 农业工程学报，29（17）：145－151.

杨忠赞，2019. 有机肥替代氮肥对黑土理化性状及玉米产量的影响. 哈尔滨：东北农业大学.

袁艳文，田宜水，赵立欣，等，2012. 生物炭应用研究进展. 可再生能源，30（9）：45－49.

张爱平，刘汝亮，高霁，等，2015. 生物炭对宁夏引黄灌区水稻产量及氮素利用率的影响. 植物营养与肥料学报，21（5）：1352－1360.

张斌，刘晓雨，潘根兴，等，2012. 施用生物质炭后稻田土壤性质、水稻产量和痕量温室气体排放的变化. 中国农业科学，45（23）：4844－4853.

张国，逯非，赵红，等，2017. 我国农作物秸秆资源化利用现状及农户对秸秆还田的认知态度. 农业环境科学学报，36（5）：981－988.

张晗芝，黄云，刘钢，等，2010. 生物炭对玉米苗期生长、养分吸收及土壤化学性状的影响. 生态环境学报，19（11）：2713－2717.

张万杰，李志芳，张庆忠，等，2011. 生物质炭和氮肥配施对菠菜产量和硝酸盐含量的影响. 农业环境科学学报，30（10）：1946－1952.

张卫峰，马林，黄高强，等，2013. 中国氮肥发展、贡献和挑战. 中国农业科学，46（15）：3161－3171.

张旭东，梁超，诸葛玉平，等，2003. 黑碳在土壤有机碳生物地球化学循环中的作用. 土壤通报，34（4）：349－355.

张玉铭，胡春胜，董文旭，等，2004. 农田土壤 N_2O 生成与排放影响因素及 N_2O 总量估算的研究. 中国生态农业学报，12（3）：119－123.

钟婷，2017. 秸秆炭化还田对稻田土壤氨挥发的影响及其机理研究. 杭州：浙江大学.

朱荫湄，1993. 浅论稻田甲烷的产生和排放. 农村生态环境，S1：40－42，59－60.

朱永官，王晓辉，杨小茹，等，2014. 农田土壤 N_2O 产生的关键微生物过程及减排措施. 环境科学，35（2）：792－800.

Anderson，2011. The biochar effect：concomitant change in microbial communities and biogeochemical cycles // presentations from "Biochar and New Green Agriculture of China" conference in Nanjing. Nanjing：International Workshop on Biochal and New Green Agriculture of China.

Angin D，Sensoz S，2014. Effect of pyrolysis temperture on chenical and surface properties of biochar of rapeseed（*Brassica Napus* L.）. Int JPhytoremediat，16（7－12）：684.

Bagreev S A，Bashkova B，Reznik V，et al.，2002. Heterogeneity of sewage sludge derived materials as a factor governing their performance as adsorbents of acidic gases. Studies in Surface Science and Catalysis，144：24－224.

Beare M，Gregorich E，St-Georges P，2009. Compaction effects on CO_2 and N_2O production during and rewetting of soil. Soil Biology and Biochemistry, 41: 611 - 621.

Bossio D A, Horwath W R, Kessel R G, 1999. Methane pool and flux dynamics in a rice field following straw incorporation. Soil Biology and Biochemistry, 31: 1313 - 1322.

Bruun E W, Hauggaardnielasen H, Ibrahim N, et al., 2011. Influence of fast pyrolysis temperature on biochar labile fraction and short-term carbon loss in a loamy soil. Biomass and Bioenergy, 35 (3): 1182 - 1189.

Busscher W J, Novak J M, Evans D E, et al., 2010. Influence of pecan biochar on physical properties of a Norfolk loamy sand. Soil Science, 175 (1): 10 - 14.

Case S D C, Mcnamara N P, Reay D S, et al., 2015. Biochar suppresses N_2O emissions while maintaining N availability in a sandy loam soil. Soil Biology and Biochemistry, 81 (2): 178 - 185.

Castaldi S, Riondino M, Baronti S, et al., 2011. Impact of biochar application to a mediterranean wheat crop on soil microbial activity and greenhouse gas fluxes. Chemosphere, 85 (9): 1464 - 1471.

Chen S, Rotaru A E, Shrestha P M, et al., 2014. Promoting interspecies electron transfer with biochar. Scientific Reports, 4 (20): 163 - 168.

Chen X, Zhang L M, Shen J P, et al., 2010. Soil type determines the abundance and community structure of ammonia-oxidizing bacteria and archaea in flooded paddy soils. Journal of Soils and Sediments, 10 (8): 1510 -1516.

Clough T J, Bertram J E, Ray J L, et al., 2010. Unweathered wood biochar impact on nitrous oxide emissions from a bovine-urine-amended pasture soil. Soil Science Society of America Journal, 74 (3): 852 - 860.

Conrad R, 2007. Microbial ecology of methanogens and methanotrophs. Advances in Agronomy, 96: 1 - 63.

Devonald V G, 1982. The effect of wood charcoal on the growth and nodulation of garden peas in pot culture. Plant and Soil, 66 (1): 125 - 127.

Dong D, Yang M, Wang C, et al., 2013. Responses of methane emissions and rice yield to applications of biochar and staw in a paddy field. Journal of Soils and Sediments, 13 (8): 1 - 11.

Dong H B, Yao Z S, Zheng X H, et al., 2011. Effect of ammonium-based, non-sulfate fertilizers on CH_4 emissions from a paddy field with a typical Chinese water management regime. Atmospheric Environment, 45: 1095 - 1101.

Elke S, Lex B, 2006. N_2O and NO emission from agricultural fields and soils under natural vegetation: summarizing available measurement data and modeling of global annual emissions. Nutrient Cycling in Agroecosystems, 74 (3): 207 - 228.

Feng Y, Xu Y, Yu Y, et al., 2012. Mechanisms of biochar decreasing methane emission from Chinese paddy soils. Soil Biology and Biochemistry, 46 (1): 80 - 88.

Frame C H, Casciotti K L, 2010. Biogeochemical controls and isotopic signatures of nitrous oxide production by a marine ammoniaoxidizing bacterium. Biogeosciences, 7 (2): 2695 - 2709.

Freney J R, Denmeand O T, Watanabe I, 1981. Ammonia and nitrous oxide losses following applicationsf ammonium sulfate to flooded rice. Aust ralian Journal of Agricultural Research, 32 (1): 34 - 37.

Goldberg E D, 1985. Black Carbon in The Environment. New York: Wiley.

Haefele S M, Konboon Y, Wongboon W, et al., 2011. Effects and fate of biochar from rice residues in rice-based systems. Field Crops Research, 121 (3): 430 - 440.

Hawthorne I, Johnson M S, Jassal R S, et al., 2017. Application of biochar and nitrogen influences fluxes of CO_2, CH_4 and N_2O in a forest soil. Journal of Environmental Management, 192: 203 - 214.

IRRI, 1991. IRRI studies role of ricefield methane in global climate change. The IRRI report, 4: 1 - 2.

Jeffery S, Verheijen F A, Velde M, et al., 2011. A quantitative review of the effects of biochar application to soils on crop productivity using meta-analysis. Agriculture, Ecosystems & Environment, 144 (1): 175-187.

Karhu K, Mattila T, Bergström I, et al., 2011. Biochar addition to agricultural soil increased CH_4, uptake and water holding capacity-results from a short-term pilot field study. Agriculture, Ecosystems & Environment, 140 (1-2): 309-313.

Khodadad C L M, Zimmerman A R, Greeh S J, et al., 2011. Taxa specific changes in soil microbial community composition induced by pyro-genic carbon amendments. Soil Biology and Biochemistry, 43 (2): 385-392.

Knoblauch C, Maarifat A A, Pfeiffer E M, et al., 2011. Degradability of black carbon and its impact on trace gas fluxes and carbon turnover in paddy soils. Soil Biology and Biochemistry, 43 (9): 1768-1778.

Kolb S E, Fermanich K J, Dornbush M E, 2009. Effect of charcoal quantity on microbial biomass and activity in temperate soils. Soil Science Society of America Journal, 73 (4): 1173.

Laird D A, Fleming P, Davis D D, et al., 2010. Impact of biochar amendments on the quality of a typical Midwestern agricultural soil. Geoderma, 158 (3-4): 443-449.

Lehmann J, 2007a. A handful of carbon. Nature, 447: 143-144.

Lehmann J, 2007b. Bio-energy in the black. Frontiers in Ecologyand the Environment, 5 (7): 381-387.

Lehmann J, Kerm D, Glaser B, 2003. Amazonian dark earths: origin properties management. Dordeecht: Kluwer Academic Publishers: 125-139.

Lehmann J, Perei R A J, Steiner C, et al., 2003. Nutrient availability and leaching in an archaeological Anthrosol and a Ferralsol of the Central Amazon basin: fertilizer, manure and charcoal amendments. Plant and Soil, 249 (2): 343-357.

Lehmann J D, Joseph S, 2009. Biochar for enviromental management: science and technology. Science and Technolgy, Earfliscan, 25 (1): 15801-15811.

Li B, Fan C H, Zhang H, et al., 2015. Combined effects of nitrogen fertilization and biochar on the net global warming potential greenhouse gas intensity and net ecosystem economic budget in intensive vegetable agriculture in southeastern China. Atmospheric Environment, 100 (1): 10-19.

Li C, Zhang Z, Guo L, et al., 2013. Emissions of CH_4, and CO_2, from double rice cropping systems under varying tillage and seeding methods. Atmospheric Environment, 80 (12): 438-444.

Liang B, Lehmann J, Solomon D, et al., 2006. Black carbon increases cation exchange capacity in soils. Soil Science Society of America Journal, 70: 1719-1730.

Liang B Q, Lehmann J, Sohi S P, et al., 2010. Black carbon affects the cycling of nonblack carbon in soil. Organic Geochemistry, 41: 206-213.

Liu J Y, Shen J L, Li Y, et al., 2014. Effects of biochar amendment on the net greenhouse gas emission and greenhouse gas intensity in a Chinese double rice cropping system. European Journal of Soil Biology, 65: 30-39.

Liu X J, Zhang Y, Han W X, et al., 2013. Enhanced nitrogen deposition over China. Nature, 494: 459-462.

Liu X Y, Zhang A F, Ji C Y, et al., 2013. Biochar's effect on crop productivity and the dependence on experimental conditions-a meta-analysis of literature data. Plant and Soil, 373: 583-594.

Liu Y X, Yang M, Wu Y M, et al., 2011. Reducing CH_4 and CO_2 emissions from waterlogged paddy soil with biochar. Journal of Soils and Sediments, 11: 930-939.

Mizuta K, Matsumoto T, Hatate Y, et al., 2004. Removal of nitrate-nitrogen from drinking water using bamboo powder charcoal. Bioresource Technology, 95 (3): 255-257.

Morley N, Baggs E M, Dörsch P, et al., 2008. Production of NO, N_2O and N_2 by extracted soil bacteria, regulation by NO_2 and O_2 concentrations. FEMS Microbiology Ecology, 65 (1): 102 - 112.

Moses H D, Sai G, Hagan E B, 2011. Biochar production potential in Ghana—A review. Renewable and Sustainable Energy Reviews, 15 (8): 3539 - 3551.

Nocentini C, Guenet B, Di M E, et al., 2010. Charcoal mineralisation potential of microbial inocula from burned and unburned forest soil with and without substrate addition. Soil Biology and Biochemistry, 42 (9): 1472 - 1478.

Olmo M, Alburquerque J A, Barrón V, et al., 2014. Wheat growth and yield responses to biochar addition under Mediterranean climate conditions. Biology and Fertility of Soils, 50 (8): 1177 - 1187.

Pietikainen J, Kiikkila O, Fritze H, 2000. Charcoal as a habitat for microbes and its effect on the microbial community of the underlying humnus. Oikos, 89 (2): 231 - 242.

Renner R, 2007. Rethinking biochar. Environmental Science and Technology, 41 (17): 5932.

Rondon M A, Lehman J, Ranirez J, et al., 2007. Biological nitrogen fixation by common beans (*Phaseolus Vulgaris*) increases with biochar addition. Biology and Fertility of Soils, 43 (6): 699 - 708.

Schutz H, Holzapfel P A, Conrad R, 1989. A 3-year contious record on the influence of daytime, seson, and fertilizer treament on methane emission rates from an Italian rice paddy. Journal of Geophysical Research: Atmospheres, 94 (D13): 16405 - 16416.

Shackley S, Sohi S, Haszeldine S, 2009. Biochar, reducing and removing CO_2 while improving soils: a significant and sustainable response to climate change. Edinburgh: UK Biochar Research Centre (UKBRC).

Shen J L, Tang H, Liu J Y, et al., 2014. Contrasting effects of straw and straw-derived biochar amendmentson greenhouse gas emissions within double rice cropping systems. Agriculture, Ecosystems & Environment, 188: 264 - 274.

Singh B P, Cowie A L, 2014. Long-term influence of biochar on native organic carbon mineralisation in a low-carbon clayey soil. Scientific Reports, 4 (3): 1 - 9.

Singh B P, Hatton B J, Balwant S, et al., 2010. Influence of biochars on nitrous oxide emission and nitrogen leaching from two contrastingsoils. Journal of Environmental Quality, 39 (4): 1224 - 1235.

Smith P, Martino D, Cai Z C, et al., 2006. Policy and technological constraints to implementation of greenhouse gas mitigation options in agriculture. Agriculture, Ecosystems & Environment, 118 (1): 6 - 28.

Sombroek W, 1966. Amazon soils: A reconnaissance of the soils of the Brazilian Amazon region. Wageningen: Center for Agricultural Publications and Documentation.

Sonoki T, Furukawa T, Jindo K, et al., 2013. Influence of biochar addition on methane metabolism during thermophilic phase of composting. Journal of Basic Microbiology, 53 (7): 617 - 621.

Spokas K, John M B, Donald C R, 2010. Observed ethylene production from biochar additions. Plant and Soil, 333 (1 - 2): 443 - 452.

Spokas K A, Reicosky D C, 2009. Impacts of sixteen different biochars on soil greenhouse gas production. Annals of Environ-mental Science (3): 179 - 193.

Steiner C, Glaser B, Teixeira W G, et al., 2008. Nitrogen retention and Plant uptake on a highly weathered central Amazonian Ferralsol amended with compost and areola. Soil Seience and Plant Nutrition, 171: 893 - 899.

Steiner C, Teixeira W G, Lehmann J, et al., 2007. Long-termeffects of manure charcoal and mineral fertilization on crop production and fertility on a highly weathered central Amazonian upland soil. Plant and Soil, 291: 275 - 290.

Stocker T F, Qin D, Plattner G K, 2013. Climate Change 2013: The Physical Science Basis//Contribution of Working Group Ⅰ to the Fifth Assessment Report of the Intergovernmental Panel on Climate Change.

UK：Cambridge University Press：1535.

Tao H，Gao B，Hu X K，et al.，2014. Ammonia-oxidation as an engine to generate nitrous oxide in an intensively managed calcareous fluvo-aquic soil. Scientific Reports，4 (2)：3950.

Tsuruta T，Yamaguchi M，Abe S I，et al.，2011. Effect of fish in rice-fish culture on the rice yield. Fisheries Science，77：95 - 106.

Warde D A，Nilsson M C，Zackrisson O，2008. Fire-Derived Charcoal Causes Loss of Foresr Humus. Science，320 (5876)：629.

Watson R T，Zinyowera M C，Moss R H，1996. Climate Change 1995，Impacts，Adaptations and Mitigation of Climate Change. Scientific Technical Report Analyses // Watson R T，Zinyowera M C，Ross R H. Contribution of Working Group II to the Second Assessment Report of the Intergovernmental Panel on Climate Chang. Cambridge：Cambridge University Press.

Wrage N，Groenigen J W，Oenema V O，et al.，2005. A novel dual-isotope labelling method for distinguishing between soil sources of N_2O. Rapid Communications in Mass Spectrometry，19 (22)：3298 - 3306.

Xu J，Liao L，Tan J，et al.，2013. Ammonia volatilization in gemmiparous and early seedling stages from direct seeding rice fields with different nitrogen management strategies：A pots experiment. Soil & Tillage Research，126：169 - 176.

Yanai Y，Toyota K，Okazaki M，2007. Effects of charcoal addition on N_2O emissions from soil resulting from rewetting air-dried soil in shortterm laboratory experiments. Soil Science and Plant Nutrition，53 (2)：181 - 188.

Yuan J H，Xu R K，Wang N，et al.，2011. Amendment of acidsoils with crop residues and biochars. Pedosphere，21：302 - 308.

Yuan J H，Xu R K，Zhang H，2011. The forms of alkalis in the biochar produced frorm crop residues at different temperatures. Bioresoures Technology，102 (3)：3488.

Zhang A F，Bian R J，Pan G X，et al.，2012. Effects of biochar amendment on soil quality，crop yield and greenhouse gas emission in a Chinese rice paddy：A field study of 2 consecutive rice growing cycles. Field Crops Research，127 (127)：153 - 160.

Zhang A F，Cui L Q，Pan G X，et al.，2010. Effect of biochar amendment on yield and methane and nitrous oxide emissions from a rice paddy from Tai Lake plain，China. Agriculture，Ecosystems & Environment，139：469 - 475.

Zhang L M，Hu H W，Shen J P，et al.，2012. Ammonia-oxidizing archaea have more important role than ammonia-oxidizing bacteria in ammonia oxidation of strongly acidic soils. The ISME Journal，6 (5)：1032 -1045.

Zhu H K，Zhong H，Douglas E，et al.，2015. Effects of rice residue incorporation on the speciation，potential bioavailability and risk of mercury in a contaminated paddy soil. Journal of Hazardous Materials，293：64 - 71.

Zhu Q H，Peng X H，Huang T Q，et al.，2014. Effect of biocharaddition on maize growth and nitrogen use efficiency in acidic red soils. Pedosphere，24：699 - 708.

Zimmerman A R，Gao B，Ahn M Y，2011. Positive and negative carbon mineralization priming effects among a variety of biochar-amended soils. Soil Biology and Biochemistry，43 (6)：1169 - 1179.

Zwieten L V，Kimber S，Morris S，et al.，2010. Effects of biochar from slow pyrolysis of papermill waste on agronomic performance and soil fertility. Plant and Soil，327 (1 - 2)：235 - 246.

Zwieten V L，Singh B，Joseph S，et al.，Biochar and emissions of non-CO_2 greenbouse gases from soil// Lehmann J，Joseph S. Biochar for Environmental Management Science and Technology. London：Earth-scan Press：227 - 249

5 耕作方式与氮肥类型对稻田温室气体排放的影响

全球环境变化已经成为人类面临的一个最为严峻的环境问题，且越来越受到人们的关注。气候变暖就是全球环境变化的一个重要标志，大气温室气体浓度的不断增加则是造成温室效应的首要原因。中国是世界上最主要的水稻生产国之一，而稻田又是 CH_4 和 N_2O 的主要人工排放系统之一，对全球温室效应产生重要影响，因此如何减少稻田 CH_4 和 N_2O 排放对控制温室效应具有重要的意义。

前人研究表明，稻田 CH_4 和 N_2O 排放受耕作方式、土壤类型、灌溉、施肥、环境因子等多种因素的影响，而耕作和施肥是其主要影响因素。为了保证作物高产，农田生态系统化肥的用量越来越大，这不仅导致农田土壤质量的破坏和面源污染，还影响到稻田温室气体的排放。研究表明，化肥是作物高产与生态破坏的统一体，化肥既可促进作物高产，又可能对农业环境造成破坏，而化肥的施用与稻田 CH_4 排放息息相关。现阶段，有关施用化肥对稻田 CH_4 排放影响的研究还有很多不确定的地方。有研究认为，化肥的施用可以降低稻田 CH_4 的排放（上官行健等，1996；王明星等，2001），例如尿素和含钾的肥料等；秦晓波等（2006）的研究也表明，化肥处理的 CH_4 排放量比不施肥处理有较大幅度的下降。也有研究认为施用无机肥并没有降低稻田 CH_4 排放，例如 Lindau 等（1991）的研究表明，稻田 CH_4 排放随着尿素施用量的增加而增加。还有研究认为尿素对稻田 CH_4 排放的不同作用（促进或抑制），可能与施入土壤的 pH 有关（Wang et al.，1992）。为了保证农田土壤的可持续性利用，保护土壤质量，我国政府制定一系列政策，鼓励农民使用有机肥代替无机肥，因此有机肥在农田中的用量也越来越大。前人关于有机肥对稻田 CH_4 排放的研究结果大体一致，他们都认为施用有机肥能够促进稻田 CH_4 的排放，因为有机肥可以增加大量土壤有机质，为产甲烷菌提供充足的底物，再加上稻田处于淹水条件，从而导致稻田土壤产生大量 CH_4，通过水稻植株排放到大气中（王明星等，1995；陈苇等，2001；上官行建等，1996）。另外还有研究表明，有机肥能够促进稻田 CH_4 排放的程度取决于有机物的成分和性质（马静等，2010）。吴家梅等（2010）认为，有机肥对稻田 CH_4 排放的影响程度与其碳氮比有关，碳氮比越高，稻田 CH_4 的产生潜力和排放能力就越大。吕琴等（2004）研究表明，长期施用有机肥能显著促进稻田 CH_4 的排放，特别是在有机肥无机肥配施的情况下，稻田 CH_4 排放量显著提高。有机肥配施无机肥可以显著提高土壤质量和土壤肥力，有利于可持续农业发展，因此近年来越来越受到人们的欢迎（Ge et al.，2010；Majumder et al.，2008）。有关有机无机配施对稻田 CH_4 排放影响的研究有很多，但研究结果并不一致。有人认为，有机肥配施无机配施能够显著增加稻田土壤有机碳含量和土壤质量，但并未显著增加稻田 CH_4 排放，但也有人发现无论是单施无机肥或者有机无机配施都显著增加了稻田 CH_4 排放（陈冠雄等，1996）。缓释肥作为一种新型肥料近年来越来越受到人们的关注，有人认为缓释肥能够降低肥料养分流失、提高水稻产量和降低温室气体排放（Miao et al.，2015；Yao et al.，2013），而这些研究大多集中在旱地，有关缓释肥对稻田 CH_4

排放影响的研究还很少。

前人有关不同氮肥类型对稻田 N_2O 排放的研究有很多，一般认为，有机或无机氮肥的施用都会随着施用量的增加而显著增加稻田土壤 N_2O 排放，原因在于无论是单施有机肥还是无机肥都能够为硝化作用和反硝化作用提供基质（易琼等，2013；张惠等，2012）。近年来，有关有机无机配施对稻田 N_2O 排放的影响逐渐成为研究的热点，但研究结果并不一致。有研究认为，与单施无机肥相比，有机无机配施可以显著降低稻田 N_2O 排放（石生伟等，2011；王聪等，2014），主要原因可能在于有机肥在腐解过程中会产生化感物质，此类化感物质可能会抑制硝化细菌和反硝化细菌的活性，从而降低 N_2O 的排放（马二登等，2009）；也有研究发现，有机无机配施增加了稻田 N_2O 的排放（张惠等，2012），主要原因可能在于有机碳的施入增加了土壤有机质，而有机质在腐解过程中可能会消耗一定量的 O_2，营造了较好的厌氧环境，促进了反硝化作用，增加了 N_2O 的排放；还有研究认为，有机无机配施对稻田 N_2O 的排放并没有显著影响（罗良国等，2010；李波等，2013），但这可能与有机肥的类型有关。缓释肥和控释肥具有根据植物生长需求缓慢释放养分的特性，近年来越来越受人们欢迎，有关缓释肥和控释肥等新型肥料对稻田 N_2O 排放的影响也成为人们研究的热点，但结果并不一致。有研究认为与普通无机肥相比，缓释肥虽没有改变稻田 N_2O 的季节性排放规律，但却显著降低了 N_2O 的累积排放量（张怡等，2014；李方敏等，2004），主要原因可能在于缓释肥缓慢释放养分的特性降低了稻田土壤 NO_3^- 含量，从而降低了 N_2O 排放量。丁洪等（2010）通过室内培养试验却得到了不同结果，他们发现与普通无机肥相比，三种缓释肥都显著提高了土壤 N_2O 排放量，但三种缓释肥之间并没有显著差异。在稻田单施无机肥的常规情况下，基肥加三次追肥是人们普遍采用的施肥模式（王聪等，2014；李波，2013）。缓释肥具有缓慢释放养分的特性，通常选择一次性施入，难以满足水稻长期生长的需求，因此，缓施肥配施无机肥不失为一种好的选择（纪洋等，2011）。然而有关缓释肥对稻田 N_2O 排放影响的研究仍然很少，不同缓释肥用量、施用时间及配施无机肥的用量与比例对稻田 N_2O 排放的影响可能会成为新研究的方向。

研究表明，耕作与稻田土壤环境息息相关，且耕作可以通过影响土壤的物理、化学和生物学特性直接或间接地影响到稻田温室气体排放（Oorts et al.，2007）。有关耕作对稻田 CH_4 排放影响的研究结果比较一致，大部分人都认为免耕可显著降低稻田 CH_4 排放（Zhang et al.，2015；Li et al.，2013）。首先，甲烷氧化菌对周围环境的变化十分敏感，翻耕破坏了甲烷氧化菌的生存环境，导致甲烷氧化菌的活性降低，CH_4 排放增加（Prieme et al.，1997）；其次，与免耕相比，翻耕破坏了土壤团聚体，促进了有机碳的分解，为产甲烷菌提供充足的底物，促进 CH_4 排放，而免耕土壤透气性好，不利于形成厌氧环境，从而降低稻田 CH_4 排放（甘德欣等，2005；马二登等，2010）。目前，有关免耕对 CH_4 排放影响的研究较多，但大部分只集中在旱地（张广斌等，2010；李香兰等，2008），而对免耕稻田 CH_4 排放动态变化的研究并不多；氮肥是作物生长的重要营养物质，有关氮肥对稻田 CH_4 排放的影响大多只集中在施肥量上，而有关免耕调节作用下氮肥对 CH_4 排放影响的研究也很少。

研究表明，耕作可以通过改变稻田土壤的理化性质，影响稻田土壤的硝化作用和反硝化作用，进而对稻田土壤的 N_2O 排放产生影响（Oorts et al.，2007）。耕作对稻田土壤 N_2O 排放的影响，前人已经做了很多研究，但研究结果并不一致。有的研究发现免耕降低了稻田

N_2O 的排放（Bhatia et al.，2010），他们认为免耕增加了稻田土壤的饱和含水率，从而增加了 NH_4^+ 和 NO_3^- 的淋失，硝化作用和反硝化作用底物减少，N_2O 排放降低；还有学者认为，与传统翻耕相比，免耕一定程度上增加了稻田土壤 N_2O 排放，但差异并不显著（Zhang et al.，2015；秦晓波等，2014）；也有研究认为，有关免耕对稻田 N_2O 排放的影响应该放在一个长时间尺度之上，短时间的试验并无代表性（Six et al.，2004），因此，长期耕作对稻田 N_2O 排放的影响还有必要进行进一步研究。

农艺措施的改变，往往可以通过改变农田土壤环境而达到减少一种温室气体排放的效果，然而一种温室气体排放受到抑制也可能会造成另一种温室气体排放的增加，进而影响到整个温室气体排放的平衡（Pathak et al.，2011；Shang et al.，2011；Ma et al.，2013）。为了探明农艺措施对两种温室气体排放的综合影响，人们提出了“全球增温潜势（GWP）”这个概念，以此来衡量农艺措施的改变对温室气体排放的综合影响，而不是只局限在一种温室气体上（Mosier et al.，2006）。另外，为了测定作物单位产量的温室气体排放量，人们又提出了“温室气体排放强度（GHGI）”这个概念，可用单位产量的 GWP 来计算（Mosier et al.，2006）。此概念很好地完成了温室气体排放与作物产量的结合，对解决全球环境变化与粮食安全问题带来帮助（Yang et al.，2015）。近年来，除了水稻产量，GWP 和 GHGI、净生态系统经济收益（NEEB）也成为大家研究的热点。NEEB 综合了粮食产量、GWP 和农业活动，可用于评估作物生产的经济利润（Li et al.，2015）。Zhang 等（2015）研究了耕作对稻田 NEEB 的影响，同样，不同的氮肥类型对作物生产中的产量（增产）和投入（肥料成本）的影响也已得到很好的研究（Li et al.，2015）。但是，相对较少的研究报道了不同氮肥类型对稻田 NEEB 的影响。此外，还没有很好地阐明氮肥和耕作方式对稻田 GWP 和 NEEB 的综合影响。因此，全面评估这些农艺措施对水稻生产的影响至关重要。本章将主要参考本科研究组多年开展的稻田不同耕作方式和氮肥类型对稻田温室气体排放、碳库组分、氮肥利用率的影响结果，以探讨稻田免耕施氮与稻田减排的关系。

5.1 研究方法

5.1.1 试验设计

试验地点设于湖北省武穴市花桥镇郑公塔乡现代农业科技示范中心（东经 115°33′，北纬 29°51′）。土壤类型为沙壤土，年均温度为 17.0～18.5℃，无霜期为 215～302d，年均日照时间为 1 913.5h，年均降水量为 1 361mm。基本肥力性质如下：铵态氮含量为 4.36mg/kg，硝态氮含量为 11.15mg/kg，总氮含量为 2.39g/kg，总碳含量为 24.07g/kg，总磷含量为 4.25g/kg，总钾含量为 3.31g/kg，土壤 pH 为 5.18。

试验中水稻（*Oryza Sativa* L.）品种为两优培九，油菜（*Brassica napus* L.）品种为华双五号。供试肥料包括：复合肥（12.11% N，15% P_2O_5，15% K_2O，成都市新都化工股份有限公司），尿素（46.4% N，中国石油化工股份有限公司武汉分公司），缓释复合肥（14.62% N，13% P_2O_5，13% K_2O，以色列易乐施生产的奥绿肥，有机树脂包膜），有机肥（5.84% N，1.78% P_2O_5，1.40% K_2O，采用未腐熟的菜籽饼），磷肥（15% P_2O_5，过磷酸钙）和钾肥（60% K_2O，氯化钾）。

试验于2014—2015年进行，试验采用裂区设计，氮肥类型为主区，耕作方式为副区。氮肥类型分为不施氮肥（N0）、单施无机氮肥（IF）、单施有机肥（OF）、无机肥有机肥混施（IFOF）和缓释肥无机肥混施（SRIF）；耕作方式为翻耕（CT）和免耕（NT）。一共10个处理，每个处理3次重复，共30个小区，每小区面积为（8.3×4.8）m^2。每小区设有田埂（宽20cm，高30cm），田埂用黑色薄膜覆盖，主区之间设有1m宽的保护行，保护行种植水稻，主要作用是防止不同肥料处理之间的肥水串流。

除N0处理外，其他处理施肥总量为氮肥（N）180kg/hm^2、磷肥（P_2O_5）90kg/hm^2与钾肥（K_2O）180kg/hm^2。磷、钾肥作为基肥一次性施入，IF、IFOF和SRIF处理分为四次施肥，一次基肥和三次追肥，施氮量比例为基肥50%、分蘖肥20%、穗肥12%和粒肥18%，基肥用复合肥，追肥为尿素，有机肥以纯氮为准计算施肥量，不足的磷、钾以过磷酸钙和氯化钾补充。具体的施肥情况如下（表5-1）：

表5-1 具体施肥情况

处 理	基 肥 （2014/6/2；2005/5/29）	分蘖肥 （2014/7/9； 2015/7/11）	拔节肥 （2014/8/3； 2015/8/8）	穗肥 （2014/8/29； 2015/8/23）
N0	750kg/hm^2 过磷酸钙（15% P_2O_5）+300kg/hm^2 氯化钾（60% K_2O）	—	—	—
IF	600kg/hm^2 复合肥（N：P_2O_5：K_2O=15%：15%：15%）+150kg/hm^2 氯化钾	78kg/hm^2 尿素（46%N）	47kg/hm^2 尿素	70kg/hm^2 尿素
OF	3 082kg/hm^2 菜饼肥（N：P_2O_5：K_2O=5.84%：1.78%：1.40%）+293kg/hm^2 过磷酸钙+228kg/hm^2 氯化钾	—	—	—
SRIF	616kg/hm^2 缓释肥（N：P_2O_5：K_2O=14.3%：13.0%：13.0%）+83kg/hm^2 过磷酸钙+167kg/hm^2 氯化钾	78kg/hm^2 尿素	47kg/hm^2 尿素	70kg/hm^2 尿素
IFOF	925kg/hm^2 菜饼肥+240kg/hm^2 复合肥+312kg/hm^2 过磷酸钙+217kg/hm^2 氯化钾	78kg/hm^2 尿素	47kg/hm^2 尿素	70kg/hm^2 尿素

每年试验前（5月中旬），喷洒草甘膦进行田间除草，喷洒一周后灌水泡田。泡田后试验小区进行做田埂、起沟、整理厢面和田埂铺膜。小区制作完成后施肥，需要翻耕的小区进行翻动，免耕不做耕作，施肥完毕后播种，而后开始大田试验。

水稻生长过程中常伴有杂草，为了避免草药对水稻的伤害，每隔一段时间便进行人工除草，确保水稻的良好生长和避免肥料的流失。每季水稻的分蘖期和幼穗分化以后喷洒农药，进行主要的病虫害防治，包括螟虫、飞虱、蓟马、纹枯病等。

水分管理方面，水稻播种时田间水面应与厢面平齐且厢面不能有大量明水，防止种子浸泡不能出芽，水稻出苗后进行灌水，连续淹水一个月。每年7月下旬（分蘖后期）开始，进行排水晒田，晒田一周左右进行复水，此后进行间歇性灌溉，直到水稻成熟。

5.1.2　土壤相关指标测定

每年水稻和油菜收获后，采用内径 5cm 取土器在每个小区随机取 8 个点，混合，取样深度为 0～5cm，风干处理后土样依据需要过筛进行其他指标测定。新鲜土样立即测定 DOC、NH_4^+、NO_3^- 等指标。

微生物量碳（MBC）：取本底土和水稻收获后 0～5cm 土壤，采用氯仿熏蒸-重铬酸钾氧化法测定。采回的新鲜土壤立即处理或保存在 4℃冰箱中，测定前仔细除去土样中可见植物残体（如茎、叶和根）及土壤动物，称取新鲜土样 3 份，每份 10g 于 100mL 的离心管中，2 份加入 3mL 无乙醇三氯甲烷，混匀后在生化培养箱中黑暗 37℃条件下培养 24h（氯仿熏蒸处理）。另外一份为空白对照试验，不需要熏蒸培养。3 份土样分别加入 0.5mol/L 硫酸钾浸提液，置于摇床上振荡 30min，在 3 000 r/min 的转速下离心 3min，过滤（定量滤纸）。滤液水浴 1h 或烘箱内 1h 排氯仿。冷却后应补足损失的水分。加入 0.8mol/L 重铬酸钾 4.00mL，再用注射器注入 4mL 浓硫酸，油浴加热，硫酸亚铁滴定。测定有机碳含量，熏蒸土壤和未熏蒸土壤提取的有机碳测定值之差（Fc），除以转换系数 Kc（0.45），即得土壤微生物量碳含量（$Cmic$，mg/kg）。即：$Cmic=Fc/Kc=Fc/0.45$。

易氧化态碳（EOC）：取本底土和水稻收获后 0～5cm 土壤，风干，高锰酸钾氧化法-分光光度计比色法测定。称取 6 份约含 15～30mg 碳的风干土样约 1.5g 于 100mL 的离心管中，每 2 份一组，分别加入 333mmol/L、167mmol/L、33mmol/L 的高锰酸钾溶液 25mL，置于摇床上振荡 1h，然后以 4 000 r/min 转速离心 5min，取上清液用去离子水按 1∶250 稀释（吸取 200μL 定容至 50mL 的试管中），将稀释液在 565nm 波长处进行比色，根据高锰酸钾含量的变化计算易氧化态碳质量分数（氧化过程中 1mmol/L 高锰酸钾消耗 0.75mmol/L 或 9mg 碳）。

总有机碳（TOC）：取本底土和水稻收获后 0～5cm 土壤，风干，过 100 目筛，元素分析仪测定。

土壤碳库管理指数（CPMI）：

土壤稳态碳＝土壤有机碳－土壤易氧化态碳

碳库活度（A）＝土壤易氧化态碳/土壤稳态碳

碳库活度指数（AI）＝样品碳库活度/参考样品碳库活度

碳库指数（CPI）＝样品土壤有机碳/参考土壤有机碳

碳库管理指数（CPMI）＝碳库指数×碳库活度指数×100%

5.1.3　水稻氮肥利用率的计算

每个小区取 10 株水稻植株，并分成穗和秸秆两部分，在 80℃烘箱中烘干 24h 后称重。干燥的组织经过研磨后通过 FIAstar5000 连续流动注射分析仪确定植株总氮浓度。氮的吸收以氮浓度和干物质的乘积计算。

氮素吸收利用率（NRE）＝(施氮处理地上部分植株总吸氮量－不施氮处理地上部分植株总吸氮量)/施氮量

式中，吸氮量＝植株地上部分干物质量×地上部分含氮量。

氮素农学效率（NAE）＝(施氮处理产量－不施氮处理产量)/产量

氮肥偏生产力（NFP）＝施氮处理产量/施氮量

5.2 免耕氮肥对稻田温室气体排放的影响

5.2.1 免耕施氮对稻田 CH_4 排放的影响

5.2.1.1 免耕氮肥对稻田 CH_4 季节性排放的影响

稻田土壤 CH_4 排放受到水稻生长时期的影响较大，2014 年和 2015 年稻田土壤 CH_4 排放通量变化趋势基本一致，都呈双峰型变化规律，且都是在分蘖盛期和孕穗期出现两个峰值，最大的峰值出现在 OF 处理的分蘖盛期（图 5-1）。除 OF 处理之外，其他施肥处理在水稻生育初期 CH_4 排放变化较为平缓，CH_4 排放量少，随后 CH_4 排放逐渐增加，到分蘖盛期出现第一个峰值。此时 OF 处理 CH_4 排放通量最大，2014 年和 2015 年分别达到了 38.72mg/(m^2·h) 和 40.56mg/(m^2·h)。峰值过后 CH_4 通量慢慢降低，到 7 月 31 日（晒田期）出现最低值，此时各处理 CH_4 通量接近于 0。晒田过后 CH_4 通量又缓慢增长，到孕穗期达到第二个排放高峰。此时 SRIF 处理 CH_4 通量最大，在 2014 年和 2015 年分别达到了 23.58mg/(m^2·h) 和 21.18mg/(m^2·h)。随后又缓慢降低，水稻收获后达到接近种植前水平。

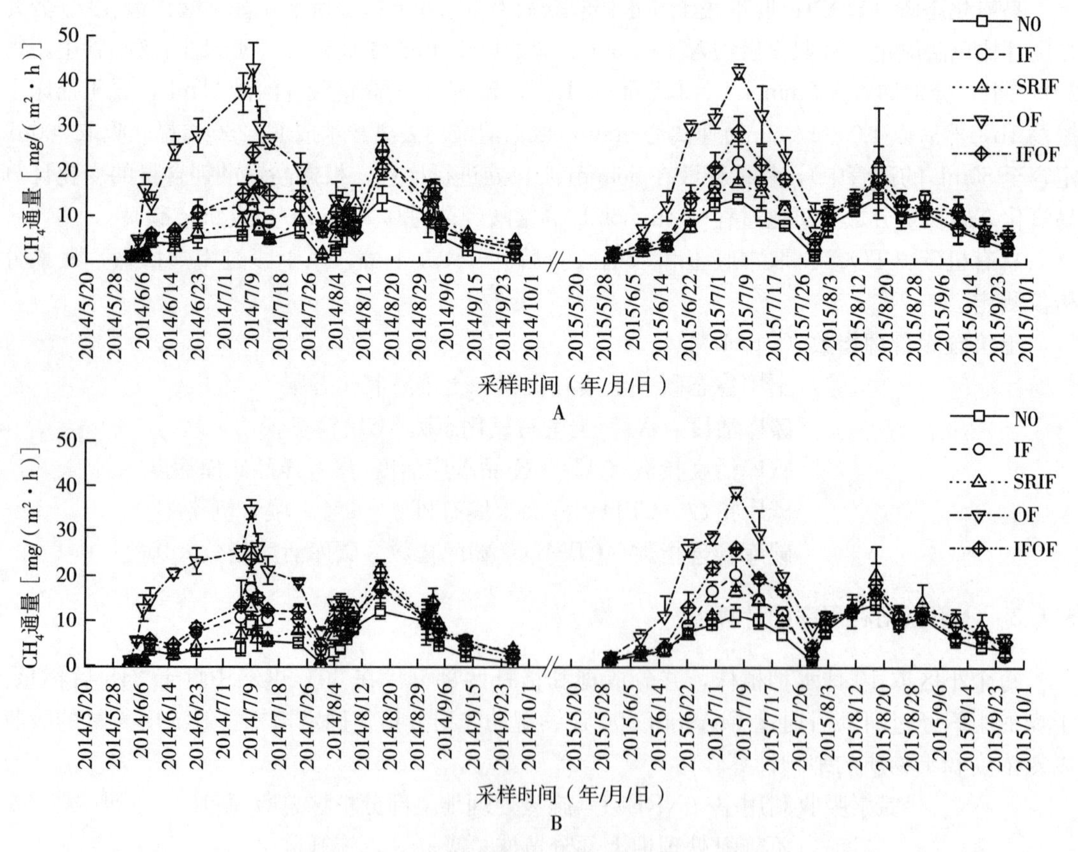

图 5-1 不同处理稻田 CH_4 通量的季节性变化

A. 翻耕处理 B. 免耕处理

两年试验结果均显示，CT 处理和 NT 处理稻田 CH_4 季节性排放规律基本一致，都呈双峰型变化规律，且都在分蘖盛期和齐穗期出现两个峰值。2014 年 CT 处理 CH_4 通量在 0.68～21.92mg/(m^2·h)，NT 处理的 CH_4 通量范围在 0.54～19.44mg/(m^2·h)，2015 年 CT 处理和 NT 处理的 CH_4 通量范围分别在 1.60～25.00mg/(m^2·h) 和 1.68～22.72mg/(m^2·h)，在水稻生长的整个过程中，CT 处理在各个水稻生育期都具有增加稻田 CH_4 排放的趋势。

5.2.1.2　免耕氮肥对稻田 CH_4 累计排放量的影响

试验表明，施肥和耕作对稻田 CH_4 累计排放量均影响显著，不同施肥及耕作处理的 CH_4 累计排放量各不相同（表 5－6）。2014 年各施肥处理 CH_4 累计排放量在 147～458kg/hm^2，2015 年在 215～451kg/hm^2，氮肥特别是有机氮肥的施用显著增加了稻田 CH_4 累计排放。两年大田试验不同施肥处理稻田 CH_4 累计排放量均表现为 OF＞IFOF＞IF＞SRIF＞N0。其中，OF 处理稻田 CH_4 累计排放量最大，2014 年和 2015 年分别达到 458kg/hm^2 和 451kg/hm^2；N0 处理 CH_4 累计排放量最低，2014 年和 2015 年分别为 147kg/hm^2 和 215kg/hm^2。与 CT 处理相比，两年试验 NT 处理均显著降低了稻田 CH_4 排放，2014 年和 2015 年降幅分别达到了 13.7%和 8.46%，说明免耕具有降低稻田 CH_4 排放的特点。

5.2.1.3　免耕施氮对稻田 CH_4 排放的影响分析

稻田 CH_4 排放季节性变化受到水稻生长期的影响较大，呈现双峰变化的模式，分别在分蘖盛期和孕穗期出现两个峰值，这与前人的研究结果类似（李成芳等，2009；郑土英等，2012）。出现这种情况的原因可能在于：水稻生育初期，由于覆水的关系，土壤含水量偏低，没有形成良好的厌氧环境，再加上基肥刚刚施入未被分解，所以稻田 CH_4 排放相对缓慢；到了分蘖盛期，基肥和分蘖肥分解，为土壤提供了大量的营养物质，为 CH_4 的产生提供了充足的基质，另外，分蘖盛期水稻生长旺盛，根系生长活跃，根系分泌物增加，均为 CH_4 的产生提供了必要的物质，因此在分蘖盛期出现一个 CH_4 排放峰值（张广斌等，2010）。水稻孕穗期由于水稻枯枝残叶增加，稻茬和枯枝残叶的分解发酵使得产 CH_4 底物迅速增加，导致稻田 CH_4 排放增加（郑土英等，2014）。另外，分蘖盛期和孕穗期出现两个 CH_4 排放峰值的原因还在于这两个时期土壤温度较高，土壤含水量较大，水稻生长旺盛，根系分泌物增加，再加上水稻通气组织发达，植株运输 CH_4 的能力增强，从而在分蘖盛期和孕穗期出现了两个 CH_4 排放峰值。而在水稻生长的后期，施入的肥料逐渐下降到种植前的水平。从稻田 CH_4 的季节性排放曲线上可以发现，在分蘖末期出现一个 CH_4 排放的最低点，主要原因可能在于此时正值晒田，土壤暴露在空气中，稻田的厌氧环境被彻底打破，此时产甲烷菌活性降低，而好氧的甲烷氧化菌活性增强，从而导致稻田 CH_4 排放出现一个最低值，这与前人的部分研究是一致的（侯晓莉等，2012；张岳芳等，2013）。

本研究结果显示，氮肥的施用显著增加稻田 CH_4 排放，这在先前的研究中也有论证（Cai et al.，2007；Yang et al.，2015）。有机肥的施用显著增加了 CH_4 排放，这与先前的研究相似（吕琴等，2004；蒋静艳等，2003；霍莲杰等，2013）。造成这种现象的原因可能是由于有机肥的施用不仅仅直接向稻田土壤中输入了大量可利用碳源，导致了土壤 DOC 含量的激增，供土壤微生物利用（Zou et al.，2005；Nayak et al.，2007）；同时，有机肥的施用会提高土壤养分的有效性和保水能力，从而起到改善土壤理化性质的作用，为土壤微生物提供更加适宜的生存环境，且稻田长期处于淹水环境中，产甲烷菌底物充足并一直处于活跃状态，从而导致了 CH_4 排放的增加（王明星等，1995；陈德彰等，1993）。有机无机混施

显著增加了稻田 CH_4 排放，但其排放量显著低于单施有机肥处理，主要原因在于 IFOF 处理有机肥施用量低于 OF 处理。IF 处理同样增加了稻田 CH_4 排放，主要原因：一是无机肥的施用，给水稻生长提供了大量的营养物质，从而促进了水稻的生长，水稻根系活力的增加，根系分泌物增多，为 CH_4 产生提供了充足的底物；二是施用无机肥促进水稻生长，稻田 CH_4 排放很大一部分是通过水稻植株排放到大气的，水稻生长旺盛从而提高了水稻植株排放 CH_4 的能力；三是尿素的施用提高了土壤中 NH_4^+ 浓度，NH_4^+ 对 CH_4 的氧化具有抑制和竞争作用，从而间接促进了稻田 CH_4 排放，综合以上三个方面的原因，导致施用无机肥促进了稻田 CH_4 排放（Lindau et al.，1994；郑土英等，2014）。另外，与施用有机肥的小区相比，单施化肥小区 CH_4 排放偏低，主要原因在于，土壤中有机营养物相对偏少，与施用有机肥小区不同的是，单施无机肥的小区有机营养物的主要来源于稻田土壤中残留的有机物与水稻根系分泌的水稻植株凋零物，因此其 CH_4 排放量要显著低于施用有机肥的处理。本研究还发现，与 IF 处理相比，SRIF 处理显著降低了稻田 CH_4 排放，主要是因为缓释肥具有根据植物生长需求缓慢释放养分的特性（Akiyama et al.，2002），缓释肥的这种特性直接降低了肥料养分的流失和土壤 NH_4^+ 含量，降低了对甲烷氧化菌的抑制作用，从而间接导致稻田 CH_4 排放的减少（Conrad et al.，1991；Banik et al.，1996；Dan et al.，2001；Shrestha et al.，2010）；同时，水稻生育前期，缓释肥养分释放缓慢，可能影响水稻植株生长和土壤微生物活性，从而降低了稻田土壤 CH_4 的产生与排放。

稻田 CH_4 排放受耕作的影响显著（Liu et al.，2006；Zhang et al.，2015）。本研究结果表明，与翻耕相比，免耕显著降低稻田 CH_4 排放，这与前人的研究结果一致（Harada et al.，2007；肖小平等，2007；伍芬琳等，2008）。其原因可能在于：首先，研究表明，甲烷氧化菌对其生存环境的变化十分敏感，翻耕破坏了稻田土壤结构，使甲烷氧化菌的生存环境遭到破坏，导致甲烷氧化菌活性减弱，土壤对 CH_4 的氧化能力下降，CH_4 排放增加，而免耕维持了甲烷氧化菌原有的生存环境，甲烷氧化菌活性高，土壤对 CH_4 的氧化能力强，从而降低了稻田 CH_4 排放；其次，研究表明，与免耕相比，翻耕显著降低了稻田土壤大团聚体（>0.25mm）含量，说明翻耕破坏了土壤大团聚体，加速了团聚体有机碳的周转（Six et al.，2010），降低了团聚体对有机碳的保护作用，促进了有机碳的损失与碳排放。

5.2.2 免耕施氮对稻田 N_2O 排放的影响

5.2.2.1 免耕施氮对稻田 N_2O 季节性排放的影响

整体上来说，稻田 N_2O 排放受到氮肥的影响很大，因为在每次追肥后都迅速出现一个峰值。最大峰值出现在基肥施用后的 IFOF 处理，2014 年和 2015 年分别达到 338μg/(m^2·h) 和 357μg/(m^2·h)，最大峰值出现后稻田 N_2O 通量逐渐降低并渐渐达到平稳水平，随后在三次追肥后都迅速出现一个峰值。耕作对稻田 N_2O 季节性排放规律的影响很小，CT 处理和 NT 处理下稻田 N_2O 季节性排放规律基本相似（图 5－2）。

5.2.2.2 免耕施氮对稻田 N_2O 累计排放的影响

试验表明施肥对稻田 N_2O 累积排放影响显著，氮肥的施用显著增加了稻田 N_2O 的累积排放。与 N0 处理相比，2014 年稻季 IF、SRIF、OF 和 IFOF 处理 N_2O 累积排放量分别是 N0 处理的 4.65 倍、3.64 倍、4.71 倍和 7.11 倍，2015 年稻季 IF、SRIF、OF 和 IFOF 处理 N_2O 累积排放量分别是 N0 处理的 2.07 倍、1.44 倍、1.61 倍和 2.47 倍，且两年都表现为

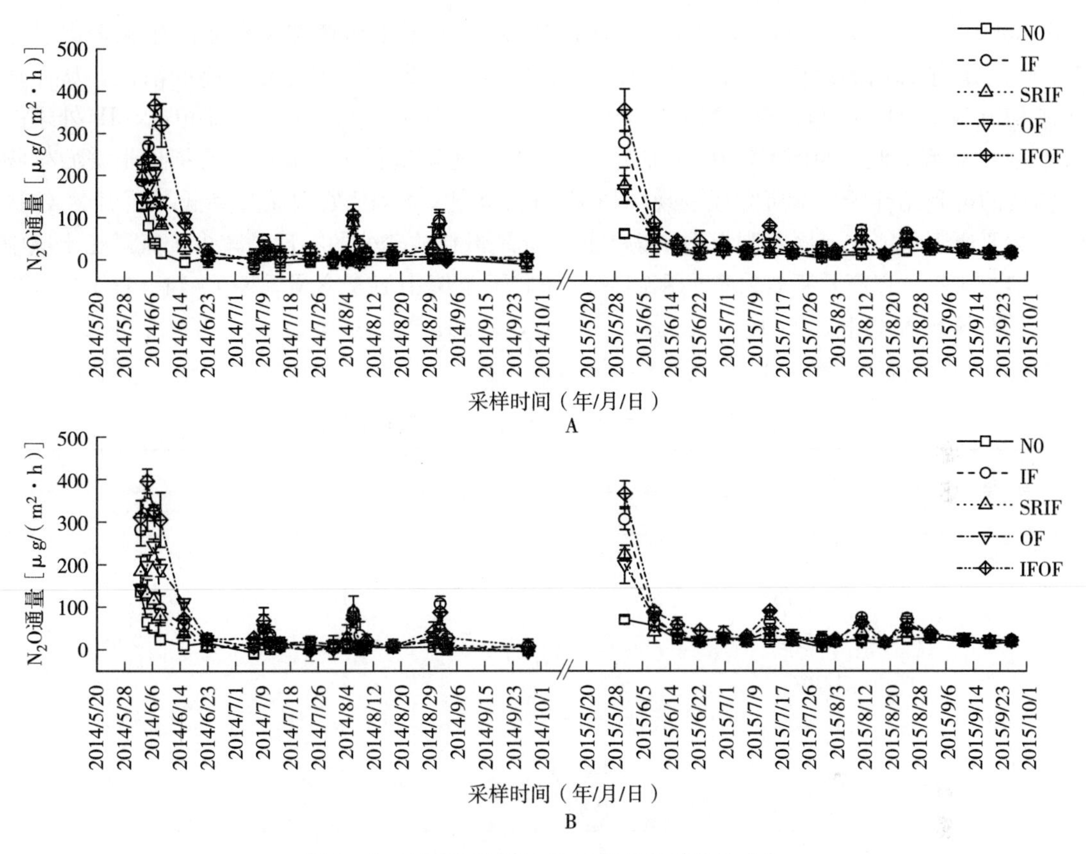

图 5-2 不同处理稻田 N_2O 通量的季节性变化

A. 翻耕处理 B. 免耕处理

IFOF 处理 N_2O 累积排放量最大，N0 处理 N_2O 累积排放量最低。与 CT 处理相比，NT 处理具有增加稻田 N_2O 累积排放的趋势，2014 年和 2015 年 NT 处理 N_2O 排放较 CT 处理分别增加了 8.70%和 11.88%。

5.2.2.3 免耕施氮对稻田 N_2O 排放的影响分析

不用处理稻田 N_2O 的季节性排放规律基本一致，稻田 N_2O 通量受施肥的影响较大，在每次追肥后迅速出现一个峰值。这主要是因为施肥为稻田土壤微生物提供可利用氮素，提高硝化细菌与反硝化细菌活性，从而提高了稻田 N_2O 的产生与排放（Venterea et al.，2005），这与前人的很多研究结果是一致的（Bhatia et al.，2010；Russow et al.，2008）。

与稻田 CH_4 排放相似，施用氮肥同样显著增加了稻田 N_2O 的排放（图 5-2 和表 5-6），前人也有很多相同的研究（Li et al.，2015；Yang et al.，2015）。有机肥的施用显著增加了稻田 N_2O 排放，主要是因为有机肥向土壤中输入有机质，为硝化细菌和反硝化细菌提供了充足的营养物质，提高了硝化细菌和反硝化细菌活性，从而导致 N_2O 排放的增加（Yang et al.，2015）。有机无机配施不仅向稻田土壤输入了可利用碳源，还向土壤中输入氮源，提高了微生物活性；另外，由表 5-2 可知，IFOF 处理 NH_4^+ 和 NO_3^- 含量最高，而 NH_4^+ 和 NO_3^- 是 N_2O 产生的重要基质，这也是 IFOF 处理 N_2O 排放量最大的主要原因。无机氮肥的施用提高了稻田土壤氮素含量，NO_3^- 和 NH_4^+ 含量增加为 N_2O 的产生提供了充足的底物

(Mosier et al., 1983)；另外，无机氮肥的施用还促进了水稻植株和根系的生长，促进了N_2O在水稻植株内的运输，增加了根际分泌物的浓度，提高了根际微生物的活性，从而促进了稻田N_2O的产生与排放（Mosier et al., 1990）。然而，与IFOF处理相比，IF处理的N_2O排放显著降低，原因可能在于IF处理只向稻田土壤提供了氮源而没有提供土壤微生物所需要的可利用性碳。本研究还发现，与IF处理相比，SRIF处理显著降低了稻田N_2O排放，主要原因可能在于缓释肥根据植物生长需求缓慢释放养分的特性，减少了氮素在土壤中的淋溶与流失，提高水稻对氮素的利用率，降低了土壤中氮素含量，NO_3^-和NH_4^+含量降低，从而导致N_2O排放的减少（Shaviv et al., 1993; Akiyama et al., 2002; Taggart et al., 2003）。

表5-2　不同处理土壤NO_3^-和NH_4^+含量变化

处　理	2014年		2015年	
	NH_4^+	NO_3^-	NH_4^+	NO_3^-
N0	9.38c	20.35d	9.86d	20.41d
IF	11.40ab	22.76b	11.91b	23.55b
OF	10.59b	21.61c	10.52c	22.68c
IFOF	12.07a	23.79a	12.47a	24.12a
SRIF	10.21b	21.58c	10.19e	22.62c
CT	10.77a	22.65a	10.74b	23.11a
NT	10.69a	21.39a	11.24a	22.24a
AVONA				
F	*	*	*	*
T	ns	ns	*	ns
F×T	ns	ns	ns	ns

注：不同字母表示差异显著（$P<0.05$）；ns表示$P>0.05$；*表示$P<0.05$；**表示$P<0.01$。

耕作可以通过改变土壤的理化性质（土壤含水量、温度和透气性等）进而影响稻田N_2O的排放（Flechard et al., 2009）。与前人研究结果一致，本研究发现NT处理具有增加稻田N_2O排放的趋势（Liu et al., 2006）。NT处理增加N_2O排放的原因可能在于：首先，免耕对土壤的压实作用降低了稻田土壤的通透性，从而营造了更好的厌氧环境，更有利于反硝化作用的进行（Ball et al., 1999），其次，NT处理肥料施加于土壤表面，土壤有机碳和氮素富集于土壤表层，更有利于表层土壤产生N_2O（Xue et al., 2013）。

5.2.3　免耕施氮对土壤碳组分、无机氮和碳库管理指数的影响

5.2.3.1　免耕施氮对土壤DOC、MBC、EOC、TOC、NO_3^-和NH_4^+含量的影响

土壤DOC含量与土壤养分、土壤微生物活性和温室气体排放关系密切，植物凋零物、根系分泌物和腐殖质是其主要来源。本研究发现，氮肥特别是有机氮肥的施用显著提高了稻田土壤DOC含量，2014年不同施肥处理稻田土壤DOC含量表现为OF>IFOF>IF>SRIF>N0，2015年DOC含量表现为OF>IFOF>SRIF>IF>N0（表5-3）。与N0处理相比，OF和IFOF处理均大幅度提高稻田土壤DOC含量，2014年涨幅分别达到了38.4%和

26.9%，2015年涨幅分别达到33.5%和23.7%；SRIF和IF处理同样提高了稻田土壤DOC含量，但涨幅相对较小，2014年分别提高12.0%和16.0%，2015年分别提高15.6%和13.8%。

表5-3 不同处理土壤碳库指标变化规律

处 理	2014年（0～5cm）			2015年（0～5cm）			TOC（g/kg）	
	DOC（mg/kg）	MBC（mg/kg）	EOC（mg/kg）	DOC（mg/kg）	MBC（mg/kg）	EOC（mg/kg）	0～5cm	0～20cm
N0	632d	700d	3.85d	659d	704c	3.83c	24.61b	21.39a
IF	733c	746c	4.49bc	750c	812b	4.19bc	24.17b	21.73a
OF	875a	766c	4.34c	880a	739c	4.39b	25.77a	21.58a
IFOF	802ab	841b	4.78ab	815b	823b	4.82a	25.54ab	21.41a
SRIF	708b	998a	5.00a	762c	933a	5.11a	24.77b	21.27a
CT	739a	783b	4.39b	769a	784b	4.39b	24.99a	21.46a
NT	761a	837a	4.59a	777a	821a	4.55a	25.35a	21.35a
AVONA								
F	**	**	**	**	**	**	*	ns
T	ns	**	*	ns	*	*	ns	ns
F×T	ns	ns	ns	ns	ns	ns	ns	ns

注：*表示P<0.05；**表示P<0.01。

土壤MBC是土壤有机质中活性较高的部分，是土壤养分重要的来源（孙凤霞等，2010）。由表5-3可知，稻田土壤MBC含量受施肥和耕作的影响显著，氮肥的施用显著增加了稻田土壤MBC含量，其中SRIF处理稻田土壤MBC含量最高，2014年较N0处理提高了42.6%，2015年提高了32.5%；IFOF、IF和OF处理同样增加了稻田土壤MBC含量，但增幅远小于SRIF处理。与CT处理相比，NT处理显著增加了稻田土壤MBC含量，2014年增幅为6.9%，2015年增幅为4.7%，说明NT处理增加了稻田土壤微生物活性，为土壤微生物提供了更好的生存环境。

土壤EOC可以被中性高锰酸钾溶液所氧化，是计算土壤碳库管理指数的重要指标，也是土壤碳库中的重要活性有机碳组分。由表5-3可知，土壤EOC含量2014年表现出SRIF>IFDF>IF>OF>N0，2015年表现SRIF>IFOF>OF>IF>N0，2014年含量值在3.85～5.00mg/kg，2015年含量值在3.83～5.11mg/kg。土壤EOC含量在两年的试验中都表现为SRIF处理最大，N0处理最小，2014年和2015年SRIF处理EOC含量分别是N0处理的1.30倍和1.33倍；IFOF处理土壤EOC含量仅次于SRIF处理，却显著高于OF和N0处理；与N0处理相比，OF处理可显著提高EOC含量。各施氮处理EOC含量均显著高于不施氮肥肥处理，说明施肥可以显著提高表土层EOC。与CT处理相比，CT处理提高了稻田土壤EOC含量，说明免耕有利于土壤易氧化态碳的形成与积累。

另外，相比于活性有机碳，不同处理TOC含量变化较小，施肥对稻田0～5cm土层

TOC 含量影响显著，而对 0～20cm 土层影响并不显著，耕作对 0～5cm 土层和 0～20cm 土层均没有显著影响。不同施肥处理 0～5cm 收获后，土壤 TOC 含量在 24.17～25.77g/kg，氮肥的施用显著增加了稻田 0～5cm 土层 TOC 含量，其中 OF 处理和 IFOF 处理增幅较为明显，与 N0 处理相比分别增加了 4.7%和 3.8%，而 IF 和 SRIF 处理增幅较小。

5.2.3.2 免耕施氮对土壤碳库管理指数的影响

土壤碳库管理指数是指示土壤肥力情况的重要指标，它能灵敏地反映出稻田土壤碳素的动态变化，碳库管理指数升高，说明土壤肥力提高，碳库管理指数减小，说明土壤肥力降低（乐丽鑫，2010）。本试验以 N0＋NT 处理作为对照，由表 5－4 和表 5－5 可以看出，施肥显著提高稻田土壤碳库管理指数，2014 年各施肥处理碳库管理指数表现为 SRIF＞IFOF＞IF＞OF＞N0，2015 年为 SRIF＞IFOF＞OF＞IF＞N0。两年试验均表现为 SRIF 处理碳库管理指数最大，较 N0 处理相比 2014 年和 2015 年分别提高了 35.2%和 44.2%；IFOF 处理碳库管理指数次之，与 N0 处理相比，2014 年和 2015 年碳库管理指数分别提高了 28.6%和 33.7%；IF 和 OF 处理也显著提高了稻田碳库管理指数，但显著低于 SRIF 和 IFOF 处理。与 CT 处理相比，两年试验 NT 处理均显著提高了稻田碳库管理指数，2014 年和 2015 年分别提高了 4.9%和 4.8%，说明免耕可以提高稻田碳库管理指数，对提高土壤质量具有重要作用。

表 5－4　2014 年不同处理下土壤碳库指数变化

处　理	碳库活度	碳库活度指数	碳库指数	碳库管理指数
N0	0.17	1.02	1.03	105d
IF	0.20	1.23	1.03	126c
OF	0.19	1.15	1.05	120c
IFOF	0.21	1.30	1.05	135b
SRIF	0.22	1.33	1.07	142a
CT	0.19	1.19	1.03	122b
NT	0.20	1.22	1.05	128a

表 5－5　2015 年不同处理下土壤碳库指数变化

处　理	碳库活度	碳库活度指数	碳库指数	碳库管理指数
N0	0.19	1.09	0.97	104d
IF	0.21	1.29	0.92	118c
OF	0.20	1.21	1.02	122c
IFOF	0.23	1.43	0.97	139b
SRIF	0.26	1.60	0.94	150a
CT	0.21	1.30	0.96	124b
NT	0.22	1.35	0.97	130a

5.2.3.3 免耕施氮对土壤碳库的影响分析

施肥显著影响2015年稻季0～5cm土层TOC含量，而对0～20cm耕作层土壤TOC含量并无显著影响。与其他施肥处理相比，IFOF和OF处理0～5cm土壤TOC含量最高，这与前人的研究结果是一致的（廖敏等，2011），主要原因在于有机肥的施用直接向土壤中输入有机质，导致土壤有机质含量增加，TOC含量也随之增加。然而，与各组分活性有机碳含量相比，各施肥处理之间TOC含量变化并不明显，原因在于土壤TOC短时间内变化较慢、变化幅度较小，不能像活性有机碳那么灵敏、准确地指示出土壤有机碳的变化及存在状态（霍莲杰等，2013）。另外，与表层土壤相比，0～20cm耕作层稻田土壤TOC含量并无显著变化，主要原因可能在于肥料施加于土壤表面，对深层土壤TOC含量影响不大。与CT处理相比，NT处理具有显著增加0～5cm土层总有机碳含量的趋势，这与前人大部分的研究结果相一致的（乐丽鑫，2010）。免耕增加表土层有机碳含量，主要原因在于：一是与翻耕相比，免耕下植物残留物主要覆盖在表土层，因此，植物残体对免耕表层土壤有机碳含量的贡献较大（Li et al.，2010）；二是免耕增加了稻田土壤大团聚体的含量，说明免耕避免了稻田土壤的人为干扰，对土壤及土壤团聚体结构具有保护作用，增强土壤有机碳的保护机理，降低土壤有机碳矿化速率，先前就有学者提出，与翻耕相比，免耕可以降低土壤团聚体周转速率，这才是免耕保护土壤有机碳的主要机理（Six et al.，2010）；三是翻耕使土壤暴露在空气中，土壤微生物活性及微生物呼吸作用增强，提高了土壤有机质的矿化速率，因此，与免耕相比，土壤有机碳含量下降（乐丽鑫，2010）。

DOC是土壤有机碳库的重要活性碳组分，植物凋零物、根系分泌物、腐殖化有机质都是土壤DOC的重要来源。虽然土壤DOC含量很小（李玲等，2008），但它与土壤养分、温室气体排放和土壤微生物活性关系密切（Marschner et al.，2003；Quails et al.，2004）。研究表明，施肥显著影响稻田土壤DOC含量，IFOF处理土壤DOC含量最高，较N0处理相比，OF和SRIF处理DOC含量也显著增加。影响稻田土壤DOC含量的因素有很多，而施肥是其最主要的人为影响因素，原因在于施肥不仅可以改变稻田土壤的pH，而且可以直接向土壤输入有机质，有机质的分解可以快速增加稻田土壤DOC含量。IFOF和OF处理稻田土壤DOC含量显著高于N0处理，主要原因在于有机肥的输入增加了稻田土壤有机质，有机质腐解导致DOC含量迅速增加（Liang et al.，1998）；与N0处理相比，SRIF处理DOC含量也显著增加，原因可能在于缓释肥具有根据植物对营养的需求而缓慢释放营养物质的特点，促进植物根系生长，导致根系分泌物增多和土壤DOC含量增加（王清圭等，2005）。

根据土壤有机碳被氧化的难易程度，通常将土壤有机碳分为易氧化态有机碳和难氧化态有机碳。本试验发现，氮肥的施用显著增加了稻田土壤EOC含量，主要是因为EOC与稻田土壤养分具有不可分割的联系，土壤氮含量影响到微生物对EOC的分解与利用，因此不同类型氮肥的施用都显著增加了稻田土壤EOC含量。

土壤MBC是最具活性的有机碳组分，它对土壤碳库的变化和稻田土壤的温室气体排放起着重要作用（Mahmood et al.，1997）。不同处理MBC含量在700～998mg/kg，这与前人的研究结果是一致的（赵先丽等，2006）。本研究结果显示，施肥还显著增加了稻田土壤MBC含量（孙凤霞等，2010；袁颖红等，2007）。在所有施肥处理中，SR处理稻田收获后土壤MBC含量最高，主要原因可能在于缓释肥养分释放缓慢，导致水稻生长后期稻田土壤养分充足，提高了土壤微生物活性。OF 和 IFOF 处理 MBC 含量显著提高主要是由于有机肥的施用为稻田土壤输入新鲜有机质，为稻田土壤微生物提高了丰富的营养物质，提高微生物活性。IF 处理 MBC 含量也显著提高，原因可能与水稻根系分泌物有关，无机肥的施用为水稻生长提供了必要的营养物质，导致水稻生长旺盛，根系发达，根系分泌物增多，为微生物的生长提供充足的物质条件，从而导致了 MBC 含量的提高。与 CT 处理相比，NT 处理增加了稻田土壤 MBC 含量，主要是因为 CT 处理对土壤的扰动作用破坏了土壤微生物的生存环境，从而导致土壤微生物活性降低，MBC 含量下降（乐丽鑫，2010）。

5.3 免耕施氮对水稻产量、氮肥利用率的影响

5.3.1 免耕施氮对水稻产量的影响

研究证明，氮肥施用显著增加了水稻产量，两年的试验各施肥处理水稻产量均表现为 SRIF>IFOF>IF>OF>N0。SRIF 处理水稻产量最大，2014 年和 2015 年水稻产量分别是 N0 处理的 1.30 倍和 1.29 倍；IFOF 处理水稻产量次之，与 N0 处理相比，2014 年和 2015 年水稻产量分别提高了 27.7%和 18.9%；IF 和 OF 处理与 N0 处理相比也显著增加了水稻产量，但其产量显著低于 SRIF 和 IFOF 处理。另外，本试验结果显示，耕作对水稻产量没有显著影响（表 5-6）。

本研究发现，氮肥的施用显著增加了水稻产量，耕作对水稻产量并没有显著影响，在所有施肥处理中，SRIF 和 IFOF 处理水稻产量最高。缓释肥具有根据植物生长需求缓慢释放养分的特性，减少了氮素的流失，提高了氮肥利用率，因此，与传统施肥处理相比，SRIF 处理具有增产的特性（Guan et al.，2014；Miao et al.，2015）。与 IF 和 OF 处理相比，IF-OF 处理显著提高了水稻产量，前人也有许多相同的研究结果（Rehman et al.，2010；Abedin et al.，2004），主要原因可能在于有机无机配施不仅向稻田土壤输入了无机氮素，还向土壤中输入了有机养分，保证了水稻生长的养分平衡，因此具有增产的效果（Abedin et al.，2014）。

免耕作为一种简约的耕作模式，具有降低土壤侵蚀、减少农业投入和改善土壤质量的特点，越来越受到人们的欢迎，然而有关免耕对水稻产量的影响还有许多不清楚的地方（Pittelkow et al.，2015）。许多学者认为，免耕具有增加水稻产量的潜力，原因在于免耕稻田水稻种子直播或移栽与土壤表面，更有利于水稻的萌发与生长；另外，免耕可以改善表层土壤结构，提高土壤渗透性（Mishra et al.，2012），有利于水稻根系的生长，提高根系活力，提高产量。但是，也有学者持不同观点，他们认为免耕会降低水稻产量，原因在于免耕增加了耕作层（0～20cm）土壤容重，降低土壤孔隙度（Ahmad et al.，2009）。本研究结果显示，免耕对水稻产量并无显著影响，这与 Zhang 等（2015）在华中地区的研究结果是一致的。Huang 等（2015）通过中国免耕对水稻产量影响的研究分析指出，水稻产量对免耕的响应与当地气候、土壤类型、不同农田系统及营养生长期氮素供应等因素有关，但在全国各个地区，免耕并没有降低水稻产量。

5.3.2 免耕施氮对水稻氮肥利用率的影响

研究发现，氮源的输入对氮肥利用率有明显影响（表 5-7）。一般认为，在所有肥料处

表 5-6 不同处理稻田 CH_4、N_2O 累积排放量、产量、GWP 和 GHGI 的变化

处理	CH_4（kg/hm^2）		N_2O（kg/hm^2）		产量（kg/hm^2）		GWP（kg/hm^2）		GHGI（kg/hm^2）	
	2014 年	2015 年	2014 年	2015 年	2014 年	2015 年	2014 年	2015 年	2014 年	2015 年
N0	146.8±17.2d	215.1±15.3d	0.17±0.07d	0.59±0.06d	7 491±174c	7 681±205d	3.72±0.43d	5.55±0.38c	0.50±0.05d	0.72±0.05c
IF	256.9±22.6bc	303.2±21.3c	0.79±0.09b	1.22±0.10b	8 799±324b	8 542±209c	6.66±0.56bc	7.94±0.52c	0.76±0.08b	0.93±0.08b
OF	458.2±41.8a	451.2±28.1a	0.80±0.09b	0.95±0.11bc	8 261±250b	8 289±157c	11.69±1.03a	11.56±0.68a	1.42±0.11a	1.39±0.10a
IFOF	269.4±74.9b	332.8±46.4b	1.21±0.16a	1.46±0.23a	9 569±735a	9 421±599b	7.10±1.83b	8.75±1.09b	0.74±0.29b	0.93±0.19b
SRIF	230.4±25.8c	283.0±18.2c	0.62±0.07c	0.85±0.11c	9 766±352a	9 858±196a	5.95±0.65c	7.33±0.44c	0.61±0.07c	0.74±0.05c
CT	292.3±115.5a	330.8±86.1a	0.69±0.33a	1.01±0.32a	8 776±834a	8 682±852a	7.51±2.93	8.57±2.19a	0.86±0.36a	0.99±0.27a
NT	252.5±97.7b	303.3±75.9b	0.75±0.39a	1.13±0.32a	8778±971a	8 835±800a	6.53±2.53	7.92±1.93b	0.75±0.31b	0.90±0.23b
ANOVA										
F	* *	* *	* *	* *	* *	* *	* *	* *	* *	* *
T	* *	* *	ns	ns	ns	ns	* *	* *	* *	* *
F×T	ns	ns	*	ns	ns	ns	ns	ns	ns	ns

注：不同字母表示差异显著（$P<0.05$）；ns 表示 $P>0.05$；* 表示 $P<0.05$；* * 表示 $P<0.01$。

理中，OF 处理所导致的 NRE、NAE 和 NFP 最低，而 SRIF 和 IFOF 处理导致的 NRE、NAE 和 NFP 高于 IF 处理。相比于 IF 处理，IFOF 处理下的 NRE、NAE 和 NFP 分别提高 11%～42%、31%～75%和 6%～11%，SRIF 处理下的 NRE、NAE 和 NFP 分别提高 58%～77%、59%～84%和 9%～16%。在氮肥利用率上未观察到氮源和耕作实践的互动影响。

表 5-7　不同处理水稻氮肥利用率变化

处　理	2014 年			2015 年		
	NRE（%）	NAE（kg/kg）	NFP（kg/kg）	NRE（%）	NAE（kg/kg）	NFP（kg/kg）
N0	—	—	—	—	—	—
IF	26.63±2.84	8.24±1.61	44.21±1.53	37.45±4.34	7.26±1.29	48.88±0.99
OF	22.81±2.80	5.37±0.88	41.34±1.42	23.51±2.57	4.28±1.15	45.89±0.69
IFOF	37.76±3.48	10.79±0.65	46.76±0.96	41.57±4.17	12.64±3.95	54.26±3.50
SRIF	47.10±2.43	15.19±2.83	51.76±2.63	59.24±3.93	11.54±1.19	53.16±1.35
NT	32.80±10.19	10.03±3.88	46.22±3.95	39.19±12.84	9.31±4.30	50.62±4.21
CT	34.35±10.44	9.77±4.32	45.51±4.25	41.69±14.60	8.55±3.85	50.48±3.73
F-value						
N source	83.44**	29.76**	30.14**	100.39**	15.57**	19.59**
Tllage practice	1.64ns	0.110ns	0.88ns	2.90ns	0.60ns	0.03ns
N source×Tllage practice	0.60ns	0.25ns	0.25ns	1.20ns	0.24ns	0.30ns

注：不同字母表示差异显著（P＜0.05）；ns 表示 P＞0.05；* 表示 P＜0.05；** 表示 P＜0.01。

氮源显著影响着水稻的氮肥利用率，相比于其他氮肥处理，OF 处理下水稻氮肥利用率最低。Bayu 等（2006）的研究提出，受制于有机物料的有效性和低营养性，添加有机肥不足以维持作物生产所需的全部营养。此外，一般认为相比于单独施用无机肥，有机无机肥料配施可以提高肥料的效率，其原因是无机氮素可以转化为有机形式来减少氮损失（Yang et al.，2015）。同时，这种结合也可以提高作物的养分吸收效率（Han et al.，2004）。因此，本研究中发现，IFOF 处理下水稻的氮肥利用率显著高于 IF 处理下的水稻氮肥利用率。据报道，缓释肥可以通过脱氮、NH_3 挥发、氮浸出和氮肥后移来减少氮素损失，因为肥料中氮的释放可以与水稻后期氮素需求紧密配合（Timilsena et al.，2015；Ke et al.，2017）。因此，尽管本研究中缓释肥代替一半无机肥用于氮肥施用，但相比于 IF 处理，SRIF 处理下水稻的氮肥利用率显著增加。Ke 等（2017）报道了相似的结果，他观察到有机和无机氮肥的组合（83.3%：16.7%）比单独施用无机氮导致的氮肥利用率更高，因为从土壤中释放出的氮相对均匀，与水稻的氮需求同步。

尽管有报道指出，免耕所带来的 NH_3 挥发、氮淋溶和氮素运移会导致稻田氮素的损失（Zhang et al.，2011；Liang et al.，2016），但免耕结合作物秸秆残留还田可以减轻这种氮素损失带来的负面影响，还能够改善土壤质量、肥力和微生物活性，为水稻提供充足的氮源（Huang et al.，2012）。在本研究中，前茬的作物秸秆全部用于还田，因此未能观察到耕作方式对水稻氮素利用率有重要影响。这与 Liang 等（2016）基于 Meta 分析的结果不一致，即免耕总体上减少了作物氮吸收及氮素利用率，造成这种差异的原因可能是基于不同的农业管理措施、地域气候和土壤性质及免耕时期的长短。

5.4　免耕施氮对净生态系统经济效益的影响

5.4.1　免耕施氮对净生态系统经济效益的影响

研究表明，不同施肥处理NEEB不同，且两年试验不同施肥处理NEEB均表现为IFOF>IF>N0>OF>SRIF。IFOF和IF处理的NEEB均高于N0处理，与N0处理相比，2014年IFOF和IF处理NEEB分别增加了27.0%和17.4%，2015年分别增加了19.7%和8.3%；SRIF处理具有最高的产量收入，较低的GWP支出，但由于SRIF处理肥料价格较高，从而导致SRIF处理具有较高的农业投入，导致SRIF处理NEEB最低。与CT处理相比，NT处理由于杂草较多具有较高的农药投入，但NT处理减少了耕作投入和GWP支出，而免耕对水稻产量收入并无显著影响，因此，总体来说NT处理增加了NEEB，是一种兼具环境效益和经济效益的良好举措。

5.4.2　免耕施氮对全球增温潜势和温室气体排放强度的影响

GWP和GHGI受氮肥类型和耕作措施的影响很大，但不受其相互作用的影响（表5-8）。与N0处理相比，IF、OF、SRIF和IFOF处理在2014年显著提高了GWP，在2015年分别显著提高了43.0%、108.2%、32.1%和57.7%。此外，这四种肥料处理在2014年将GHGI分别提高了52.0%、184.0%、22.0%和48.0%，在2015年分别提高了29.2%、93.0%、2.8%和29.2%。与CT处理相比，NT处理的GWP在2014年和2015年分别降低了13.0%和7.5%，GHGI在2014年和2015年分别降低了12.8%和9.1%。此外，SRIF+NT的联合处理在所有施肥处理中的GWP和GHGI最低，而IFOF+NT的联合处理导致GWP和GHGI倒数第二。

5.4.3　免耕施氮对净生态系统经济效益、全球增温潜势和温室气体排放强度的影响分析

前人有关施肥对稻田GWP和水稻产量研究的报道已经有很多（Das et al.，2014；Ahmad et al.，2009），但有关施肥对稻田NEEB影响的研究还很少。NEEB作为一个兼顾农业生产力和农业可持续发展的重要指标，将水稻产量收入、GWP支出及农业投入结合在一起，对稻田系统的净经济收益进行综合评价，对于支持政府决策和指导农民工作具有重要意义（Li et al.，2015；Zhang et al.，2015）。本研究结果发现，与CT处理相比NT处理显著降低了GWP支出和农业投入，且并未降低产量收入，从而显著增加了稻田NEEB。因此，免耕是一种兼具经济效益和生态效益的良好田间管理措施，值得在华中地区稻田进行推广。另外，在所有施肥处理中，IFOF处理具有较高的水稻产量收入，虽然GWP支出高于SRIF处理，但肥料价格和农业投入远低于SRIF处理，因此IFOF处理的NEEB最高。本试验还发现，在所有施肥处理中，SRIF处理具有最高的水稻产量收入和最低的GWP支出，但由于肥料价格远高于其他施肥处理，从而导致NEEB最低。由于短时间内通过调整碳价和水稻价格来鼓励农民接受这种环境友好型施肥策略并不可行（Xia et al.，2014），因此建议政府能够建立相关的经济补偿政策，以鼓励农民接受这种施肥策略。

表 5-8 不同处理 NEEB 的变化

处 理	产量收入（元）		农业（CNY）					GWP 支出（元）		NEEB（元）	
	2014 年	2015 年	耕作	种子	农药	肥料	机械收获	2014 年	2015 年	2014 年	2015 年
N0	20 227±469c	20 739±554d	600	1 370	1 485	2 065	1 350	385.8±44.6d	576.0±39.0e	12 971±514c	13 292±1048c
IF	23 756±876b	23 064±563c	600	1 370	1 485	3 030	1 350	690.7±58.0bc	832.4±53.7c	15 231±1 191b	14 396±1170b
OF	22 304±675b	22 381±424c	600	1 370	1 485	8 850	1 350	1 212.6±106.5a	1 199.1±70.0a	7 437±856d	7 527±1 179d
IFOF	25 838±1 985a	25 438±1 616b	600	1 370	1 485	3 820	1 350	736.1±189.5b	907.8±113.5b	16 477±4 212a	15 905±3 803a
SRIF	26 368±951a	26 615±528a	600	1 370	1 485	15 820	1 350	616.5±67.8c	760.0±46.0c	5 127±1 244e	5 229±1 073e
CT	23 697±2 252b	23 440±2 300b	1 200	1 370	1 330	6 717	1 350	779±304.2a	888.8±226.7a	10 951±4 586b	10 584±4 402b
NT	23 701±2 622a	23 854±2 160a	0	1 370	1 640	6 717	1 350	678±259.5b	821.3±200.6b	11 945±4 678a	11 955±4 215a
ANOVA											
F	* *	* *	—	—	—	—	—	* *	* *	* *	* *
T	ns	ns	—	—	—	—	—	* *	* *	* *	* *
F×T	ns	ns	—	—	—	—	—	ns	ns	ns	ns

注：不同字母表示差异显著（P<0.05）；ns 表示 P>0.05；* 表示 P<0.05；* * 表示 P<0.01。

参考文献

陈德彰，王明星，上官行健，等，1993. 我国西南地区的稻田排放. 地球科学进展，8 (5)：47-54.

陈冠雄，黄国宏，1996. 施肥对稻田氧化亚氮和甲烷的排放的影响//符国斌，严中伟. 全球变化与我国未来的生存环境. 北京：气象出版社，29 (1)：133-135.

陈苇，卢婉芳，段彬伍，等，2001. 猪粪与沼气渣对双季稻田甲烷排放的影响. 生态学报，21 (2)：265-270.

丁洪，王跃思，秦胜金，等，2010. 控释肥对土壤氮素反硝化损失和 N_2O 排放的影响. 农业环境科学学报，29 (5)：1015-1019.

甘德欣，黄璜，蒋亭杰，等，2005. 免耕稻-鸭复合系统减少甲烷排放及其机理研究. 农村生态环境，21 (2)：1-6.

侯晓莉，李玉娥，万运帆，等，2012. 不同稻秆处理方式下双季稻温室气体排放通量研究. 中国环境科学，32 (5)：803-809.

霍莲杰，纪雄辉，吴家梅，等，2013. 有机肥施用对稻田甲烷排放的影响及模拟研究. 农业环境科学学报，32 (10)：2084-2092.

纪洋，张晓艳，马静，等，2011. 控释肥及其与尿素配合施用对水稻生长期 N_2O 排放的影响. 应用生态学报，22 (8)：2031-2037.

蒋静艳，黄耀，宗良纲，等，2002. 土壤理化性质对稻田 CH_4 排放的影响. 环境科学，23 (5)：1-7.

乐丽鑫，2010. 耕作方式对稻田土壤有机碳库的影响. 武汉：华中农业大学.

李波，荣湘民，谢桂先，等，2013. 有机无机肥配施条件下稻田系统温室气体交换及综合温室效应分析. 水土保持学报，27 (6)：298-304.

李成芳，曹凑贵，汪金平，等，2009. 不同耕作方式下稻田土壤 CH_4 和 CO_2 的排放及碳收支估算. 农业环境科学学报，28 (12)：2482-2488.

李方敏，樊小林，刘芳，等，2004. 控释肥料对稻田氧化亚氮排放的影响. 应用生态学报，15 (11)：2170-2174.

李玲，肖和艾，苏以荣，等，2008. 土地利用对亚热带红壤区典型景观单元土壤溶解有机碳含量的影响. 中国农业科学，1 (1)：122-128.

李香兰，马静，徐华，等，2008. 水分管理对水稻生长期 CH_4 和 N_2O 排放季节变化的影响. 农业环境科学学报，27 (2)：88-96.

廖敏，彭英，陈义，等，2011. 长期不同施肥管理对稻田土壤有机碳库特征的影响. 水土保持学报，25 (6)：129-138.

罗良国，近藤始彦，伊藤纯雄，2010. 日本长期不同施肥稻田 N_2O 和 CH_4 排放特征及其环境影响. 应用生态学报，21 (12)：3200-3206.

吕琴，闵航，陈中云，2004. 长期定位试验对水稻田土壤甲烷氧化菌活性和甲烷排放通量的影响. 植物营养与肥料学报，10 (6)：608-612.

马二登，纪洋，马静，等，2010. 耕种方式对稻田甲烷排放的影响. 生态与农村环境学报，26 (6)：513-518.

马二登，马静，徐华，等，2009. 施肥对稻田 N_2O 排放的影响. 农业环境科学学报，28 (12)：2453-2458.

马静，徐华，蔡祖聪，2010. 施肥对稻田甲烷排放的影响. 土壤学报，42 (2)：153-163.

秦晓波，李玉娥，万运帆，等，2014. 耕作方式和稻草还田对双季稻田 CH_4 和 N_2O 排放的影响. 农业工程学报，30 (11)：216-224.

上官行健，王明星，1996. 稻田 CH_4 的传输. 北京：中国环境科学出版社.

石生伟，李玉娥，李明德，等，2011. 不同施肥处理下双季稻田 CH_4 和 N_2O 排放的全年观测研究. 大气科学，35 (4)：707-720.
孙凤霞，张伟华，徐明岗，等，2010. 长期施肥对红壤微生物生物量碳氮和微生物碳源利用的影响. 应用生态学报，21 (11)：2792-2798.
王聪，沈健林，郑亮，等，2014. 猪粪化肥配施对双季稻田 CH_4 和 N_2O 排放及其全球增温潜势的影响. 环境科学，35 (8)：3120-3127.
王明星，2001. 中国稻田甲烷排放. 北京：科学出版社：216-219.
王明星，上官行健，沈壬兴，等，1995. 华中稻田甲烷排放的施肥效益及施肥策略. 中国农业气象，16 (2)：1-5.
王清圭，汪思龙，高洪，等，2005. 杉木人工林土壤活性有机质变化特征. 应用生态学报，16 (7)：1270-1274.
吴家梅，纪雄辉，刘勇，2010. 不同施肥处理稻田甲烷排放研究进展. 农业环境与发展，27 (2)：19-24，40.
易琼，逄玉万，杨少海，等，2013. 施肥对稻田甲烷与氧化亚氮排放的影响. 生态环境学报，22 (8)：1432-1437.
袁颖红，李辉信，黄欠如，等，2007. 长期施肥对红壤性水稻土活性碳的影响. 生态环境，16 (2)：554-559.
张广斌，张晓艳，纪洋，等，2010. 冬季秸秆还田对冬灌田水稻生长期 CH_4 产生、氧化和排放的影响. 土壤，42 (6).
张惠，张晴雯，罗良国，等，2012. 黄河上游灌区连作稻田 N_2O 排放特征及影响因素. 环境科学学报，32 (8)：1902-1912.
张怡，吕世华，马静，等，2014. 控释肥料对覆膜栽培稻田 N_2O 排放的影响. 应用生态学报，25 (3)：769-775.
张岳芳，周炜，陈留根，等，2013. 太湖地区不同水旱轮作方式下稻季甲烷和氧化亚氮排放研究. 中国生态农业学报，21 (3)：290-296.
赵先丽，程海涛，吕国红，2006. 土壤微生物生物量研究进展. 气象与环境学报，22 (4)：68-71.
郑士英，杨彩玲，徐世宏，等，2012. 不同耕作方式与施氮水平下稻田 CH_4 排放的动态变化. 南方农业学报，43 (10)：1509-1513.
郑土英，杨彩玲，徐世宏，等，2014. 耕作方式和氮肥对稻田 CH_4 排放的影响及与土壤还原物质间的关系. 广东农业科学，41 (13)：49-53.
Abedin M J，Bhuiyan N I，Zaman S K，et al，2014. Long-term effects of inorganic fertilizer sources on yield and nutrient accumulation of lowland rice. Field Crops Research，86 (1)：53-65.
Ahmad S，Li C F，Dai G Z，et al.，2009. Greenhouse gas emission from direct seeding paddy field under different rice tillage systems in central China. Soil & Tillage Research，106：54-61.
Akiyama H，Tsuruta H，2002. Effect of chemical fertilizer form on N_2O，NO and NO_2 fluxes from Andisol field. Nutrient Cycling in Agroecosystems，63 (2-3)：219-230.
Ball B C，Scott A，Parker J P，1999. Field N_2O，CO_2 and CH_4 fluxes in relation to tillage，compaction and soil quality in Scotland. Soil & Tillage Research，53：29-39.
Banik A，Sen M，Sen S P，1996. Effects of inorganic fertilizers and micronutrients on methane production from wetland rice (*Oryza sativa* L.). Biology and fertility of soils，21 (4)：319-322.
Bayer C，Costa F D S，Pedroso G M，et al.，2014. Yield-scaled greenhouse gas emissions from flood irrigated rice under long-term conventional tillage and no-till systems in a humid subtropical climate. Field Crops Research，162 (2)：60-69.
Bayu W，Rethman N F G，Hammes P S，et al.，2006. Effects of farmyard manure and inorganic fertilizers

on sorghum growth, yield, and nitrogen use in a semi-arid area of Ethiopia. Journal of Plant Nutrition, 29: 391-407.

Bhatia A, Sasmal S, Jain N, et al., 2010. Mitigating nitrous oxide emission from soil under conventional and no-tillage in wheat using nitrification inhibitors. Agriculture, Ecosystems & Environment, 136: 247-253.

Cai Z, Shan Y, Xu H, 2007. Effects of nitrogen fertilization on CH_4 emissions from rice fields. Soil Science and Plant Nutrition, 53 (4): 353-361.

Conrad R, Rothfuss F, 1991. Methane oxidation in the soil surface layer of a flooded rice field and the effect of ammonium. Biology and Fertility of Soils, 12 (1): 28-32.

Dan J, Krüger M, Frenzel P, et al., 2001. Effect of a late season urea fertilization on methane emission from a rice field in Italy. Agriculture, Ecosystems & Environment, 83 (1): 191-199.

Das S, Adhya T K, 2014. Effect of combine application of organic manure and inorganic fertilizer on methane and nitrous oxide emissions from a tropical flooded soil planted to rice. Geoderma, 213 (1): 185-192.

Flechard C R, Ambus P, Skiba U, et al., 2009. Effects of climate and management intensity on nitrous oxide emissions in grassland systems across Europe. Agriculture, Ecosystems & Environment, 121: 135-152.

Ge G, Li Z, Fan F, Chu G, et al., 2010. Soil biological activity and their seasonal variations in response to long-term application of organic and inorganic fertilizers. Plant and Soil, 326 (1): 31-44.

Guan Y, Song C, Gan Y, et al., 2014. Increased maize yield using slow-release attapulgite-coated fertilizers. Agronomy for Sustainable Development, 34 (3): 657-665.

Han K H, Choi W J, Han G H, et al., 2004. Urea-nitrogen transformation and compost-nitrogen mineralization in three different soils as affected by the interaction between both nitrogen inputs. Biology and Fertility of Soils, 39: 193-199.

Harada H, Kobayashi H, Shindo H, 2007. Reduction in greenhouse gas emissions by no-tilling rice cultivation in Hachirogata polder, northern Japan: Life-cycle inventory analysis. Soil Science and Plant Nutrition, 53: 668-677.

Huang J, Gu M H, Xu S H, et al., 2012. Effects of no tillage and rice-seedling casting with rice straw returning on content of nitrogen, phosphorus and potassium of soil profiles. Scientia Agriculture Sinica, 45 (13): 2648-2657.

Huang M, Jiang L, Zou Y, et al., 2013. Changes in soil microbial properties with no-tillage in Chinese cropping systems. Biology and Fertility of Soils, 49 (4): 373-377.

IPCC, 2007. The physical science basis//contribution of working group I to the fourth assessment report of the intergovernmental panel on climate change. Cambridge: Cambridge University Press.

Ke J, Xing X, Li G, et al., 2017. Effects of different controlled-release nitrogen fertilisers on ammonia volatilisation, nitrogen use efficiency and yield of blanket-seedling machine-transplanted rice. Field Crops Research, 205: 147-156.

Li B, Fan C H, Zhang H, et al., 2015. Combined effects of nitrogen fertilization and biochar on the net global warming potential, greenhouse gas intensity and net ecosystem economic budget in intensive vegetable agriculture in southeastern China. Atmospheric Environment, 100: 10-19.

Li C F, Yue L X, Kou Z K, et al., 2010. Short-term effects of conservation management practices on soil labile organic carbon fractions under a rape-rice rotation in central China. Soil & Tillage Research, 119: 31-37.

Li C F, Zhang Z S, Guo L J, et al., 2013. Emissions of CH_4 and CO_2 from double rice cropping systems under varying tillage and seeding methods. Atmospheric Environment, 80: 438-444.

Liang B C, Mackenzie A F, Schnitzer M, et al., 1998. Manage-induced change in labile soil organic matter under continuous corn in eastern Canadian soil. Biology and Fertility of Soils, 26: 88-94.

Liang X, Zhang H, He M, et al., 2016. No-tillage effects on grain yield, N use efficiency, and nutrient run off losses in paddy fields. Environmental Science and Pollution Research, 23: 21451-21459.

Lindau C W, 1994. Methane emissions from Louisiana rice fields amended with nitrogen fertilizers. Soil Biology and Biochemistry, 26 (3): 353-359.

Lindau C W, Bollich P K, Delaune R D, et al., 1991. Effect of urea fertilizer and environmental factors on CH_4 emissions from Louisiana, USA rice field. Plant and Soil, 136: 195-203.

Liu X J, Mosier A R, Halvorson A D, et al., 2006. The impact of nitrogen placement and tillage on NO, N_2O, CH_4 and CO_2 fluxes from a clay loam soil. Plant Soil, 280, 177-188.

Loginow W, Wisniewski W, Gonet S S, 1987. Ciescinska. Fractionation of organic carbon based on susceptibility to oxidation. Polish Journal of Soil Science, 20 (1): 47-52.

Ma Y C, Kong X W, Zhang X L, et al., 2013. Net global warming potential and greenhouse gas intensity of annual rice-wheat rotations. Agrliculture, Ecosystems & Environment, 164: 209-219.

Mahmood T, Azam F, Hussain F, et al., 1997. Carbon availability and microbial biomass in soil under an irrigated wheat-maize cropping system receiving different fertilizer treatments. Biology and Fertility of Soils, 25: 63-68.

Majumder B, Mandal B, Bandypadhyay P K, et al., 2008. Organic amendments influence soil organic carbon pools and rice-wheat productivity. Soil Science Society of America Journal, 72: 775-785.

Marschner B, Kalbitz K, 2003. Controls of bioavailability and biodegradability of dissolved organic matter in soils. Geoderma, 113: 211-235.

Mc Taggart I P, Tsuruta H, 2003. The influence of controlled release fertilisers and the form of applied fertilizer nitrogen on nitrous oxide emissions from an andosol. Nutrient Cycling in Agroecosystems, 67 (1): 47-54.

Miao X, Xing X, Ding Y, et al., 2015. Yield and nitrogen uptake of bowl-seedling machine-transplanted rice with slow-release nitrogen fertilizer. Agronomy Journal, 108 (1): 313-320.

Mishra J S, Singh V P, 2012. Tillage and weed control effects on productivity of a dry seeded rice-wheat system on a vertisol in central india. Soil & Tillage Research, 123 (123): 11-20.

Mosier A R, Halvorson A D, Reule C A, et al., 2006. Net global warming potential and greenhouse gas intensity in irrigated cropping systems in Northeastern Colorado. Journal of Environmental Quality, 35: 1584-1598.

Mosier A R, Mohanty S K, Bhadrachalam A, et al., 1990. Evolution of dinitrogen and nitrous oxide from the soil to the atmosphere through rice plants. Biology and Fertility of Soils, 9 (1): 61-67.

Mosier A R, Parton W J, Hutchinson G L, 1983. Modelling nitrous oxide evolution from cropped and native soils. Ecological bulletins: 229-241.

Nayak D R, Babu Y J, Adhya T K, 2007. Long-term application of compost influences microbial biomass and enzyme activities in a tropical Aeric Endoaquept planted to rice under flooded condition. Soil Biology and Biochemistry, 39: 1897-1906.

Oorts K, Merckx R, Grehan E, et al., 2007. Determinants of annual fluxes of CO_2 and N_2O in long-term no-tillage and conventional tillage systems in northern France. Soil & Tillage Research, 95 (1/2): 133-148.

Pathak H, Saharawa Y S, Gathala M, et al., 2011. Impact of resource conserving technologies on productivity and greenhouse gas emissions in the rice-wheat system. Greenhouse Gases, 1: 261 - 277.

Pittelkow C M, Linquist B A, Lundy M E, et al., 2015. When does no-till yield more? Aglobal meta-analysis. Field Crops Research, 183: 156 - 168.

Pittelkow C M, Xinqiang L, Linquist B A, et al., 2015. Productivity limits and potentials of the principles of conservation agriculture. Nature, 517 (7534): 365 - 368.

Prieme A, Christensen S, 1997. Seasonal and spatial variation of methane oxidation in a Danish spruce forest. Soil Biology and Biochemistry, 29 (8): 1165 - 1172.

Quails R G, 2004. Biodegradability of humus substances and other fractions of decomposing leaf litter. Soil Science Society of America Journal, 68: 1705 - 1712.

Rehman S, Khalil S K, Muhammad F, et al., 2010. Phenology, leaf area index and grain yield of rainfed wheat influenced by organic and inorganic fertilizer. Pakistan Journal of Botany, 42 (42): 3671 - 3685.

Russow R, Spott O, Stange C F, 2008. Evaluation of nitrate and ammoniumas sources of NO and N_2O emissions from black earth soils (Haplic Chernozem) based on 15N field experiments. Soil Biology and Biochemistry, 40: 380 - 391.

Shang Q Y, Yang X X, Gao C, et al., 2011. Net annual global warming potential and greenhouse gas intensity in Chinese double rice-cropping systems: a 3 - year field measurement in longterm fertilizer experiments. Global Change Biology, 17: 2196 - 2210.

Shaviv A, Mikkelsen R L, 1993. Controlled-release fertilizers to increase efficiency of nutrient use and minimize environmental degradation-A review. Fertilizer Research, 35 (1 - 2): 1 - 12.

Shrestha M, Shrestha P M, Frenzel P, et al., 2010. Effect of nitrogen fertilization on methane oxidation, abundance, community structure, and gene expression of methanotrophs in the rice rhizosphere. The ISME journal, 4 (12): 1545 - 1556.

Singh J S, Singh S, Raghubanshi A S, et al., 1996. Methane flux from rice/wheat agroecosystem as affected by crop phenology, fertilization and water level. Plant and Soil, 183 (2): 323 - 327.

Six J, Elliott E T, Paustian K, 2010. Soil macroaggregate turnover and microaggregate formation: a mechanism for C sequestration under no-tillage agriculture. Soil Biology and Biochemistry, 32: 2099 - 2133.

Six J, Ogle S M, Breidt F J, et al., 2004. The potential to mitigate global warming with no-tillage management is only realized when practised in the long term. Global Change Biology, 10 (2): 155 - 160.

Timilsena Y P, Adhikari R, Casey P, et al., 2015. Enhanced efficiency fertilisers: a review of formulation and nutrient release patterns. Journal of the Sicence of Food and Agriculture, 95: 1131 - 1142.

Venterea R T, Burger M, Spokas K, 2005. Nitrogen oxide and methane emissions under varying tillage and fertilizer management. Journal of Environmental Quality, 34: 1467 - 1477.

Wang Z P, Ronald D, et al., 1992. Methane production from anaerobic soil amended with rice straw and nitrogen fertilizers. Fertilizer Research (33): 115 - 121.

Xia L, Wang S, Yan X, 2014. Effects of long-term straw incorporation on the net global warming potential and the net economic benefit in a rice-wheat cropping system in China. Agriculture, Ecosystems & Environment, 197: 118 - 127.

Xue Y, Van Es H M, Schindelbeck R R, et al., 2013. Effects of n placement, carbon distribution and temperature on N_2O emissions in clay loam and loamy sand soils. Soil Use and Management, 29 (2): 240 - 249.

Yang B, Zheng Q X, et al., 2015. Mitigating net global warming potential and greenhouse gas intensities by substituting chemical nitrogen fertilizers with organic fertilization strategies in rice-wheat annual rotation systems in China: A 3 - year field experiment. Ecological Engineering, 81: 289 - 297.

Yao Z, Zheng X, Dong H, et al., 2013. A 3 - year record of N_2O and CH_4 emissions from a sandy loam paddy during rice seasons as affected by different nitrogen application rates. Agriculture, Ecosystems & Environment, 152 (3): 1 - 9.

Zhang J S, Zhang F P, Yang J H, et al., 2011. Emissions of N_2O and NH_3, and nitrogen leaching from direct seeded rice under different tillage practices in central China. Agriculture, Ecosystems & Environment, 140: 164 - 173.

Zhang Z S, Cao C G, Guo L J, et al., 2015. Emissions of CH_4 and CO_2 from paddy fields as affected by tillage practices and crop residues in central China. Paddy and Water Environment, 14: 85 - 92.

Zhang Z S, Guo L J, Liu T Q, et al., 2015. Effect of tillage practices and straw returning methods on greenhouse gas emissions and net ecosystem economic budget in rice-wheat cropping systems in central China. Atmospheric Environment, 122: 636 - 644.

Zheng X, Wang M, Wang Y, et al., 1998. Comparison of manual and automaticmethods for measurement of methane emission from rice paddy fields. Advances in Atmospheric Sciences, 15 (4): 569 - 579.

Zou J, Huang Y, Jiang J, et al., 2005. A 3 - year field measurement of methane and nitrous oxide emissions from rice paddies in China: effect of water regime, crop residue, and fertilizer application. Global Biogeochem Cycles, 19: 1 - 9.

6 免耕氮肥深施对稻田温室气体排放的影响

近年来，中国农村稻田生产出现了劳动力短缺问题，免耕等轻简化栽培技术受到广泛重视，稻田免耕栽培已得到大面积推广（程式华等，2008）。然而，免耕稻田采用氮肥撒施技术，施用的氮肥留存于土壤表层，与土壤混合不够充分，导致了氮素的损失加大，由此产生了严重的环境污染问题（Strudley et al.，2008；Alvarez et al.，2009）。此外，免耕水稻扎根浅，对氮肥的吸收低于翻耕水稻，这进一步导致了免耕稻田氮肥利用率和产量的下降（Mkhabela et al.，2008；Chen et al.，2017）。近几年的研究指出，相对于翻耕水稻，免耕水稻产量下降8%～33%（程式华等，2008；武际等，2013）。水稻作为喜氮作物，其生长严重依赖于氮肥施用，免耕水稻产量下降问题很大程度来源于其氮肥利用率的下降（马玉华等，2013；武际等，2013）。免耕稻田氮肥利用率和产量下降的现象已受到学术领域的关注。

由于在稻田淹灌所产生的厌氧条件下，土壤中的厌氧细菌（氢还原细菌和产乙酸细菌等）会将土壤中的有机质逐步降解为甲酸、乙酸、CO_2 和 H_2 等简单的小分子化合物，之后这些小分子化合物会逐渐地被产甲烷菌 *mcrA* 基因片段编码的还原酶转化为 CH_4，并且在厌氧环境下稻田甲烷氧化菌主要的功能基因片段 *pmoA* 丰度显著下降（Mao et al.，2015），CH_4 氧化受阻，因而稻田被认为是 CH_4 的重要排放源。稻田的 N_2O 排放虽然相对于 NH_3 挥发造成的氮肥损失量小，但是 N_2O 造成的温室效应不容忽视。稻田 N_2O 排放与硝化作用和反硝化作用紧密相关，其中氨氧化作用是硝化作用的第一步也是硝化作用产生 N_2O 的限速环节，氨氧化古菌（*Ammonia-oxidizing archaea*，AOA）和氨氧化细菌（*Ammonia-oxidizing bacteria*，AOB）是主要调控氨氧化过程；亚硝酸盐还原过程是反硝化作用产生 N_2O 的限速环节，nirK 型反硝化细菌和 nirS 型反硝化细菌主要调控该过程。免耕相对于翻耕土壤通气性下降，特别是土壤 O_2 可利用性下降（Li et al.，2013；Haque et al.，2016），导致免耕稻田土壤还原性提高，进而对 CH_4 和 N_2O 的土壤微生物生成及排放规程产生影响。

水稻根系直接吸收氮肥，水稻植株根系的生长关系到植物体对氮肥的吸收能力和产量。相关研究指出，调整农田管理措施可以促进水稻根系生长进而提高水稻对氮肥的吸收利用（Wei et al.，2010），同时由于水稻前期根系生长的增强会激发后期根系的分支生长（Pierret et al.，2007）。另外，前期水稻根系生长的增强也会进一步刺激水稻前期的营养生长，为水稻氮素吸收提供更大的库容，且激发后期水稻营养和生殖生长（Chen et al.，2010），进而提高稻田产量。

本章针对传统免耕稻田温室气体大、氮肥利用率低和产量下降的生产问题，利用稻田生产碳足迹分析方法，结合土壤温室气体产生关键过程及相应功能微生物群落调控，探明氮肥深施对免耕稻田生态经济效益的影响机理，旨在为发展和完善免耕稻田氮肥深施技术提供理论基础。

6.1 研究方法

6.1.1 稻田试验设计

试验采用随机区组设计，以不施氮肥为对照，设置不同的氮肥施用深度，具体试验处理包括：不施氮肥（CK）、传统表施（S）、穴施 5cm（5P）、穴施 10cm（10P）和穴施 20cm（20P），共 5 个试验处理，3 次重复，共 15 个小区。

水稻每年 6 月抛秧，抛秧密度为 23 万穴/hm^2。稻季施用肥料总量为氮肥（N）180kg/hm^2、磷肥（P_2O_5）90kg/hm^2、钾肥（K_2O）180kg/hm^2，选用尿素作为氮肥（含 N 量 46%），过磷酸钙作为磷肥（P_2O_5 含量 12%），氯化钾作为钾肥（K_2O 含量 60%）。其中，磷肥和钾肥作为基肥一次性撒施，大田试验中氮肥分 4 次（苗期、分蘖期、拔节期与齐穗期）施用，各时期施肥比例为 5∶2∶1.2∶1.8，其中基肥采用氮肥深施，后期氮肥追肥为表施。

稻田采用湿润灌溉，平均每 3～5d 灌水一次，立苗期，保持 1～2cm 浅水层；分蘖期，间歇灌溉；免耕基肥深施稻田晒田时间延长至 5～6d；拔节、孕穗期，湿润灌溉；抽穗期，保持 1～3cm 浅水层；灌浆期，干湿交替，保持湿润；黄熟期，蜡熟后落干。大田杂草采用除草剂和手工进行去除。

6.1.2 氮肥深施管理

针对 5cm 和 10cm 深度氮肥深施采用台州市农乐塑胶有限公司 SB-13B3 型半自动施肥器，针对 20cm 深度氮肥深施采用台州市农乐塑胶有限公司 SB－13E 型半自动施肥器。

大田试验中，简单平整厢面后水层落干，土壤含水量下降到 25%～35%后，在抛秧前的 2～3d，用普通稻田插秧划行器在田面设置深施点，穴施点间距控制在 20cm，每公顷 25 万穴施点。提前将基肥所需氮肥（尿素）装入深施器肥料箱，调节每穴施肥量旋钮设定施肥量，确保每穴氮肥施用量一致，同时调节固定旋钮设定深施深度。按照划定的深施点，逐行依次深施肥料，肥料深施器施肥孔对准深施点，踩压踏板，一次性将所需肥料打入土壤深层，抬起踏板，合拢土壤孔洞，确保肥料留存于相应土壤深层。在完成基肥氮肥深施后，在抛秧前 1～2d 大田进行灌水泡田，确保深层肥料溶解于土壤深层，并耙平田面。

6.1.3 测定指标和方法

6.1.3.1 土壤温室气体排放功能微生物群落丰度测定

利用绝对定量聚合酶链式反应法（Absolute Quantitative Polymerase Chain Reaction，PCR）测定土壤氮循环功能微生物群落丰度。

利用试剂盒抽提试验田土壤微生物总 DNA，并且用 NanoDrop ND-2000 分光光度计（NanoDrop Technologies，USA）测定提取的土壤 DNA 质量（A260/A280）。之后利用 PCR 电泳确定引物特异性。针对产甲烷菌的甲基还原酶编码基因 *mcrA*，甲烷氧化菌的甲醇脱氢酶编码基因 *pmoA*，AOA 的氨单加氧酶编码基因 *AOA-amoA*，AOB 的氨单加氧酶编码基因 *AOB-amoA*，nirK 型反硝化细菌的 Cu 型亚硝酸盐还原酶编码基因 *nirK*，nirS 型反硝化细菌的 cd1 型亚硝酸盐还原酶编码基因 *nirS*，以及反硝化细菌的氧化亚氮还原酶编码基因 *nosZ* 分别进行扩增，具体选用的特异性引物见表 6－1。

表 6-1 土壤温室气体排放微生物群落功能片段选取和扩增体系

目标基因	引　物	PCR 循环
mcrA	mlas-mod-F/mcrA-rev-R（Angel et al.，2012）	94℃ 3min。45 个循环：94℃ 30s，51℃ 1min，72℃ 1min。在每个循环 83℃时检测荧光（Angel et al.，2012）
pmoA	A189F/mb661R（Mao et al.，2015）	94℃ 3min。50 个循环：94℃ 40s，53℃ 50s，72℃ 1min。在每个循环 83℃时检测荧光（Mao et al.，2015）
AOA-*amoA*	Arch-amoAF/Arch-amoAR（Francis et al.，2005）	94℃ 3min。40 个循环：94℃ 30s，53℃ 1min，72℃ 1min。在每个循环 83℃时检测荧光（Chen et al.，2008）
AOB-*amoA*	amoA-1F/amoA-2R（Rotthauwe et al.，1997）	94℃ 3min。40 个循环：94℃ 30s，55℃ 30s，72℃ 45s。在每个循环 83℃时检测荧光（Chen et al.，2008）
nirS	cd3aF/R3cd（Throbäck et al.，2004）	94℃ 3min。40 个循环：95℃ 45s，57℃ 45s，72℃ 45s。在每个循环 83℃时检测荧光（Bannert et al.，2011）
nirK	nirK1F/nirK5R（Braker et al.，1998）	94℃ 3min。40 个循环：95℃ 15s，58℃ 30s，72℃ 30s。在每个循环 83℃时检测荧光（Bannert et al.，2011）
nosZ	nosZ2F/nosZ2R（Henry et al.，2006）	94℃ 3min。40 个循环：95℃ 15s，60℃ 15s，72℃ 30s。在每个循环 83℃时检测荧光（Bannert et al.，2011）

确定相应功能片段特异性引物后，进行功能片段标准品制备。首先对试验田混合土样 DNA 进行相应功能片段 PCR 扩增。之后选用质粒载体进行拼接。然后利用感受态大肠杆菌进行质粒转化和扩增，拼接质粒转入感受态大肠杆菌中。在 Luria Bertani 培养基上培养。挑取培养基上菌落样品，利用质粒提取试剂盒提取质粒，即功能基因片段标准品。土壤温室气体排放功能微生物群落丰度绝对定量 PCR 检测采用 SYBR-GREEN 法。将相应功能片段标准品稀释为不同浓度梯度，和土壤 DNA 样品同时进行测定。根据已知拷贝浓度的标准品计算 Ct 值与拷贝数对数的线性回归方程，并计算扩增率和 R^2，试验控制扩增率范围在 97.3%～100.7%，R^2 范围在 0.996～1.000。根据标准品 Ct 值与拷贝数对数的线性回归方程和提取土壤微生物 DNA 所用土壤质量，计算土壤氮循环功能微生物群落丰度（每克拷贝数）。

6.1.3.2 土壤硝化作用和反硝化作用速率测定

土壤硝化作用和反硝化作用速率测定方法参考并进一步改进林先贵（2010）的方法，进一步借助低浓度乙炔抑制硝化作用，通过原位土壤培养更为准确地反映土壤硝化作用和反硝化作用速率差异。

土壤反硝化作用速率测定：土样采集后过 5mm 筛，去除根系和石块等杂质，然后根据土壤含水量称取两份干重为 10g 的鲜土分别放入两个 25mL 培养瓶中。之后培养瓶用真空泵抽真空，随后充入高纯度乙炔（体积比 1%，充入前用亚硫酸氢钠过滤器除去丙酮）以抑制土壤硝化作用。依据大田采样时土壤溶氧量，充入高纯度氧气，最后充入高纯度氮气使培养瓶内部恢复标准大气压。培养瓶置于 25℃恒温环境培养 0.5h 后，取出一个培养瓶测定硝态氮含量，作为初始硝态氮含量；另一个培养瓶埋放于原采样小区土壤中培养 24h 后，取出土样测定硝态氮含量，作为终止硝态氮含量。以培养前后硝态氮浓度差计算土壤反硝化作用速率。

土壤硝化作用速率测定：土样采集后过 5mm 筛，去除根系和石块等杂质，然后根据土壤含水量称取两份干重为 10g 的鲜土分别放入两个 25mL 培养瓶中。之后培养瓶用真空泵抽真空，根据大田采样时实际土壤溶氧量，充入高纯度氧气，之后充入高纯度氮气使培养瓶内部恢复标准大气压。培养瓶置于 25℃恒温环境培养 0.5h 后，其中一个培养瓶土样取出测定硝态氮含量，作为初始硝态氮含量；另一个培养瓶埋放于原采样小区土壤中培养 24h 后，取出土样测定硝态氮含量，作为终止硝态氮含量。以培养前后硝态氮浓度差计算土壤硝化作用速率。

6.1.3.3 其他测定指标与方法

稻田微生物多样性采用 Guo 等（2015）调整后的磷脂脂肪酸测定分析方法，根据磷脂脂肪酸种类统计土壤微生物多样性。

土壤氧化还原电位（Eh）采用便携式氧化还原电位仪 FJA-5（塞亚斯，中国）原位测定。

水稻根长、根表面积和根体积等指标数据在根系图像扫描后，通过 WinRHIZO 根系扫描系统（Regent Instruments，Canada）获得。

水稻成熟后，选取与小区平均分蘖数一致的 5 株植株，带回室内分解成穗、茎叶、根三部分，105℃杀青，85℃烘干至恒重测定生物量。选取长势均一水稻 $3m^2$，齐地将样方内植株取出，晾干脱粒后称重并测定含水量，水稻含水量折算为 14%，即为实际产量。

生物量样品粉碎后，过 1mm 筛，采用元素分析仪（Elementar Macro，Germany）测定总氮含量。同时计算氮肥利用率，计算公式如下：

氮素吸收利用率＝(施氮处理植株地上部分总吸氮量－不施氮对照处理植株地上部分总吸氮量）/氮肥施用量

氮素农学效率＝(施氮处理产量－不施氮对照处理产量）/氮肥施用量

氮肥偏生产力＝施氮处理产量/氮肥施用量

6.2 免耕稻田氮肥施用深度对硝化与反硝化作用的影响

6.2.1 土壤硝化作用速率和相应功能微生物群落丰度

6.2.1.1 土壤氨氧化古菌丰度

同一氮肥深施处理下，免耕稻田土壤 AOA 丰度的季节性变化在 2015 年与 2016 年呈现类似的变化趋势（图 6-1）。每次水稻生育季氮肥施用后在 7～10d 内土壤 AOA 丰度显著上升，在每次氮肥施用后的第二周土壤 AOA 丰度开始下降直到再次施用氮肥。不施氮肥处理 AOA 丰度一直为较低水平。

整体上各试验处理土壤 AOA 丰度，2015 年每克拷贝数在 1.14×10^8～7.87×10^8 范围内变化，2016 年每克拷贝数在 2.02×10^8～8.10×10^8 范围内变化。免耕稻田水稻全生育期的平均土壤 AOA 丰度，CK 处理 2015 年每克拷贝数为 1.55×10^8，2016 年每克拷贝数为 2.21×10^8；S 处理 2015 年每克拷贝数为 3.31×10^8，2016 年每克拷贝数为 4.51×10^8；氮肥深施处理 2015 年每克拷贝数为 4.21×10^8，2016 年每克拷贝数为 5.12×10^8。水稻全生育

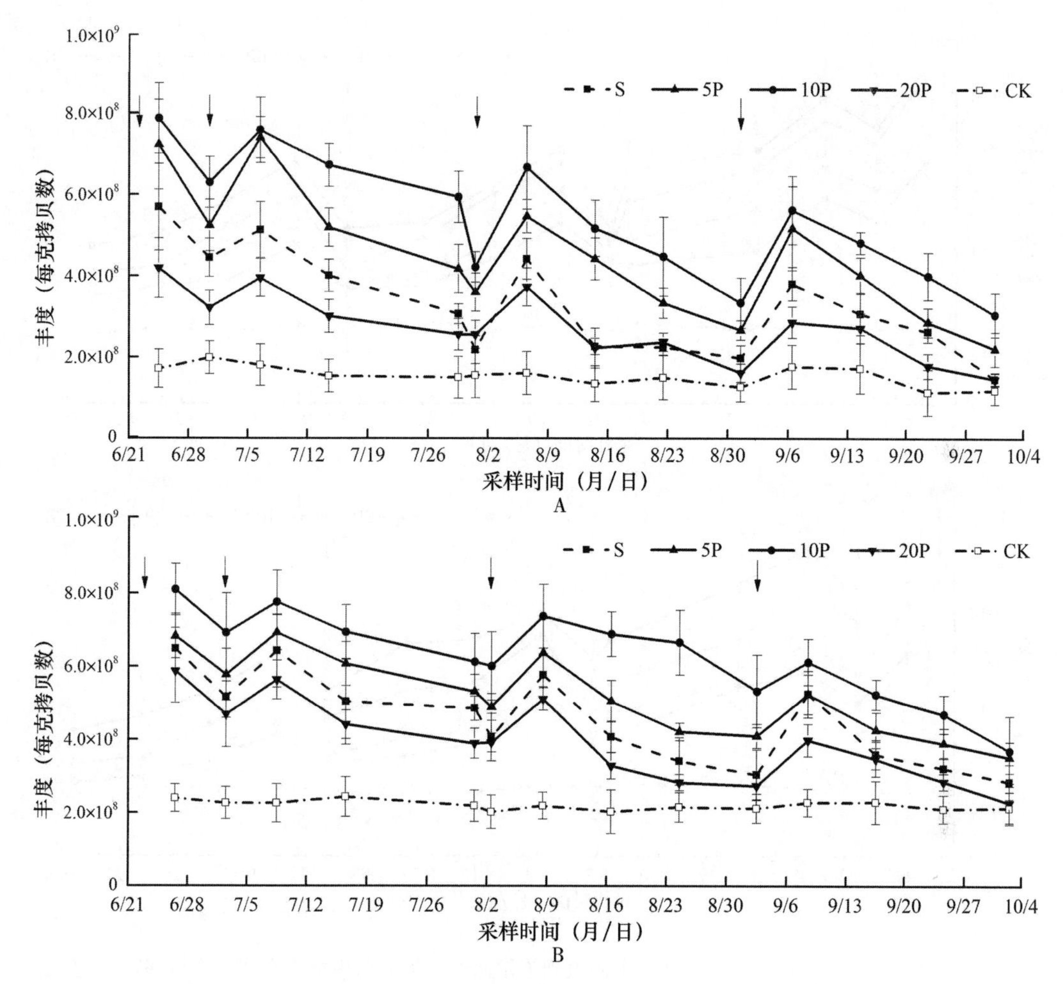

图 6－1 2015 年（A）和 2016 年（B）不同氮肥施用深度下免耕稻田全生育期土壤 AOA 丰度变化

注：S，传统表施；5P，穴施 5cm；10P，穴施 10cm；20P，穴施 20cm；CK，不施氮肥。箭头表示氮肥施用。

期的平均土壤 AOA 丰度表现出氮肥施用处理显著高于不施氮肥处理（$P<0.05$），氮肥深施处理相对于氮肥表施处理 2015 年升高 27.2%，2016 年升高 13.5%，其中 5P 处理相对于 S 处理 2015 年提高 35.7%（$P<0.05$），2016 年提高 14.6%（$P<0.05$）；10P 处理相对于 S 处理 2015 年提高 63.3%（$P<0.05$），2016 年提高 38.9%（$P<0.05$）；但是 20P 处理相对于 S 处理 2015 年和 2016 年均没有表现出显著的提高。在氮肥深施处理中 10P 处理土壤 AOA 丰度最高（$P<0.05$），其中 10P 处理相对于 5P 处理 2015 年提高 20.3%，2016 年提高 21.2%；10P 处理相对于 20P 处理 2015 年提高 98.0%，2016 年提高 59.8%。

6.2.1.2 土壤氨氧化细菌丰度

同一氮肥深施处理下，免耕稻田土壤 AOB 丰度的季节性变化在 2015 年与 2016 年呈现类似的变化趋势（图 6－2）。每次水稻生育季氮肥施用后在 7～10d 内丰度显著上升。不施氮肥处理 AOB 丰度一直为较低水平。

整体上各试验处理土壤 AOB 丰度，2015 年每克拷贝数在 1.32×10^{7}～6.45×10^{7} 范围内变化，2016 年每克拷贝数在 1.27×10^{7}～6.46×10^{7} 范围内变化。水稻全生育期的平均土

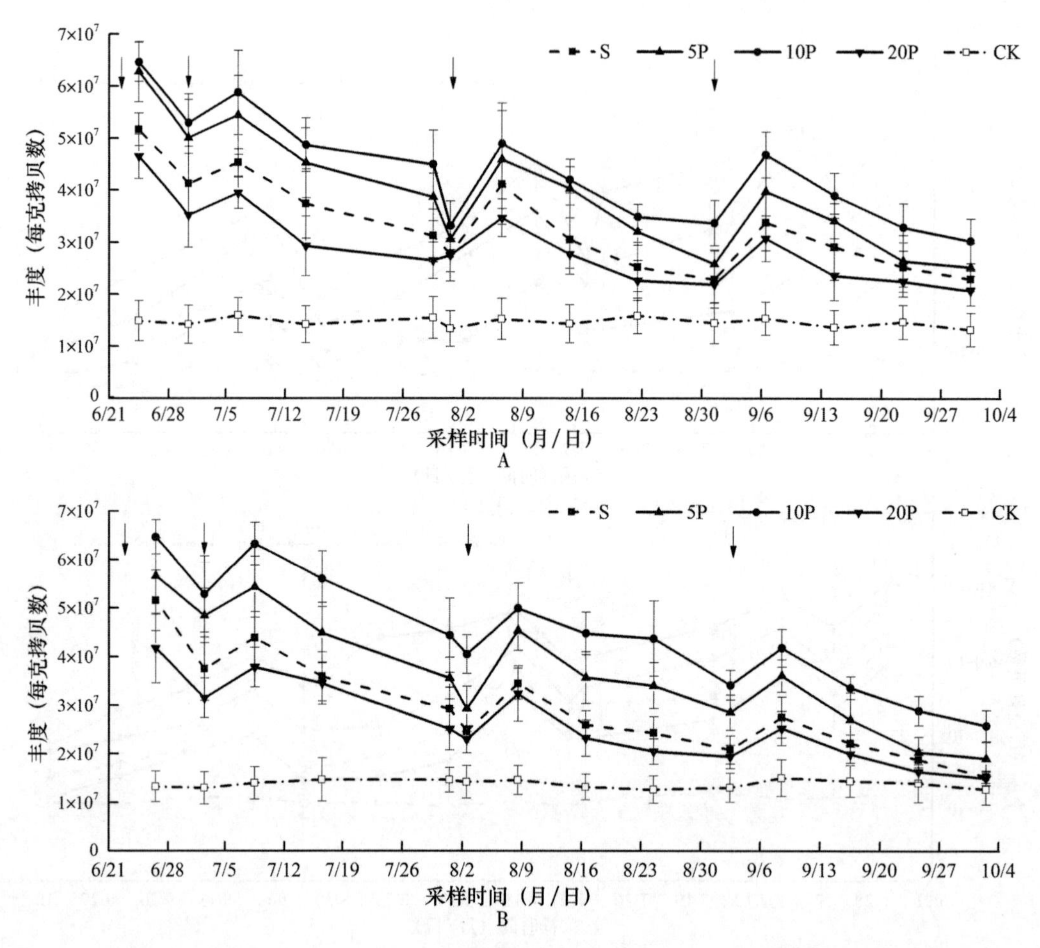

图 6-2　2015 年（A）和 2016 年（B）不同氮肥施用深度下免耕稻田全生育期土壤 AOB 丰度变化

壤 AOB 丰度，CK 处理 2015 年每克拷贝数为 1.46×10^7，2016 年每克拷贝数为 1.38×10^7；S 处理 2015 年每克拷贝数为 3.32×10^7，2016 年每克拷贝数为 2.94×10^7；氮肥深施处理 2015 年每克拷贝数为 3.74×10^7，2016 年每克拷贝数为 3.58×10^7。其总体表现出氮肥施用处理显著高于不施氮肥处理（$P<0.05$），氮肥深施处理相对于氮肥表施处理 2015 年升高 12.6%，2016 年升高 21.8%，其中 5P 处理相对于 S 处理 2015 年提高 18.5%（$P<0.05$），2016 年提高 25.1%（$P<0.05$）；10P 处理相对于 S 处理 2015 年提高 31.4%（$P<0.05$），2016 年提高 51.5%（$P<0.05$）。在氮肥深施处理中 10P 处理土壤 AOB 丰度最高（$P<0.05$），其中 10P 处理相对于 5P 处理 2015 年提高 10.9%，2016 年提高 21.1%；10P 处理相对于 20P 处理 2015 年提高 49.6%，2016 年提高 70.7%。

6.2.1.3　土壤硝化作用速率

同一氮肥深施处理下，免耕稻田土壤硝化作用速率的季节性变化在 2015 年与 2016 年呈现类似的变化趋势（图 6-3）。每年水稻生育季氮肥施用后在 7～10d 内土壤硝化作用速率显著上升，在第二周速率开始下降。不施氮肥处理硝化作用速率水稻全生育期处于较低水平。

整体上各处理土壤硝化作用速率 2015 年在 0.33～2.12mg/(kg・h) 范围内变化，2016 年在 0.24～2.09mg/(kg・h) 范围内变化。水稻全生育期的平均土壤硝化作用速率，CK 处理

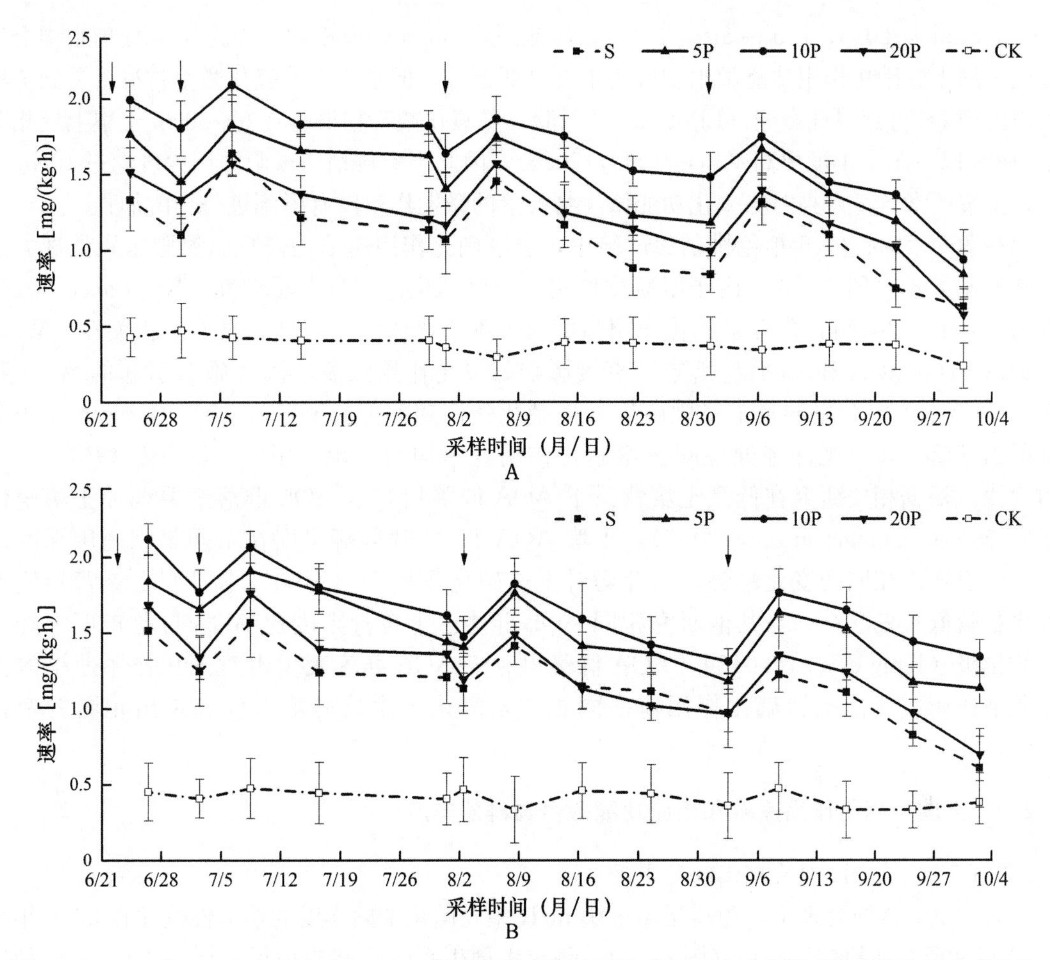

图6-3 2015年（A）和2016年（B）不同氮肥施用深度下免耕稻田全生育期土壤硝化作用速率变化

2015年为0.38mg/(kg・h)，2016年为0.41mg/(kg・h)；S处理2015年为1.12mg/(kg・h)，2016年为1.17mg/(kg・h)；氮肥深施处理2015年为1.45mg/(kg・h)，2016年为1.48mg/(kg・h)。其总体表现出氮肥施用处理显著高于不施氮肥处理（$P<0.05$），氮肥深施处理水稻全生育期平均土壤硝化作用速率相对于氮肥表施处理2015年升高30.4%，2016年升高26.6%，其中5P处理相对于S处理2015年提高31.4%（$P<0.05$），2016年提高30.0%（$P<0.05$）；10P处理相对于S处理2015年提高49.1%（$P<0.05$），2016年提高42.0%（$P<0.05$）；但是20P处理相对于S处理2015年和2016年均没有显著的提高。在氮肥深施处理中10P处理土壤硝化作用速率最高（$P<0.05$），其中10P处理相对于5P处理2015年提高13.5%，2016年提高9.2%；10P处理相对于20P处理2015年提高34.8%，2016年提高31.7%。

6.2.1.4 免耕稻田氮肥施用深度对硝化作用及功能微生物的影响分析

在2015年和2016年免耕稻田试验中，氮肥深施处理间水稻全生育期平均土壤硝化作用功能微生物群落丰度在AOA和AOB方面均表现出10P>5P>20P（$P<0.05$）的规律（图6-1和图6-2）。随氮肥施用深度的加大，水稻全生育期平均土壤铵态氮含量也随之显著升高，土壤铵态氮含量的上升对氨氧化微生物群落代谢存在一定的促进作用

(Jiang et al.，2015；Liu et al.，2015)。由此深施 10cm 处理相对于深施 5cm 处理水稻全生育期平均土壤硝化作用功能微生物群落丰度显著上升，但是由于氨氧化微生物群落受到免耕稻田土壤 O_2 可获得性影响（Li et al.，2015)，氨氧化微生物群落在 0～10cm 土壤上层相对于 10cm 以下土层丰度更高（Lee et al.，2015)，因此当免耕稻田氮肥施用深度超过 10cm 以后，土壤氮素含量升高对氨氧化功能微生物群落的激发作用没有得到进一步的加强。

在 2015 年和 2016 年免耕稻田试验中，土壤硝化作用速率均表现出氮肥施用处理大于不施氮肥处理（图 6-3)。由于氨氧化作用对土壤硝化作用具有驱动性（Ke et al.，2013；Wang et al.，2014)，并且氨氧化作用强度与土壤硝化作用速率具有显著的相关性（Wang et al 2015)，AOA 和 AOB 群落丰度直接影响氨氧化作用强度，因此施氮引起的 AOA 和 AOB 群落丰度上升也导致了氮肥施用处理硝化作用速率的提高。在 2015 年和 2016 年免耕稻田试验中，氮肥深施处理间土壤硝化作用速率均表现出 10P＞5P＞20P（$P<0.05$）的规律。根据相关研究在低氮土壤背景下 AOA 群落相对于 AOB 群落主要调控土壤硝化作用速率（Leininger et al.，2006)，土壤 AOA 和 AOB 群落丰度在不同氮肥施用深度影响下均表现出相同的变化趋势，二者均对土壤硝化作用产生影响。本研究土壤背景值氮素含量较低且偏酸性，与其他研究相同 AOB 群落由于自身丰度比 AOA 群落丰度下降一个数量级（Jiang et al.，2015)，AOA 群落相对于 AOB 群落表现出对硝化作用速率的主要调节作用，致使土壤硝化作用速率同相应氨氧化微生物群落丰度表现出相同的变化趋势。

6.2.2 土壤反硝化作用速率和相应功能微生物群落丰度

6.2.2.1 土壤 nirK 型反硝化细菌丰度

同一氮肥深施处理下，免耕稻田土壤 nirK 型反硝化细菌丰度的季节性变化在 2015 年与 2016 年呈现类似的变化趋势（图 6-4)。每年水稻生育季氮肥施用后一周内土壤 nirK 型反硝化细菌丰度显著上升，在每次氮肥施用后的第二周土壤 nirK 型反硝化细菌丰度开始下降直到再次施用氮肥。不施氮肥处理丰度数值没有明显波动。

整体上土壤 nirK 型反硝化细菌丰度 2015 年每克拷贝数在 1.17×10^7～4.21×10^7 范围内变化，2016 年每克拷贝数在 1.15×10^7～4.45×10^7 范围内变化。水稻全生育期平均土壤 nirK 型反硝化细菌丰度，CK 处理 2015 年每克拷贝数为 1.32×10^7，2016 年每克拷贝数为 1.33×10^7；S 处理 2015 年每克拷贝数为 1.74×10^7，2016 年每克拷贝数为 1.81×10^7；氮肥深施处理 2015 年每克拷贝数为 2.32×10^7，2016 年每克拷贝数为 2.72×10^7。其整体表现出氮肥施用处理显著高于不施氮肥处理（$P<0.05$），氮肥深施处理显著高于氮肥表施处理（$P<0.05$），其中 5P 处理相对于 S 处理 2015 年提高 13.6%，2016 年提高 23.0%；10P 处理相对于 S 处理 2015 年提高 30.7%，2016 年提高 48.4%；20P 处理相对于 S 处理 2015 年提高 55.9%，2016 年提高 80.2%。在氮肥深施处理中土壤 nirK 型反硝化细菌丰度表现出随氮肥施用深度加大而上升（$P<0.05$），其中 10P 处理相对于 5P 处理 2015 年提高 15.1%，2016 年提高 20.6%；20P 处理相对于 10P 处理 2015 年提高 19.3%，2016 年提高 21.4%。

6.2.2.2 土壤 nirS 型反硝化细菌丰度

同一氮肥深施处理下，免耕稻田土壤 nirS 型反硝化细菌丰度的季节性变化在 2015 年与

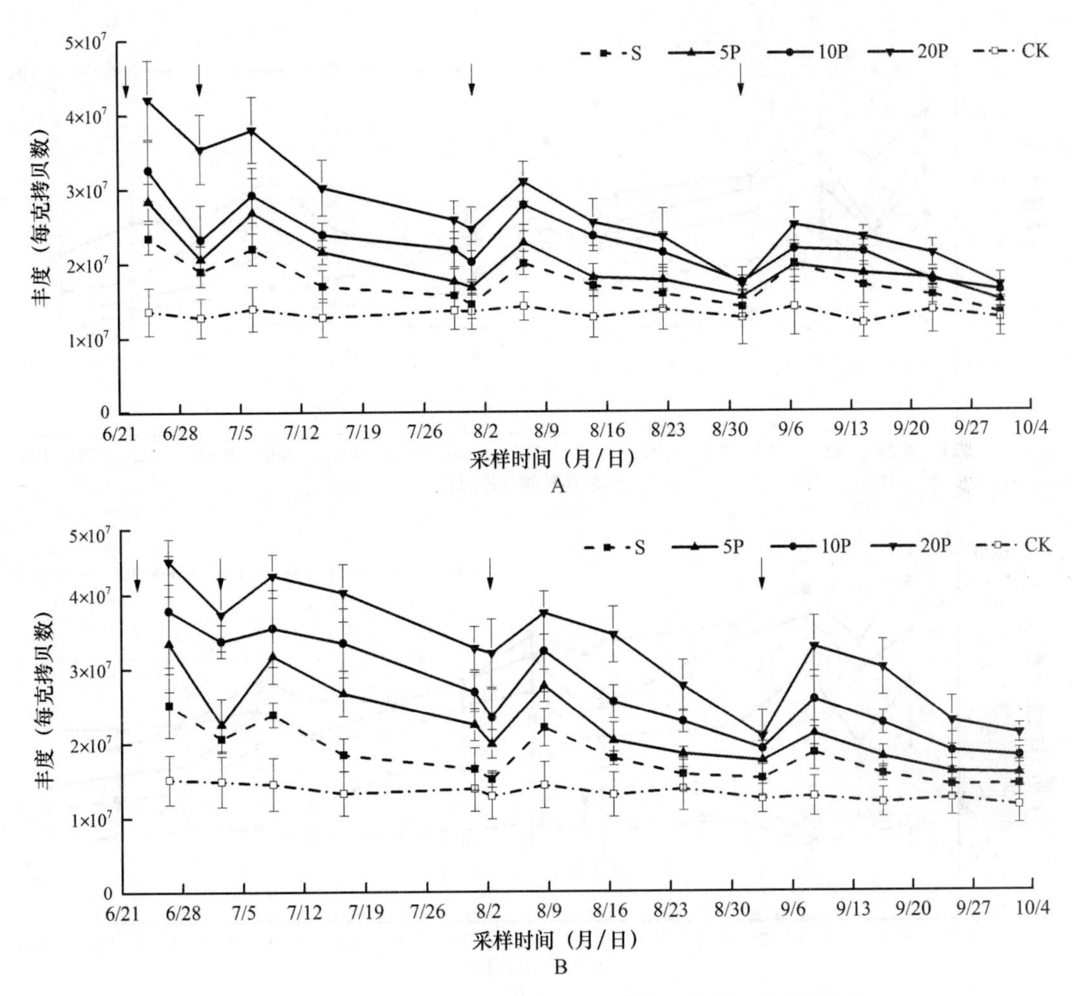

图 6－4 2015 年（A）和 2016 年（B）不同氮肥施用深度下免耕稻田全生育期土壤 nirK 型反硝化细菌丰度变化

2016 年呈现类似的变化趋势（图 6－5）。每年水稻生育季氮肥施用后在 7～10d 内土壤 nirS 型反硝化细菌丰度显著上升，在每次氮肥施用后的第二周土壤 nirS 型反硝化细菌丰度开始下降。不施氮肥处理丰度数值没有明显波动。

在 2015 年与 2016 年免耕稻田不同氮肥施用深度试验中，整体上各试验处理土壤 nirS 型反硝化细菌丰度 2015 年每克拷贝数在 1.55×10^6～5.11×10^6 范围内变化，2016 年每克拷贝数在 1.26×10^6～5.41×10^6 范围内变化。免耕稻田水稻全生育期的平均土壤 nirS 型反硝化细菌丰度，CK 处理 2015 年每克拷贝数为 1.70×10^6，2016 年每克拷贝数为 1.43×10^6；S 处理 2015 年每克拷贝数为 2.43×10^6，2016 年每克拷贝数为 2.36×10^6；氮肥深施处理 2015 年每克拷贝数为 3.30×10^6，2016 年每克拷贝数为 3.59×10^6。其总体表现出氮肥施用处理显著高于不施氮肥处理（$P<0.05$），氮肥深施处理显著高于氮肥表施处理（$P<0.05$），氮肥深施处理相对于氮肥表施处理 2015 年升高 35.5%，2016 年升高 52.1%，其中 5P 处理相对于 S 处理 2015 年提高 16.7%，2016 年提高 29.4%；10P 处理相对于 S 处理，2015 年提高 33.2%，2016 年提高 54.3%；相对于 S 处理，20P 处理 2015 年提高 56.7%，2016 年

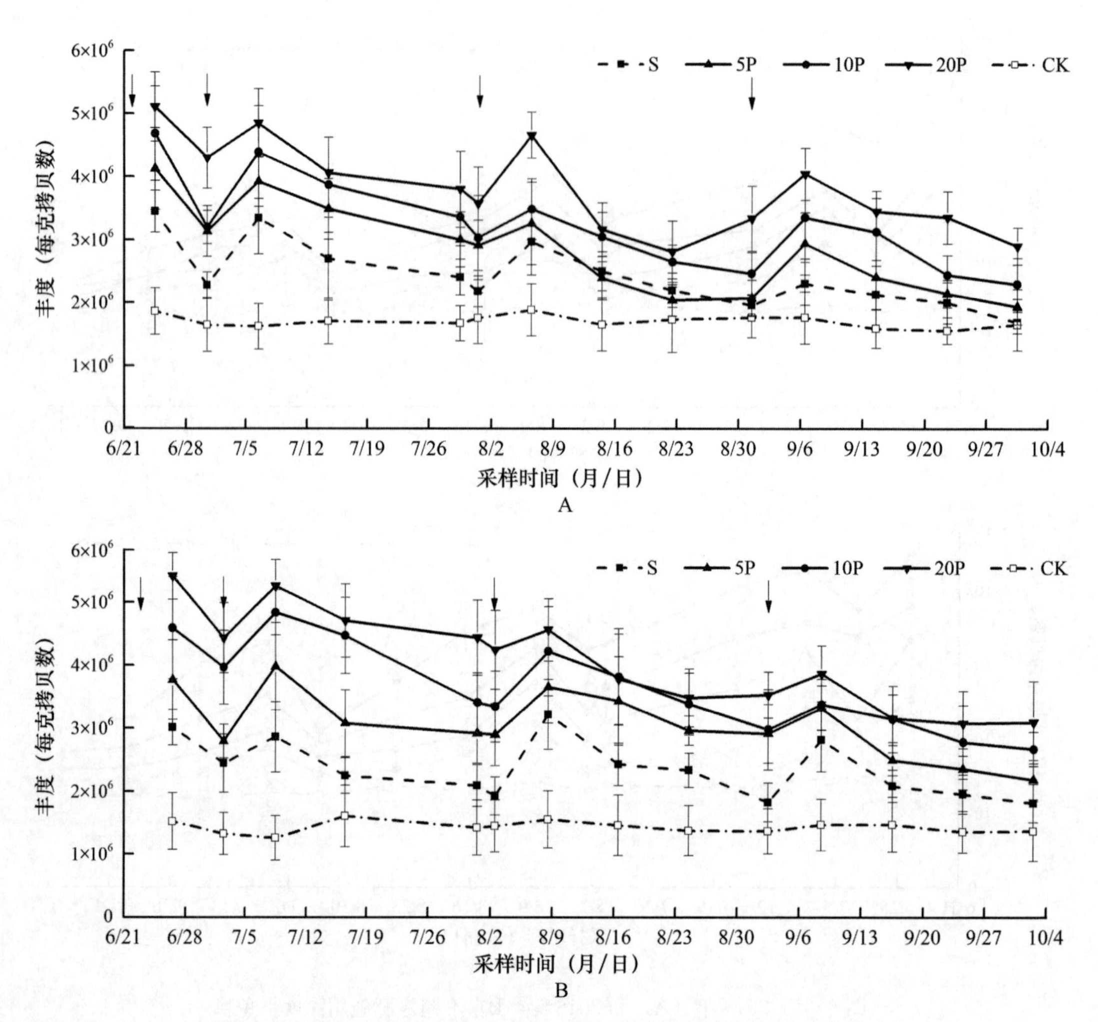

图 6-5　2015 年（A）和 2016 年（B）不同氮肥施用深度下免耕稻田全生育期土壤 nirS 型反硝化细菌丰度变化

提高 72.6%。在氮肥深施处理中土壤 nirS 型反硝化细菌丰度表现出随氮肥施用深度加大而上升的规律（$P<0.05$），其中 10P 处理相对于 5P 处理 2015 年提高 14.1%，2016 年提高 19.3%；20P 处理相对于 10P 处理 2015 年提高 17.7%，2016 年提高 11.9%。

6.2.2.3　土壤反硝化作用速率

同一氮肥深施处理下，免耕稻田土壤反硝化作用速率的季节性变化在 2015 年与 2016 年呈现类似的变化趋势（图 6-6）。每年水稻生育季氮肥施用后在 7～10d 内土壤反硝化作用速率显著上升，在每次氮肥施用后的第二周开始下降。不施氮肥处理反硝化作用速率一直在较低水平。

整体上土壤反硝化作用速率 2015 年在 0.05～0.96mg/(kg・h) 范围内变化，2016 年在 0.12～1.11mg/(kg・h) 范围内变化。水稻全生育期平均土壤反硝化作用速率，CK 处理 2015 年为 0.12mg/(kg・h)，2016 年为 0.15mg/(kg・h)；S 处理 2015 年为 0.30mg/(kg・h)，2016 年为 0.36mg/(kg・h)；氮肥深施处理 2015 年为 0.52mg/(kg・h)，2016

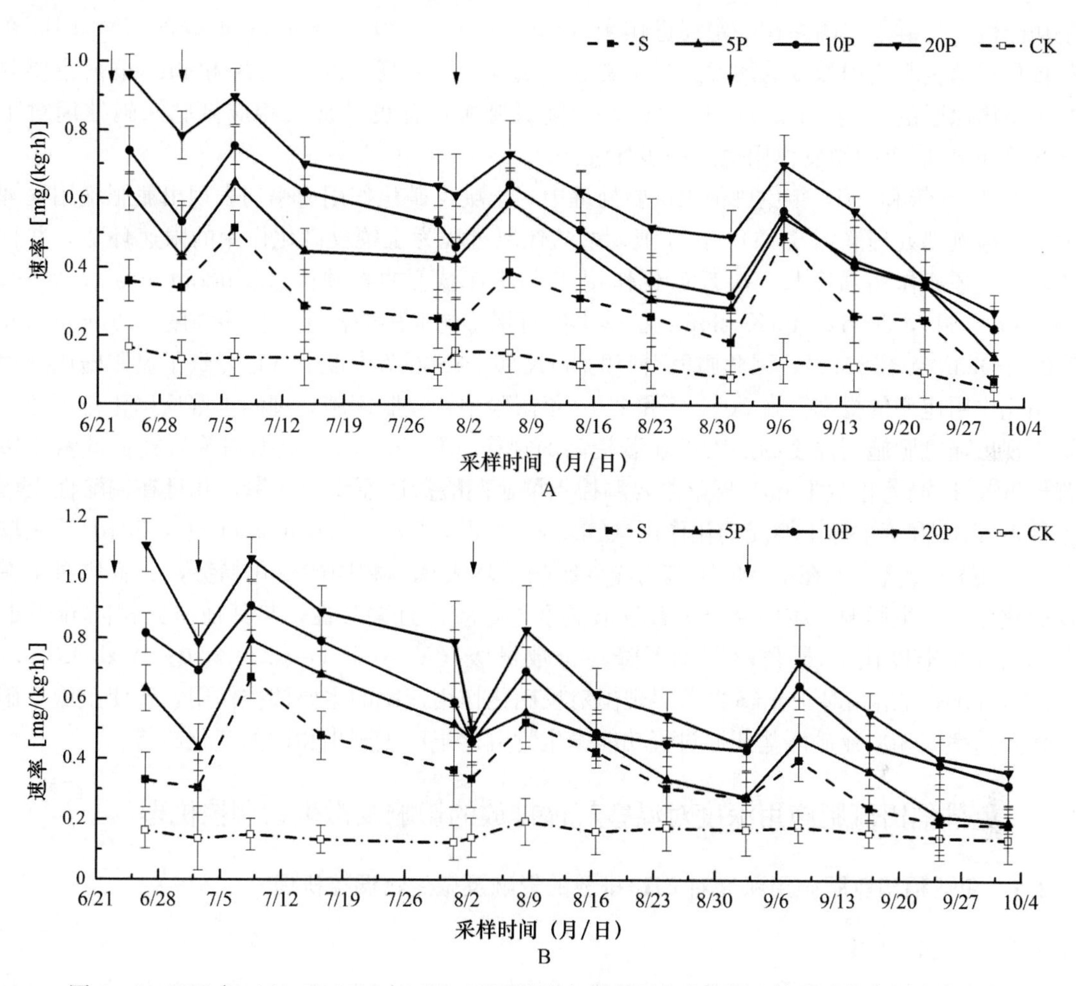

图 6－6　2015 年（A）和 2016 年（B）不同处理免耕稻田全生育期土壤反硝化作用速率变化

年为 0.57mg/(kg·h)。其整体表现出氮肥施用处理显著高于不施氮肥处理（$P<0.05$），氮肥深施处理显著高于氮肥表施处理（$P<0.05$），其中 5P 处理相对于 S 处理 2015 年提高 45.5%，2016 年提高 27.8%；10P 处理相对于 S 处理 2015 年提高 67.6%，2016 年提高 61.7%；20P 处理相对于 S 处理 2015 年提高 111.3%，2016 年提高 91.7%。在氮肥深施处理中土壤反硝化速率表现出随氮肥施用深度加大而上升的规律（$P<0.05$），其中 10P 处理相对于 5P 处理 2015 年提高 15.2%，2016 年提高 26.6%；20P 处理相对于 10P 处理 2015 年提高 26.1%，2016 年提高 18.5%。

6.2.2.4　*免耕稻田氮肥施用深度对反硝化作用及功能微生物的影响分析*

在 2015 年和 2016 年免耕稻田试验中，氮肥深施处理间水稻全生育期平均土壤反硝化作用功能微生物群落丰度在 nirK 和 nirS 方面均表现出随氮肥施用深度的加大而显著上升（$P<0.05$）。在免耕稻田背景下，土壤溶氧量相对于翻耕稻田出现下降（Attard et al.，2010），受土壤溶氧量随土壤深度加大而降低的影响（Filizadeh et al.，2007），厌氧反硝化作用功能微生物群落主要分布在 10cm 以下土壤深层（Yuan et al.，2012），并且随氮肥施用深度的加大水稻全生育期平均土壤速效氮含量也随之显著升高，土壤速效氮含量的上升对反硝化作

用功能微生物群落代谢存在一定促进作用（Saito et al.，2008；Liu et al.，2015），因此在免耕稻田随氮肥施用深度的加大，受土壤速效氮含量的升高，以及 nirK 和 nirS 群落主要分布于土壤深层的影响（Liu et al.，2017），随氮肥施用深度的加大相应氮肥深施处理对于 nirK 和 nirS 群落的激发作用也进一步加强。

在 2015 年和 2016 年免耕稻田试验处理中，土壤反硝化作用速率均表现出氮肥施用处理大于不施氮肥处理（图 6-6）。由于亚硝酸盐还原过程为土壤反硝化作用的限速环节，并且亚硝酸盐还原作用强度与土壤反硝化作用速率具有显著的相关性（Baudoin et al.，2009；Santoro et al.，2006），nirK 和 nirS 群落丰度直接影响亚硝酸盐还原作用强度（Priemé et al 2002，Quan et al 2012），因此施氮引起的 nirK 和 nirS 群落丰度上升也导致了氮肥施用处理反硝化作用速率的提高。在 2015 年和 2016 年试验中，氮肥深施处理间土壤反硝化作用速率均表现出随氮肥施用深度的加大而显著提高的规律（$P<0.05$）。根据相关研究在低氮土壤背景下 nirK 群落相对于 nirS 群落主要调控土壤亚硝酸盐还原作用速率，并且在偏酸性土壤条件下 nirK 群落主导土壤反硝化作用（Olsson et al.，2006；Yoshida et al.，2010），土壤 nirK 和 nirS 群落丰度在不同氮肥施用深度影响下均表现出相同的变化趋势，二者均对土壤反硝化作用产生影响，本研究土壤背景值氮素含量较低且偏酸性，与其他研究相同 nirS 群落由于自身丰度比 nirK 群落丰度下降一个数量级（Yoshida et al.，2010；Azziz et al.，2017），nirK 群落相对于 nirS 群落表现出对反硝化作用速率的主要调控作用，致使土壤反硝化作用速率同相应亚硝酸盐还原过程功能微生物群落丰度表现出相同的变化趋势。

6.3 免耕稻田氮肥施用深度对温室气体排放的影响及微生物调控机理

6.3.1 免耕稻田氮肥施用深度对 CH_4 排放的影响及微生物调控机理

6.3.1.1 CH_4 排放

同一氮肥深施处理下，免耕稻田 CH_4 通量的季节性变化在 2015 年与 2016 年呈现类似的趋势（图 6-7）。受根系分泌物对土壤产甲烷微生物群落的激发作用，以及由于水稻的维管组织可以作为 CH_4 的排放通道，CH_4 通量在免耕稻田分蘖盛期和孕穗期出现两次高峰随后维持在一个较低水平。

在 2015 年与 2016 年免耕稻田不同氮肥施用深度试验中，总体上各处理 CH_4 通量 2015 年在 1.33～27.85mg/(m^2·h) 范围内波动，2016 年在 2.63～34.80mg/(m^2·h) 范围内波动。其中，S 处理 CH_4 通量变化范围 2015 年为 7.67～27.85mg/(m^2·h)，2016 年为 9.30～34.80mg/(m^2·h)；氮肥深施处理 CH_4 通量变化范围 2015 年为 2.73～26.50mg/(m^2·h)，2016 年为 3.83～26.00mg/(m^2·h)。免耕稻田水稻全生育期的平均 CH_4 通量，S 处理 2015 年为 19.99mg/(m^2·h)，2016 年为 23.68mg/(m^2·h)；氮肥深施处理 2015 年为 14.75mg/(m^2·h)，2016 年为 15.37mg/(m^2·h)。2015 年与 2016 年总体上免耕稻田水稻全生育期的平均 CH_4 通量表现为氮肥施用处理显著高于不施氮肥处理（$P<0.05$），氮肥深施处理显著低于氮肥表施处理（$P<0.05$），其中 10P 处理显著低于其他氮肥深施处理（$P<0.05$）。

如表 6-2 所示，2015 年和 2016 年不同氮肥施用深度下，免耕稻田不同生育时期 CH_4 累计排放量，氮肥深施处理整体相对于氮肥表施处理 2015 年下降 25.7%，2016 年下降

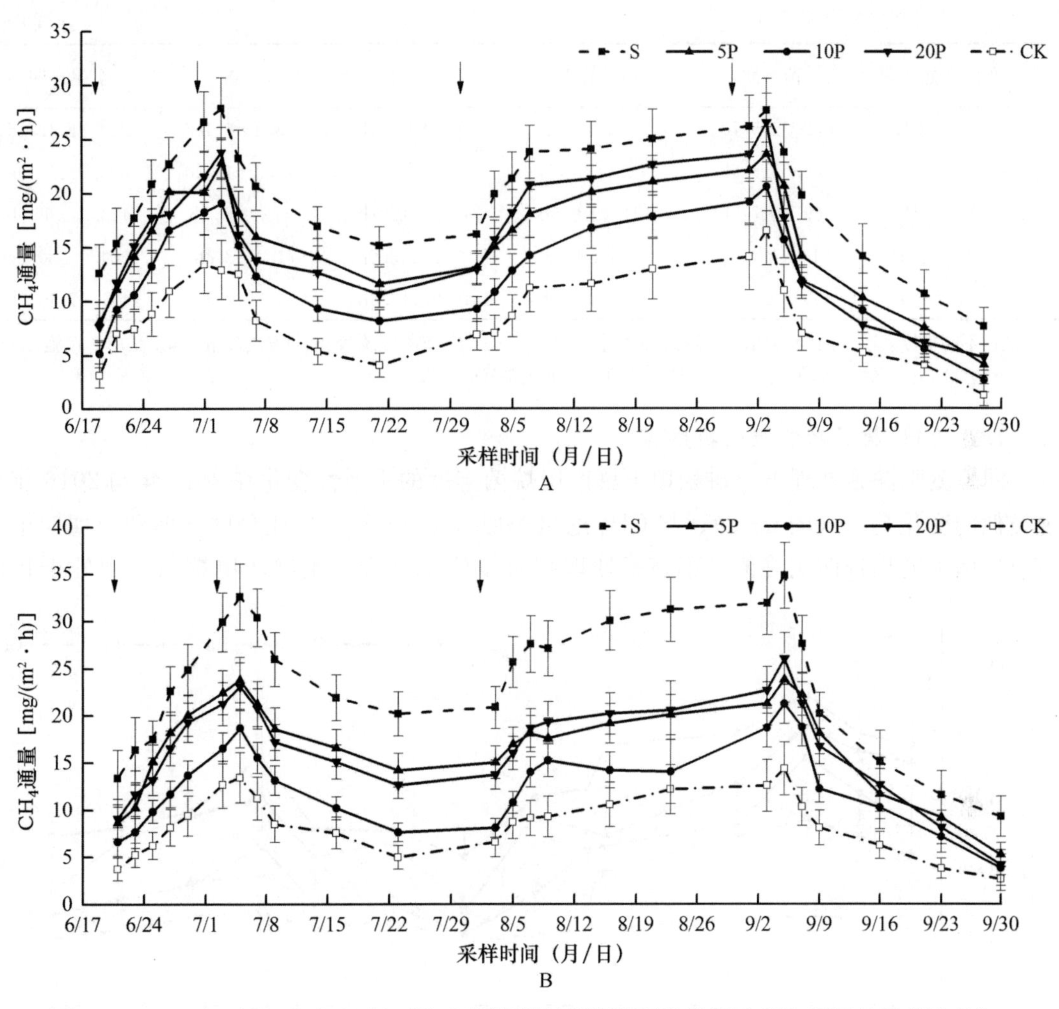

图 6-7 2015 年（A）和 2016 年（B）不同氮肥施用深度下免耕稻田 CH_4 通量的季节性变化

35.9%，其中 5P 处理相对于 S 处理 2015 年下降 20.4%，2016 年下降 28.6%；10P 处理相对于 S 处理 2015 年下降 35.8%，2016 年下降 48.7%；20P 处理相对于 S 处理 2015 年下降 20.9%，2016 年下降 30.2%。在氮肥深施处理中 10P 处理 CH_4 累计排放量最低（$P<0.05$），10P 处理相对于 5P 处理 2015 年下降 19.4%，2016 年下降 28.2%；10P 处理相对于 20P 处理 2015 年下降 18.9%，2016 年下降 26.6%。

表 6-2 2015 年和 2016 年不同氮肥施用深度下免耕稻田 CH_4 累计排放量（kg/hm^2）

年　份	处　理	苗　期	分蘖盛期	拔节期	齐穗期	全生育期
2015	CK	36.4±6.3d	50.2±3.9d	85.1±12.9d	42.0±7.3c	213.8±30.4d
	S	81.6±6.3a	134.3±4.2a	175.4±11.7a	103.2±11.7a	494.5±33.9a
	5P	65.3±2.7b	107.2±6.6b	145.2±16.9b	76.0±2.8b	393.7±29.1b
	10P	53.1±2.1c	80.8±9.8c	119.8±13.4c	63.8±7.9b	317.4±33.2c
	20P	66.5±8.6b	100.2±5.8b	154.9±11.5b	69.6±8.7b	391.2±34.6b

（续）

年　份	处　理	苗　期	分蘖盛期	拔节期	齐穗期	全生育期
2016	CK	32.2±5.7d	55.3±6.3d	79.2±14.0d	43.3±6.1c	210.1±32.1d
	S	88.5±8.9a	172.3±10.7a	217.0±17.9a	115.3±12.4a	593.2±49.9a
	5P	69.1±7.2b	124.7±8.5b	141.3±12.1b	88.2±10.3b	423.3±38.1b
	10P	47.1±4.9c	78.7±4.7c	107.2±13.0c	71.0±8.8b	304.0±30.8c
	20P	65.8±6.7b	114.8±6.9b	146.9±13.8b	86.6±9.3b	414.2±36.2b

注：不同字母表示不同处理间差异达到显著水平（$P<0.05$）。S，传统表施；5P，穴施5cm；10P，穴施10cm；20P，穴施20cm；CK，不施氮肥。表中的值为均值±标准误差（$n=3$）。

6.3.1.2　CH_4 排放功能微生物群落

同一氮肥深施处理下免耕稻田土壤产甲烷菌丰度的季节性变化在2015年与2016年呈现类似的变化趋势（图6-8）。与 CH_4 通量类似（图6-7），每年分蘖盛期和孕穗期土壤产甲烷菌丰度出现两次峰值。不施氮处理相对于施氮处理，土壤产甲烷菌丰度处于较低水平。

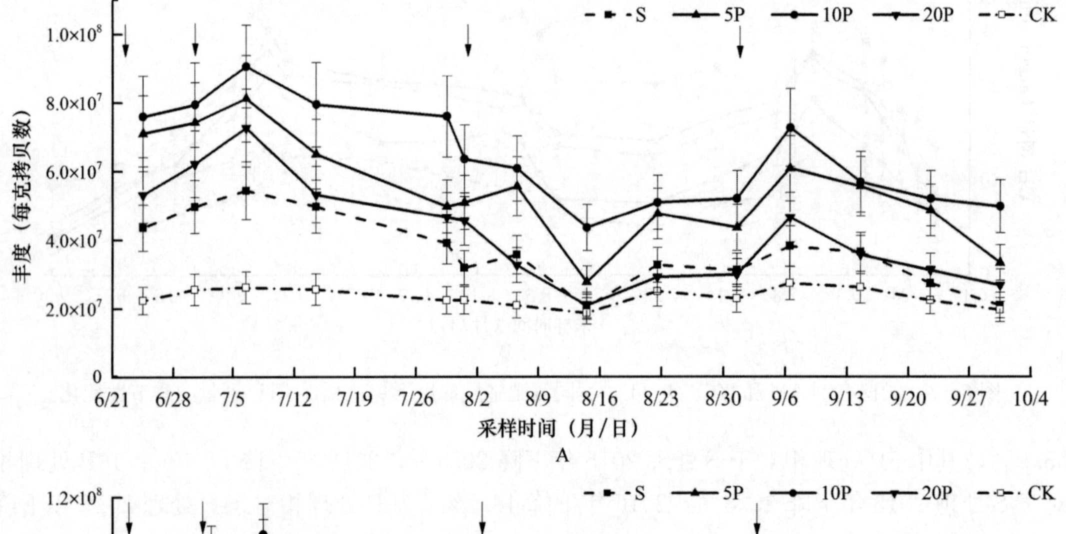

A

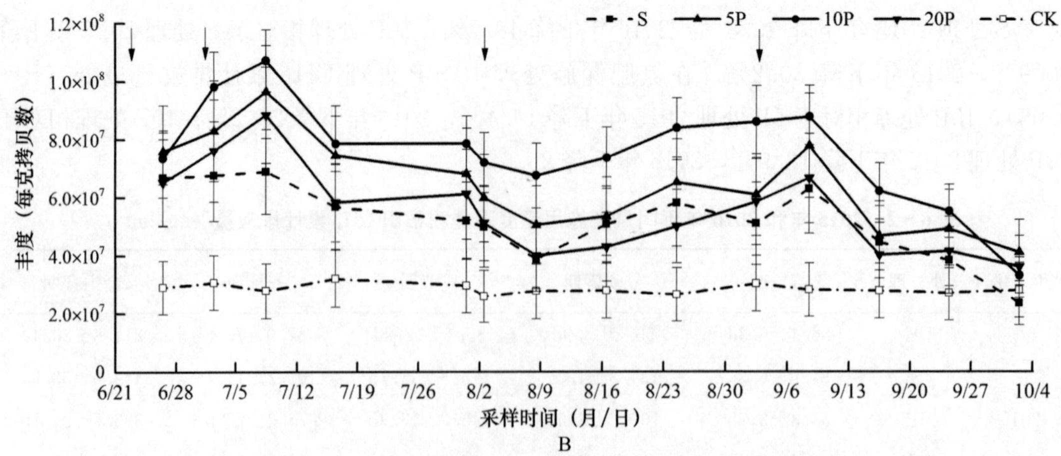

B

图6-8　2015年（A）和2016年（B）不同氮肥施用深度下免耕稻田全生育期产甲烷菌丰度变化

土壤产甲烷菌丰度整体上 2015 年每克拷贝数在 1.87×10^7～9.06×10^7 范围内变化，2016 年每克拷贝数在 2.36×10^7～1.07×10^8 范围内变化。全生育期平均产甲烷菌丰度，CK 处理每克拷贝数 2015 年为 2.34×10^7，2016 年为 2.85×10^7；S 处理每克拷贝数 2015 年为 3.65×10^7，2016 年为 5.21×10^7；氮肥深施处理每克拷贝数 2015 年为 5.36×10^7，2016 年为 6.51×10^7。其总体表现出氮肥施用处理显著高于不施氮肥处理（$P<0.05$），氮肥深施处理显著高于氮肥表施处理（$P<0.05$），氮肥深施处理相对于氮肥表施处理 2015 年升高 47.1%，2016 年升高 25.0%，其中 5P 处理相对于 S 处理 2015 年提高 49.8%，2016 年提高 23.7%；10P 处理相对于 S 处理 2015 年提高 76.9%，2016 年提高 44.9%；20P 处理相对于 S 处理 2015 年提高 14.7%，2016 年提高 6.3%。在氮肥深施处理中，10P 处理土壤产甲烷菌丰度相对于 5P 处理 2015 年提高 18.1%，2016 年提高 17.2%；20P 处理相对于 10P 处理 2015 年提高 54.3%，2016 年提高 36.3%。

同一氮肥深施处理下，免耕稻田土壤甲烷氧化菌丰度的季节性变化在 2015 年与 2016 年呈现类似的变化趋势（图 6－9）。与土壤产甲烷菌类似（图 6－8），每年分蘖盛期和孕穗期土壤甲烷氧化菌丰度出现两次峰值。不施氮处理相对于施氮处理，土壤甲烷氧化菌丰度处于较低水平。

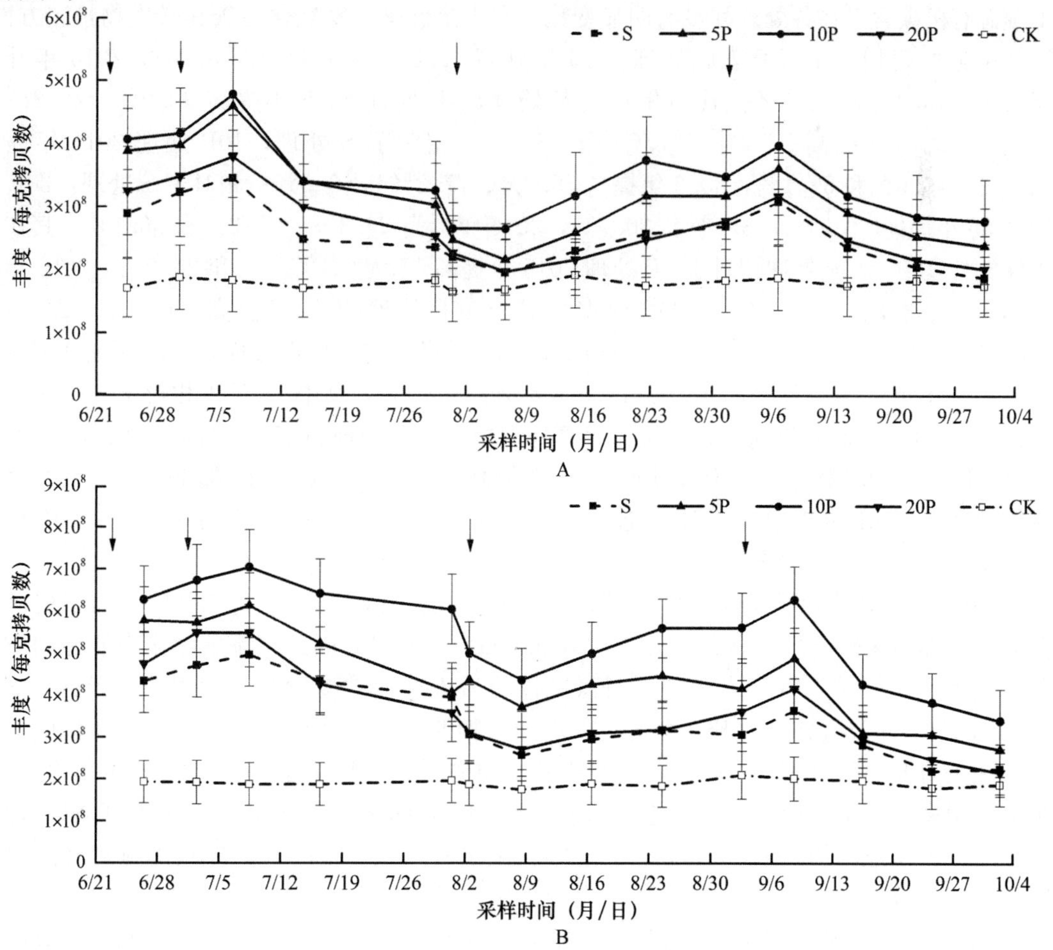

图 6－9　2015 年（A）和 2016 年（B）不同氮肥施用深度下免耕稻田全生育期甲烷氧化菌丰度变化

土壤甲烷氧化菌丰度整体上2015年每克拷贝数在1.64×10^8～4.78×10^8范围内变化，2016年每克拷贝数在1.74×10^8～7.05×10^8范围内变化。全生育期平均甲烷氧化菌丰度，CK处理每克拷贝数2015年为1.78×10^8，2016年为1.90×10^8；S处理每克拷贝数2015年为2.53×10^8，2016年为3.43×10^8；氮肥深施处理每克拷贝数2015年为3.08×10^8，2016年为4.49×10^8。其总体表现出氮肥施用处理显著高于不施氮肥处理（$P<0.05$），氮肥深施处理显著高于氮肥表施处理（$P<0.05$），氮肥深施处理相对于氮肥表施处理2015年升高21.8%，2016年升高31.0%，其中5P处理相对于S处理2015年提高23.8%，2016年提高28.5%；10P处理相对于S处理2015年提高35.8%，2016年提高58.2%；20P处理相对于S处理2015年提高5.8%，2016年提高6.3%。在氮肥深施处理中，10P处理土壤甲烷氧化菌丰度相对于5P处理2015年提高9.7%，2016年提高23.0%；10P处理相对于20P处理2015年提高28.4%，2016年提高48.8%。

6.3.1.3 *免耕稻田氮肥施用深度对CH_4排放的影响机理*

如表6-3所示，在2015年和2016年稻田收获季土壤有机碳组分含量和微生物多样性指数在各处理间表现出相同的变化趋势。其中不施氮处理处于较低水平，氮肥深施处理明显高于氮肥表施处理。土壤活性有机碳组分含量与微生物多样性指数间表现出一定正相关性，土壤总有机碳含量在各处理间没有明显变化。在水溶性碳、易氧化态碳和微生物量碳方面，氮肥深施处理相对于氮肥表施处理2015年升高40.2%、46.9%和38.7%，2016年升高35.2%、43.3%和41.9%，其中相对于S处理，5P处理2015年提高33.0%、28.2%和26.2%，2016年提高26.0%、27.6%和28.7%；相对于S处理，10P处理2015年提高56.5%、76.6%和59.1%，2016年提高55.2%、77.2%和60.8%；相对于S处理，20P处理2015年提高31.1%、33.1%和30.7%，2016年提高24.3%、25.2%和36.1%。其在氮肥深施处理中，10P处理相对于5P处理2015年提高17.7%、37.7%和26.0%，2016年提高23.1%、38.9%和24.9%；20P处理相对于10P处理2015年提高19.4%、32.7%和21.7%，2016年提高24.8%、41.5%和18.1%。在微生物多样性方面，氮肥深施处理相对于氮肥表施处理2015年升高45.5%，2016年升高43.1%，其中5P处理相对于S处理2015年提高29.0%，2016年提高26.2%；10P处理相对于S处理2015年提高71.0%，2016年提高66.7%；20P处理相对于S处理2015年提高36.6%，2016年提高36.4%。其在氮肥深施处理中，10P处理相对于5P处理2015年提高32.5%，2016年提高32.0%；20P处理相对于10P处理2015年提高25.2%，2016年提高22.2%。

稻田CH_4排放同时受到土壤产甲烷菌和甲烷氧化菌调控，土壤产甲烷菌和甲烷氧化菌多为异养微生物（He et al.，2012；Mao et al.，2015），因此土壤碳库作为能源物质对其至关重要。相对于氮肥表施，稻田氮肥深施后土壤速效氮含量显著升高（Yao et al.，2018），土壤速效氮含量的升高会通过促进微生物速效氮底物供应，激发微生物代谢，与其他相关研究类似（表6-3），土壤速效氮底物的增加诱导了土壤微生物多样性的升高。免耕稻田氮肥深施处理中，氮肥施用深度在0～10cm范围内加大时，由于土壤NH_3挥发等氮素流失途径的抑制（Liu et al.，2015），土壤速效氮含量的升高导致随氮肥施用深度的增大，速效氮对微生物群落的激发作用也随之增强（Krause et al.，2015；Ho et al.，2016）；但是在氮肥施用深度达到20cm后，由于稻田微生物主要分布于20cm土层以上（Leininger et al.，2006；Hamonts et al.，2013），致使氮肥施用深度在20cm时微生物多样性没有进一步升高。

表 6-3　2015 年和 2016 年不同氮肥施用深度免耕稻田有机碳组分含量和微生物多样性变化

年　份	处　理	水溶性碳 (mg/kg)	易氧化态碳 (mg/kg)	微生物量碳 (mg/kg)	总有机碳 (g/kg)	微生物多样性
2015	CK	315.3±32.3d	3.3±0.4c	325.8±33.1d	19.5±2.5a	3.0±0.4c
	S	423.6±43.0c	4.1±0.5c	433.6±43.8c	19.9±2.5a	3.1±0.3c
	5P	563.4±57.1b	5.3±0.6b	547.3±55.1b	19.6±2.4a	4.0±0.4b
	10P	663.0±66.8a	7.3±0.8a	689.8±69.3a	20.1±2.6a	5.3±0.6a
	20P	555.1±55.9b	5.5±0.6b	566.7±57.3b	19.8±2.7a	4.2±0.5b
2016	CK	324.0±32.9d	3.2±0.4c	315.4±32.3d	19.2±2.7a	3.1±0.4c
	S	433.3±43.8c	4.2±0.5c	421.2±42.3c	19.6±2.6a	3.3±0.4c
	5P	546.1±55.0b	5.4±0.6b	542.1±54.5b	19.6±2.7a	4.2±0.5b
	10P	672.4±67.5a	7.5±0.8a	677.2±68.2a	20.2±2.5a	5.5±0.6a
	20P	538.7±54.5b	5.3±0.6b	573.4±57.8b	19.6±2.4a	4.5±0.5b

微生物代谢的激发会诱导微生物对土壤碳库的分解利用（Singh et al.，2016；Hahn et al.，2018），进而造成土壤活性有机碳含量的升高（表 6-3），由于土壤产甲烷菌和甲烷氧化菌多为异养微生物（He et al.，2012；Mao et al.，2015），因此两种 CH_4 排放功能微生物水稻全生育期平均丰度也与土壤活性有机碳含量表现出相同的变化趋势（图 6-8 和图 6-9）。稻田 CH_4 的排放受到产甲烷菌的正向促进，同时受到甲烷氧化菌的抑制作用，在免耕稻田利用氮肥穴施达到氮肥深施效果的同时，提高了土壤溶氧量，进而促进了甲烷氧化菌的代谢（Krause et al.，2015；Ho et al.，2016）。同一处理条件下，甲烷氧化菌丰度明显高于产甲烷菌丰度（图 6-8 和图 6-9），因此免耕稻田氮肥深施条件下，CH_4 排放主要受到甲烷氧化菌调控，由此免耕稻田不同氮肥施用深度处理中，氮肥施用深度为 10cm 时 CH_4 累计排放量最低（表 6-2）。

6.3.2　免耕稻田氮肥施用深度对 N_2O 排放的影响及微生物调控机理

6.3.2.1　N_2O 排放

同一氮肥深施处理下，免耕稻田 N_2O 通量的季节性变化在 2015 年与 2016 年呈现类似的趋势（图 6-10）。每次氮肥施用后在 7～10d 内 N_2O 排放明显升高，其在第 3～4d 出现峰值。在每次施肥 10～14d 后恢复到不施氮肥处理水平，随后维持在一个较低水平，直到下一次氮肥施用。不施氮肥处理 N_2O 通量始终在较低水平。

在 2015 年与 2016 年免耕稻田不同氮肥施用深度试验中，总体上各处理 N_2O 通量 2015 年在 15.0～319.3μg/(m² · h) 范围内波动，2016 年在 23.5～305.4μg/(m² · h) 范围内波动。其中，CK 处理 N_2O 通量变化范围 2015 年为 15.0～56.3μg/(m² · h)，2016 年为 23.5～55.2μg/(m² · h)；S 处理 N_2O 通量变化范围 2015 年为 25.7～319.3μg/(m² · h)，2016 年为 27.6～305.4μg/(m² · h)；氮肥深施处理 N_2O 通量变化范围 2015 年为 19.3～303.9μg/(m² · h)，2016 年为 23.7～282.8μg/(m² · h)。免耕稻田水稻全生育期的平均

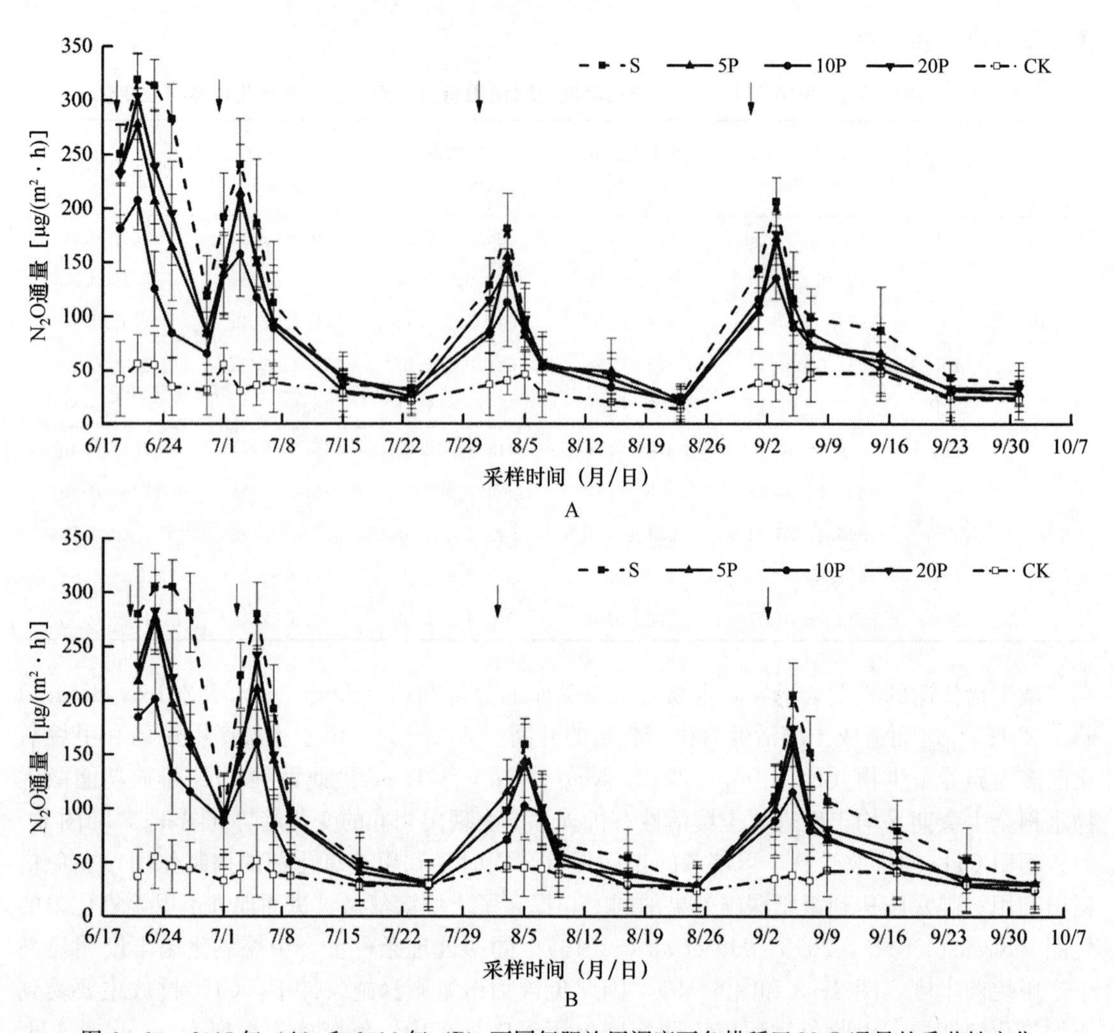

图6-10　2015年（A）和2016年（B）不同氮肥施用深度下免耕稻田N_2O通量的季节性变化

N_2O通量，CK处理2015年为23.5μg/(m²·h)，2016年为24.6μg/(m²·h)；S处理2015年为80.3μg/(m²·h)，2016年为79.1μg/(m²·h)；氮肥深施处理2015年为59.9μg/(m²·h)，2016年为58.1μg/(m²·h)。2015年与2016年总体上免耕稻田水稻全生育期的平均N_2O通量表现为氮肥施用处理显著高于不施氮肥处理（$P<0.05$），氮肥深施处理显著低于氮肥表施处理（$P<0.05$），其中10P处理显著低于其他氮肥深施处理（$P<0.05$）。

如表6-4所示，2015年和2016年不同氮肥施用深度下免耕稻田不同生育时期N_2O累计排放量，氮肥深施处理整体相对于氮肥表施处理2015年下降25.4%，2016年下降26.5%，其中5P处理相对于S处理2015年下降21.5%，2016年下降20.9%；10P处理相对于S处理2015年下降37.0%，2016年下降40.0%；20P处理相对于S处理2015年下降17.6%，2016年下降18.7%。在氮肥深施处理中10P处理N_2O累计排放量最低（$P<0.05$），10P处理相对于5P处理2015年下降19.8%，2016年下降24.1%；10P处理相对于20P处理2015年下降23.6%，2016年下降26.1%。

表 6-4 2015 年和 2016 年不同氮肥施用深度下免耕稻田 N_2O 累计排放量（kg/hm^2）

年 份	处 理	苗 期	分蘖盛期	拔节期	齐穗期	全生育期
2015	CK	0.12±0.05d	0.20±0.04d	0.10±0.02d	0.17±0.06d	0.59±0.06d
	S	0.71±0.04a	0.62±0.09a	0.31±0.04a	0.39±0.10a	2.02±0.23a
	5P	0.51±0.07b	0.51±0.07ab	0.25±0.02ab	0.31±0.05ab	1.59±0.11b
	10P	0.35±0.02c	0.44±0.04b	0.23±0.04b	0.26±0.03b	1.27±0.11c
	20P	0.56±0.05b	0.53±0.08ab	0.26±0.02ab	0.30±0.03ab	1.67±0.15b
2016	CK	0.12±0.03d	0.21±0.05c	0.11±0.02c	0.17±0.07b	0.62±0.03d
	S	0.69±0.03a	0.61±0.05a	0.28±0.02a	0.41±0.06a	1.99±0.13a
	5P	0.51±0.02b	0.53±0.07a	0.25±0.01ab	0.29±0.09ab	1.58±0.16b
	10P	0.39±0.05c	0.36±0.03b	0.21±0.01b	0.24±0.05b	1.20±0.11c
	20P	0.53±0.06b	0.54±0.04a	0.26±0.05a	0.30±0.10ab	1.62±0.13b

6.3.2.2 N_2O 还原功能微生物群落

同一氮肥深施处理下，免耕稻田土壤 nosZ 型反硝化细菌丰度的季节性变化在 2015 年与 2016 年呈现类似的变化趋势（图 6-11）。每年水稻生育季氮肥施用后在一周内土壤 nosZ 型反硝化细菌丰度显著上升，在每次氮肥施用后的第二周土壤 nosZ 型反硝化细菌丰度开始下降。不施氮肥处理丰度数值没有明显波动。

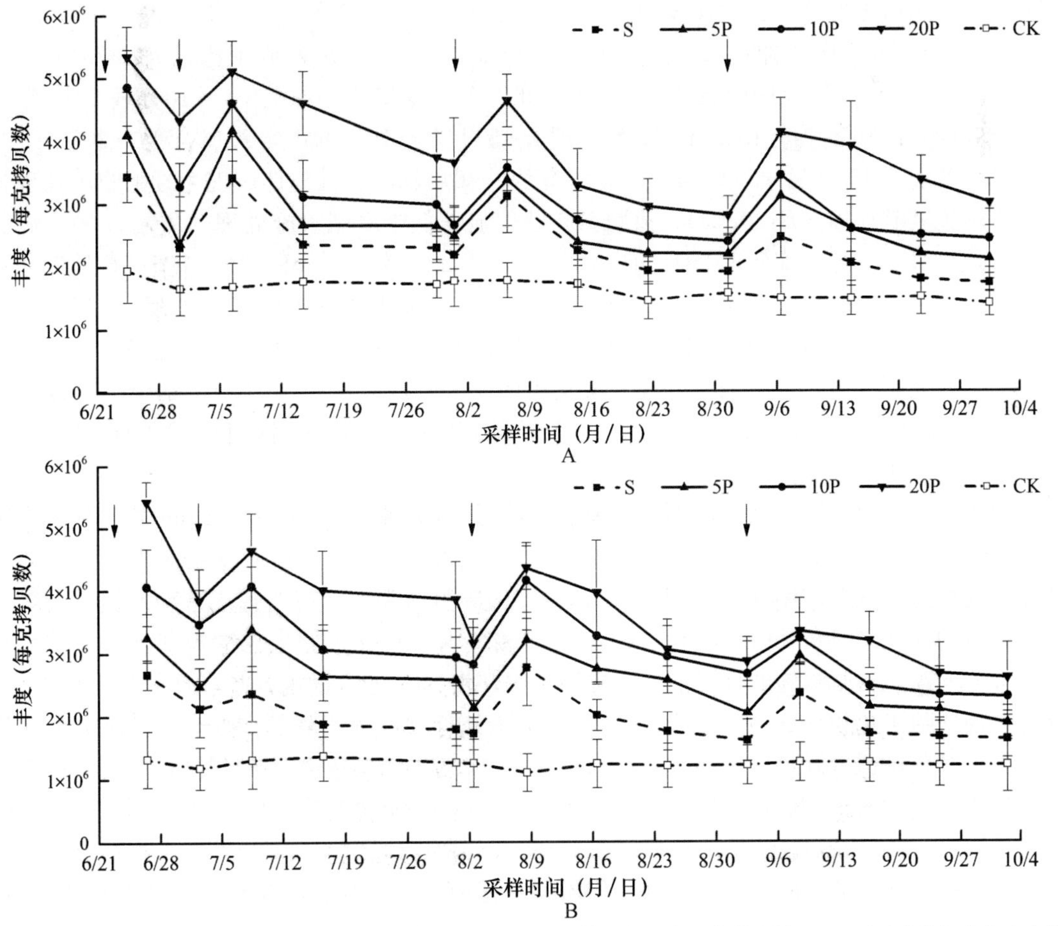

图 6-11 2015 年（A）和 2016 年（B）不同氮肥施用深度下免耕稻田全生育期土壤 nosZ 型反硝化细菌丰度变化

整体上土壤 nosZ 型反硝化细菌丰度 2015 年每克拷贝数在 1.39×10^6～5.34×10^6 范围内变化，2016 年每克拷贝数在 1.10×10^6～5.42×10^6 范围内变化。全生育期平均 nosZ 型反硝化细菌丰度方面，CK 处理每克拷贝数 2015 年为 1.63×10^6，2016 年为 1.24×10^6；S 处理每克拷贝数 2015 年为 2.37×10^6，2016 年为 2.00×10^6；氮肥深施处理每克拷贝数 2015 年为 3.26×10^6，2016 年为 3.12×10^6。其总体表现出氮肥施用处理显著高于不施氮肥处理（$P<0.05$），氮肥深施处理显著高于氮肥表施处理（$P<0.05$），氮肥深施处理相对于氮肥表施处理 2015 年升高 37.6%，2016 年升高 55.7%，其中 5P 处理相对于 S 处理 2015 年提高 16.3%，2016 年提高 28.9%；10P 处理相对于 S 处理 2015 年提高 31.4%，2016 年提高 56.3%；20P 处理相对于 S 处理 2015 年提高 65.2%，2016 年提高 81.8%。在氮肥深施处理中土壤 nosZ 型反硝化细菌丰度表现出随施用深度加大而上升的规律（$P<0.05$），其中 10P 处理相对于 5P 处理 2015 年提高 13.0%，2016 年提高 21.3%；20P 处理相对于 10P 处理 2015 年提高 25.7%，2016 年提高 16.3%。

6.3.2.3 免耕稻田氮肥施用深度对 N_2O 排放的影响机理

同一氮肥深施处理下，免耕稻田土壤氧化还原电位的季节性变化在 2015 年与 2016 年呈现类似的变化趋势（图 6-12）。每次水稻生育季氮肥施用后在一周内土壤氧化还原电位会出现一次显著的下降，在第 3～4d 出现最低值。在每次施肥 10～14d 后土壤氧化还原电位逐渐升高。不施氮肥处理没有明显波动。

各处理土壤氧化还原电位 2015 年在 −411.3～−85.8mV 范围内波动，2016 年在 −491.6～−112.7mV 范围内波动。全生育期的平均土壤氧化还原电位，CK 处理 2015 年为 −118.9mV，2016 年为 −154.2mV；S 处理 2015 年为 −151.0mV，2016 年为 −202.1mV；氮肥深施处理 2015 年为 −244.8mV，2016 年为 −301.7mV。其整体表现为氮肥施用处理显著低于不施氮肥处理（$P<0.05$），氮肥深施处理显著低于氮肥表施处理（$P<0.05$），氮肥深施处理相对于氮肥表施处理 2015 年下降 62.2%，2016 年下降 49.3%，其中 5P 处理相对于 S 处理 2015 年下降 45.5%，2016 年下降 34.6%；10P 处理相对于 S 处理 2015 年下降 91.5%，2016 年下降 69.2%；20P 处理相对于 S 处理 2015 年下降 49.6%，2016 年下降 44.0%。在氮肥深施处理中 10P 处理土壤氧化还原电位最低（$P<0.05$），其中 10P 处理相对于 5P 处理 2015 年下降 31.6%，2016 年下降 25.7%；10P 处理相对于 20P 处理 2015 年下降 28.0%，2016 年下降 17.5%。

由于免耕稻田土壤容重的增加，以及溶氧量的下降，相对于翻耕稻田，免耕条件下土壤还原性增强（Strudley et al.，2008；Haque et al.，2016）。由于氮肥施用对土壤氮循环功能微生物群落的激发作用（Yoshida et al.，2009），整体微生物群落代谢活动的促进会增加土壤溶氧的消耗（Chen et al.，2008），进一步诱导土壤氧化还原电位的短期下降。相对于氮肥表施处理，氮肥深施处理可能通过提高土壤环境速效氮含量进一步降低氧化还原电位，并综合地增强了免耕稻田土壤还原性。氮肥深施处理中，由于深施 10cm 处理相对于深施 5cm 处理对免耕稻田氮肥气态损失的抑制作用更强，其对土壤还原性的提高程度更大；但是将氮肥深施到 20cm 土壤深层以后，由于 20cm 稻田土壤深层整体微生物分布较 0～10cm 土壤上层要少（Leininger et al.，2006；Hamonts et al.，2013），其对土壤微生物群落的整体影响没有进一步伴随氮肥气态损失抑制作用的增强而进一步加大，最终使得 20P 处理同 5P 处理土壤还原性接近。

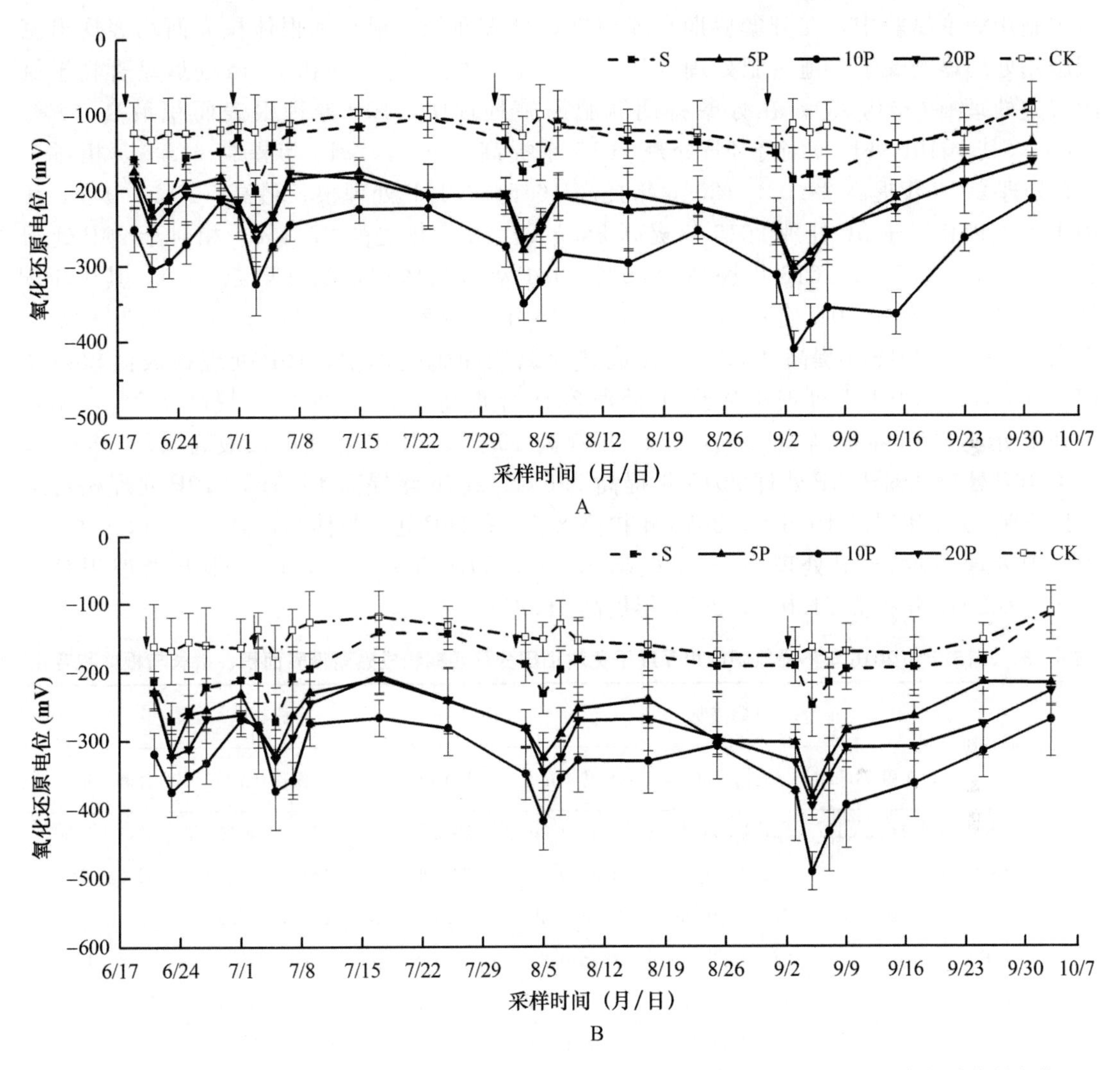

图 6-12　2015 年（A）和 2016 年（B）不同氮肥施用深度下免耕稻田氧化还原电位的季节性变化

利用免耕稻田土壤还原性的升高促进 N_2O 还原是实现 N_2O 减排的方法途径之一，根据上文对氮肥深施后的免耕稻田土壤还原性的分析，综合氮肥深施处理 N_2O 排放总量数据，免耕稻田氮肥深施后可以促进氮肥产生的 N_2O 还原，从而产生减排作用效果。根据上文分析，免耕稻田氮肥施用深度在 10cm 时，土壤还原性最强，并进一步诱导 nosZ 型反硝化细菌丰度升高（图 6-11），因此氮肥深施处理对免耕稻田 N_2O 的减排作用 10P 处理最大。

6.4　免耕稻田氮肥施用深度对水稻氮肥利用率和产量的影响

6.4.1　水稻根系生长

根据表 6-5 可以看出，同一氮肥施用深度对免耕稻田分蘖盛期和成熟期根表面积、根长和根体积的影响趋势在 2015 年与 2016 年相近。在 2015 年和 2016 年免耕稻田不同氮肥施用深度试验中，在分蘖盛期和成熟期，根表面积、根长和根体积方面均表现出氮肥施用处理显著高于不施氮肥处理（$P<0.05$），氮肥深施 5cm 和 10cm 处理显著高于氮肥表施处理（$P<0.05$）。在分蘖盛期氮肥深施处理中，10P 处理根表面积最高（$P<0.05$），其中 10P 处理相对于 5P 处理 2015 年提高 7.9%，2016 年提高 6.5%，相对于 20P 处理 2015 年提高 28.0%，2016 年提高 16.5%；10P 处理根长最高（$P<0.05$），其中 10P 处理相对于 5P 处理 2015 年提高 28.5%，2016 年提高 27.1%，相对于 20P 处理 2015 年提高 49.5%，2016 年提高 58.9%；10P 处理根体积最高（$P<0.05$），其中 10P 处理相对于 5P 处理 2015 年提高 21.6%，2016 年提高 20.0%，相对于 20P 处理 2015 年提高 40.6%，2016 年提高 31.3%。在成熟期氮肥深施处理中，10P 处理根表面积最高（$P<0.05$），其中 10P 处理相对于 5P 处理 2015 年提高 9.1%，2016 年提高 9.9%，相对于 20P 处理 2015 年提高 25.2%，2016 年提高 16.5%；10P 处理根长最高（$P<0.05$），其中 10P 处理相对于 5P 处理 2015 年提高 7.6%，2016 年提高 15.5%，10P 处理相对于 20P 处理 2015 年提高 19.6%，2016 年提高 8.6%；10P 处理根体积最高（$P<0.05$），其中 10P 处理相对于 5P 处理 2015 年提高 7.3%，2016 年提高 15.9%，10P 处理相对于 20P 处理 2015 年提高 21.0%，2016 年提高 16.6%。

表 6-5　2015 年和 2016 年不同氮肥施用深度下免耕稻田分蘖盛期和成熟期根表面积、根长与根体积变化

年份	处理	分蘖盛期			成熟期		
		表面积（m^2）	根长（m）	体积（m^3）	表面积（m^2）	根长（m）	体积（m^3）
2015	CK	7.1±0.2d	121.1±11.1d	1.6±0.2d	28.2±1.3d	211.2±12.1d	42.3±1.9c
	S	7.9±0.2c	159.3±10.7c	2.8±0.1c	32.2±1.2c	289.5±10.3c	52.3±1.5b
	5P	8.9±0.2b	211.2±10.5b	3.7±0.3b	35.1±1.5b	339.7±12.6b	60.1±1.3a
	10P	9.6±0.2a	271.3±13.2a	4.5±0.3a	38.3±1.0a	365.4±15.3a	64.5±1.5a
	20P	7.5±0.1c	181.5±10.8c	3.2±0.5b	30.6±1.3c	305.6±14.1c	53.3±1.6b
2016	CK	6.6±0.2e	121.3±11.7e	1.7±0.4d	26.8±1.3e	213.2±11.5d	45.2±2.3d
	S	7.8±0.1d	158.3±11.2d	2.5±0.3c	31.2±1.2d	305.1±12.0c	55.2±2.5c
	5P	9.3±0.2b	215.2±11.5b	3.5±0.3b	35.3±1.5b	356.3±11.5b	66.1±2.0b
	10P	9.9±0.3a	273.5±11.3a	4.2±0.3a	38.8±1.1a	411.5±12.3a	76.6±2.8a
	20P	8.5±0.2c	172.1±11.5c	3.2±0.2b	33.3±1.3c	378.8±12.5b	65.7±2.2b

6.4.2　水稻吸氮量

根据表 6-6 可以看出，同一氮肥施用深度对免耕稻田成熟期水稻植株不同器官吸氮量的影响趋势相接近。在 2015 年和 2016 年免耕稻田不同氮肥施用深度试验中，水稻植株穗部、茎叶部和根部的吸氮量均表现出，氮肥施用处理显著高于不施氮肥处理（$P<0.05$），氮肥深施处理显著高于氮肥表施处理（$P<0.05$）。水稻植株穗部吸氮量，总体上氮肥深施处理相对于氮肥表施处理 2015 年升高 23.3%，2016 年升高 18.0%，其中相对于 S 处理，5P、10P 和 20P 处理 2015 年分别提高 19.0%、35.0%和 16.0%，2016 年分别提高 15.9%、25.8%和 12.1%；氮肥深施处理中 10P 处理最高（$P<0.05$），其中 10P 处理相对于 5P 处

理 2015 年提高 13.5%，2016 年提高 8.6%。水稻植株茎叶部的吸氮量，总体上氮肥深施处理相对于氮肥表施处理 2015 年升高 30.7%，2016 年升高 32.8%，其中相对于 S 处理，5P、10P 和 20P 处理 2015 年分别提高 31.3%、47.3%和 13.6%，2016 年分别提高 34.6%、50.3%和 13.5%；氮肥深施处理中 10P 处理最高（$P<0.05$），其中 5P 处理相对于 20P 处理 2015 年提高 15.5%（$P<0.05$），2016 年提高 18.6%（$P<0.05$），10P 处理相对于 5P 处理 2015 年提高 12.2%，2016 年提高 11.6%。水稻植株根部的吸氮量，总体上氮肥深施处理相对于氮肥表施处理 2015 年升高 74.5%，2016 年升高 52.5%，其中相对于 S 处理，5P、10P 和 20P 处理 2015 年分别提高 70.0%、116.4%和 37.1%，2016 年分别提高 47.6%、91.6%和 18.3%；在氮肥深施处理中 10P 处理最高（$P<0.05$），其中 5P 处理相对于 20P 处理 2015 年提高 24.0%（$P<0.05$），2016 年提高 24.8%（$P<0.05$），10P 处理相对于 5P 处理 2015 年提高 27.3%，2016 年提高 29.8%。

表 6-6 2015 年和 2016 年不同氮肥施用深度下免耕稻田成熟期水稻植株吸氮量（kg/hm^2）

年 份	处 理	穗	茎叶	根系
2015	CK	26.0±3.3d	28.1±3.3e	2.5±0.3e
	S	67.4±1.9c	68.8±1.8d	3.7±0.6d
	5P	80.2±4.8b	90.3±4.7b	6.2±0.4b
	10P	91.0±6.8a	101.3±3.1a	7.9±0.8a
	20P	78.2±7.1b	78.1±2.7c	5.0±0.4c
2016	CK	26.1±1.3d	26.4±2.8e	2.8±0.4e
	S	71.1±2.0c	61.9±3.9d	4.3±0.3d
	5P	82.4±1.1b	83.4±4.0b	6.4±0.4b
	10P	89.4±3.0a	93.1±2.5a	8.3±0.7a
	20P	79.7±3.1b	70.3±6.0c	5.1±0.2c

6.4.3 氮肥利用率和产量

氮肥利用率和产量（表 6-7）均表现出氮肥深施处理显著高于氮肥表施处理（$P<0.05$），氮素深施处理中 10P 处理最高（$P<0.05$）。以氮素吸收利用率为代表分析氮肥利用率，总体上氮肥深施处理相对于氮肥表施处理 2015 年升高 47.6%，2016 年升高 43.2%，其中相对于 S 处理，5P、10P 和 20P 处理 2015 年分别提高 44.3%、72.6%和 25.9%，2016 年分别提高 42.5%、65.3%和 21.7%；在氮肥深施处理中，5P 处理相对于 20P 处理 2015 年提高 14.6%（$P<0.05$），2016 年提高 17.1%（$P<0.05$），10P 处理相对于 5P 处理 2015 年提高 19.6%，2016 年提高 16.0%。免耕稻田实际产量，总体上氮肥深施处理相对于氮肥表施处理 2015 年升高 11.2%，2016 年升高 15.5%，其中相对于 S 处理，5P、10P 和 20P 处理 2015 年分别提高 8.2%、16.0%和 9.4%，2016 年分别提高 13.7%、21.1%和 11.7%；在氮肥深施处理中，10P 处理相对于 5P 处理 2015 年提高 7.2%，2016 年 6.5%，10P 处理相对于 20P 处理 2015 年提高 6.0%，2016 年提高 8.4%。

表 6-7　不同氮肥深施处理稻田氮肥利用率和产量变化

年份	处理	氮素吸收利用率（%）	氮素农学效率（kg/kg）	氮肥偏生产力（kg/kg）	产量（t/hm^2）
2015	CK	—	—	—	4.69±0.25d
	S	46.21±2.19d	12.62±1.56c	38.66±1.56c	6.96±0.28c
	5P	66.69±4.92b	15.79±0.61b	41.83±0.61b	7.53±0.11b
	10P	79.74±5.16a	18.79±0.73a	44.84±0.73a	8.07±0.13a
	20P	58.18±5.00c	16.25±1.28b	42.30±1.28b	7.61±0.23b
2016	CK	—	—	—	4.75±0.12d
	S	45.52±3.33d	10.93±0.76c	37.29±0.76c	6.71±0.14c
	5P	64.87±2.55b	16.05±1.33b	42.41±1.33b	7.63±0.24b
	10P	75.24±3.25a	18.81±1.10a	45.17±1.10a	8.13±0.20a
	20P	55.39±3.37c	15.30±1.03b	41.67±1.03b	7.50±0.19b

6.4.4　免耕稻田氮肥施用深度对水稻氮肥利用率和产量的影响分析

很多相关研究指出水稻根系生长的增强会进一步促进根系对氮素营养的吸收利用（Kondo et al.，2000；Pierret et al.，2007），从而提高氮肥利用率，尤其是水稻分蘖盛期根系生长的增强对于氮肥利用率的提高更为重要（Kondo et al.，2000）。本研究中基肥采用氮肥深施，氮肥深施处理相对于氮肥表施处理对水稻根系生长的增强在水稻分蘖盛期就有表现出来（表 6-5）；同时根系的表面积对于氮肥吸收的作用尤为突出，所以免耕稻田氮肥深施对水稻根系生长方面的增强也更多地体现在对根表面积的提高作用上。

免耕稻田氮肥深施相对于氮肥表施可以显著降低气态氮损失（Liu et al.，2015），提高土壤速效氮含量，进而促进了水稻根系的生长，尤其是提高了根表面积，从而促进氮肥吸收利用，最终提高免耕稻田氮肥利用率；氮肥深施处理中，根系生长增强程度深施 10cm 最大，因此在氮肥利用率方面深施 10cm 最高。

很多稻田栽培管理研究均指出稻田产量受到氮肥利用的调控，二者表现出显著的相关性（Li et al.，2010；Cao et al.，2015），本研究具有相同的研究结果，在 2015 年和 2016 年大田试验中各处理产量和氮肥利用率差异均表现为 10P 处理最高（表 6-7），氮肥利用的增强可以促进籽粒的氮同化（表 6-6），进而提高免耕稻田产量。免耕稻田采用氮肥深施技术相对于先前的氮肥撒施技术显著提高产量 11.9%～17.4%，该项技术具有一定推广应用价值，其减少免耕稻田气态氮损失的同时（Liu et al.，2015），提高免耕稻田氮肥利用率和产量。

6.5　免耕稻田氮肥施用深度对稻田碳足迹和净生态系统经济效益的影响

6.5.1　碳足迹计算

碳足迹分析方法从生命周期的视角分析碳排放的整个过程，并将农业活动相关的温室气体排放量纳入考虑，可以深度分析碳排放的本质过程，进而从源头上制定合理的碳减排计划。相对于其他碳排放研究，碳足迹是从生命周期的角度出发分析产品生命周期或与活动直接和间接相关的碳排放过程（Gan et al.，2014；She et al.，2017）。

通过生命周期清单分析得到所研究对象的输入和输出数据清单，进而计算研究对象全生命周期的碳排放，即碳足迹（Xue et al.，2014）。通过以上分析发现免耕稻田氮肥施用深度在 10cm 时温室气体排放和氮肥利用率最高，因此免耕稻田氮肥深施碳足迹分析以氮肥深施 10cm 为代表，以传统氮肥撒施为对照。以 2016 年、2017 年和 2018 年三年的碳足迹数据作为重复，进行碳足迹方差分析。免耕稻田氮肥深施试验碳足迹计算参数使用 eBalance 4.7 软件，选用 CLCD 1.0 数据库原料、人力、运输和能源转化等参数计算得到。肥料、地膜和病虫草害防治用药量转换参数综合生产原料及生产人力费、生产能耗、运输费。种子用量转换参数综合生产成本和运输费。电力能耗为秧田和大田灌溉用电，转换参数根据当地电价。柴油为收割机耗油，转换参数根据当地油价。最终形成针对免耕稻田氮肥深施试验区的不同农业投入温室气体排放转化因子（表 6-8），进而通过碳足迹分析更为客观准确地评估免耕稻田氮肥深施技术。

表 6-8　不同农业投入温室气体排放转化因子

农业投入	排放因子
柴油（kg/kg）	1.03
用电（kg/kW）	1.75
氮肥（kg/kg）	1.68
磷肥（kg/kg）	1.71
钾肥（kg/kg）	0.55
地膜（kg/kg）	20.31
虫害防治（kg/kg）	18.31
草害防治（kg/kg）	12.18
病害防治（kg/kg）	12.56
水稻种子（kg/kg）	2.03

6.5.2　碳排放评估

通过温室气体排放转化因子换算肥料、用种、病虫草害防治等农业投入产生的温室气体排放，并通过 CH_4 和 N_2O 增温系数换算为 CO_2 排放量，构建免耕稻田总温室气体排放量清单，可以更好地分析免耕稻田氮肥深施技术所产生的温室气体排放变化。换算后氮肥表施处理总温室气体排放量显著高于氮肥深施处理 51.8%，与其他稻田温室气体排放研究类似（Linquist et al.，2012），其中 CH_4 的排放量为免耕稻田总温室气体排放的主体，占总温室气体排放的 83.0%～88.1%。相对于氮肥表施处理，氮肥深施处理 CH_4 排放总量显著降低 25.7%～35.9%，相对于氮肥深施在 N_2O 和农业投入方面减少的温室气体排放，CH_4 的减排比例最高，因此免耕稻田氮肥深施模式主要通过降低免耕稻田 CH_4 的排放量降低了温室气体排放总量（图 6-13）。

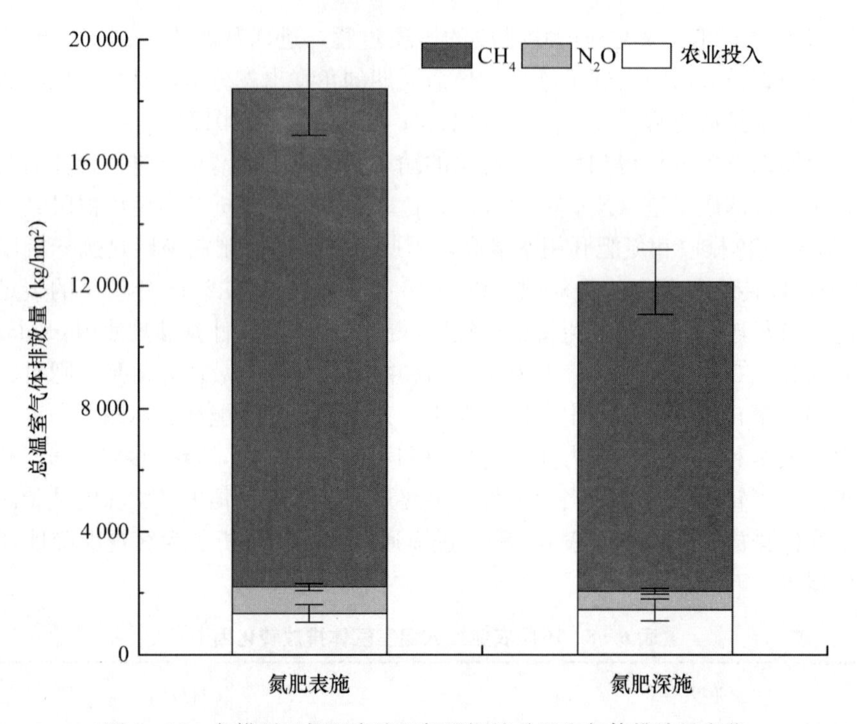

图 6-13　免耕稻田氮肥表施和氮肥深施总温室气体排放量变化

6.5.3　稻田碳足迹和净生态系统经济效益分析

通过稻田总温室气体的排放量与水稻产量的比值可以计算稻田碳足迹，根据本章前几节的分析，免耕稻田采用氮肥深施技术显著降低稻田温室气体排放总量的同时，也显著提高了免耕稻田的产量，在碳足迹方面相对于氮肥表施，氮肥深施显著降低 45.9%。在免耕稻田

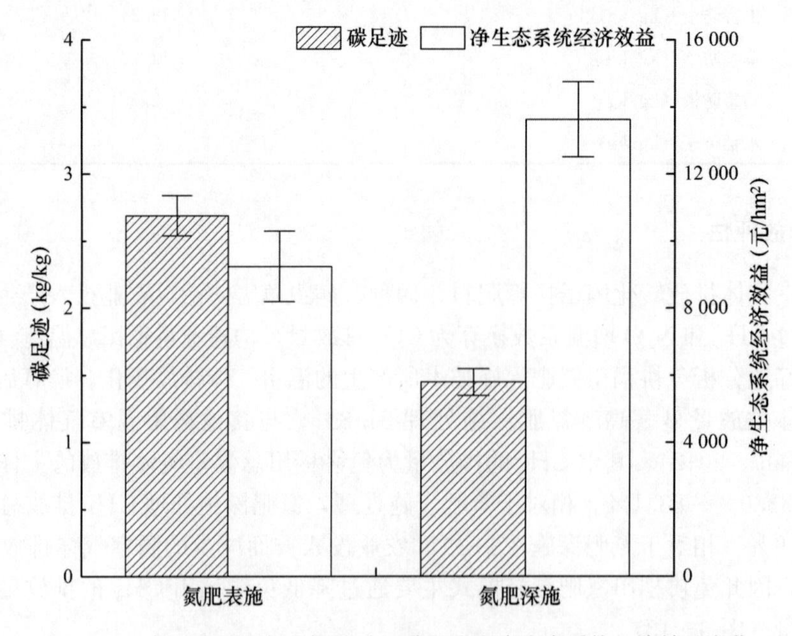

图 6-14　氮肥表施和氮肥深施处理碳足迹和净生态系统经济效益变化

采用氮肥深施技术可以显著降低稻田生产产生的碳投入，实现低碳生产。与此同时，通过国际碳价换算温室气体排放总量，将稻谷收入减去农业投入和温室气体排放投入计算净生态经济效益后，相对于免耕稻田氮肥表施，采用氮肥深施技术后，免耕稻田净生态系统经济效益显著升高 17.8%，综合说明在免耕稻田采用氮肥深施技术可以通过降低温室气体排放和提高产量两个途径实现稻田低碳生产模式。

综合本章节以上分析，在免耕稻田采用氮肥深施技术，可以通过提高稻田土壤速效氮含量和土壤活性有机碳含量，对温室气体排放功能微生物群落产生影响，进而抑制 CH_4 和 N_2O 的排放。同时通过促进根系生长，促进水稻植株氮素吸收，提高免耕稻田产量，从而实现免耕稻田低碳高效生产，提高免耕稻田生态经济效益。

参考文献

程式华，胡培松，2008. 中国水稻科技发展战略. 中国水稻科学，22（3）：223－226.

林先贵，2010. 土壤微生物研究原理与方法. 北京：高等教育出版社：229－233.

马玉华，刘兵，张枝盛，等，2013. 免耕稻田氮肥运筹对土壤 NH_3 挥发及氮肥利用率的影响. 生态学报，33（18）：5556－5564.

武际，郭熙盛，张祥明，等，2013. 免耕条件下水稻产量及稻田无机氮供应特征. 中国农业科学，46（6）：1172－1181.

Alvarez R，Steinbach H S，2009. A review of the effects of tillage systems on some soil physical properties，water content，nitrate availability and crops yield in the Argentine Pampas. Soil & Tillage Research，104：1－15.

Angel R，Claus P，Conrad R，2012. Methanogenic archaea are globally ubiquitous in aerated soils and become active under wet anoxic conditions. The ISME Journal，6（4）：847－862.

Attard E，Poly F，Commeaux C，et al.，2010. Shifts between nitrospira and nitrobacter-like nitrite oxidizers underlie the response of soil potential nitrite oxidation to changes in tillage practices. Environmental Microbiology，12：315－326.

Azziz G，Monza J，Etchebehere C，et al.，2017. nirS-and nirK-type denitrifier communities are differentially affected by soil type，rice cultivar and water management. European Journal Soil Biology，78：20－28.

Bannert A，Kleineidam K，Wissing L，et al.，2011. Changes in diversity and functional gene abundances of microbial communities involved in nitrogen fixation，nitrification，and denitrification in a tidal wetland versus paddy soils cultivated for different time periods. Applied and Environmental Microbiology，77：6109－6116.

Baudoin E，Philippot L，Cheneby D，et al.，2009. Direct seeding mulch-based cropping increases both the activity and the abundance of denitrifier communities in a tropical soil. Soil Biology and Biochemistry，41：1703－1709.

Braker G，Fesefeldt A，Witzel K P，1998. Development of PCR primer systems for amplification of nitrite reductase genes（*nirK* and *nirS*）to detect denitrifying bacteria in environmental samples. Applied and Environmental Microbiology，64：3769－3775.

Cao YS，Yin B，2015. Effects of integrated high-efficiency practice versus conventional practice on rice yield and N fate. Agriculture，Ecosystems & Environment，202：1－7.

Chen X P，Zhu Y G，Hong M N，et al.，2010. Effects of different forms of nitrogen fertilizers on arsenic uptake by rice plants. Environmental Toxicology and Chemistry，27：881－887.

Chen X P, Zhu Y G, Xia Y, et al., 2008. Ammonia-oxidizing archaea: important players in paddy rhizosphere soil?Environmental Microbiology, 10: 1978-1987.

Chen Z, Ti J S, Chen F, 2017. Soil aggregates response to tillage and residue management in a double paddy rice soil of the southern China. Nutrient Cycling in Agroecosystems, 109: 1-12.

Filizadeh Y, Rezazadeh A, Younessi Z, 2007. Effects of crop rotation and tillage depth on weed competition and yield of rice in the paddy fields of northern iran. Journal of Agricultural Science Technology, 9: 99-105.

Francis C A, Roberts K J, Beman J M, et al., 2005. Ubiquity and diversity of ammonia-oxidizing archaea in water columns and sediments of the ocean. Proceedings of the National Academy of Sciences, 102: 14683-14688.

Gan YT, Liang C, Chai Q, et al., 2014. Improving farming practices reduces the carbon footprint of spring wheat production. Nature Communications, 5: 5012.

Guo L J, Zhang Z S, Wang D D, et al., 2015. Effects of short-term conservation management practices on soil organic carbon fractions and microbial community composition under a rice-wheat rotation system. Biology and Fertility of Soils, 51: 65-75.

Hahn J, Juottonen H, Fritze H, et al., 2018. Dung application increases CH_4 production potential and alters the composition and abundance of methanogen community in restored peatland soils from Europe. Biology and Fertility of Soils, 54: 533-547.

Hamonts K, Clough T J, Stewart A, et al., 2013. Effect of nitrogen and waterlogging on denitrifier gene abundance, community structure and activity in the rhizosphere of wheat. FEMS Microbiology Ecology, 83: 568-584.

Haque E, Sarkar S, Hassan M, et al., 2016. Tuning graphene for energy and environmental applications: oxygen reduction reaction and greenhouse gas mitigation. Journal of Power Sources, 328: 472-481.

He R, Wooller M J, Pohlman J W, et al., 2012. Identification of functionally active aerobic methanotrophs in sediments from an arctic lake using stable isotope probing. Environment Microbiology, 14: 1403-1419.

Henry S, Bru B, Stres S, et al., 2006. Quantitative detection of the *nosZ* gene, encoding nitrous oxide reductase, and comparison of the abundances of 16S rRNA, *narG*, *nirK*, and *nosZ* genes in soils. Applied and Environmental Microbiology, 72: 5181-5189.

Ho A, Lüke C, Reim A, et al., 2016. Resilience of (seed bank) aerobic methanotrophs and methanotrophic activity to desiccation and heat stress. Soil Biology and Biochemistry, 101: 130-138.

IPCC, 2013. Climate Change 2013: The Physical Science Basis//Contribution of Working Group Ⅰ to the Fifth Assessment Report of the Intergovernmental Panel on Climate Change. Cambridge: Cambridge University Press.

Jiang X, Hou X, Zhou X, et al., 2015. pH regulates key players of nitrification in paddy soils. Soil Biology and Biochemistry, 81: 9-16.

Ke X, Angel R, Lu Y, et al., 2013. Niche differentiation of ammonia oxidizers and nitrite oxidizers in rice paddy soil. Environmental Microbiology, 15: 2275-2292.

Kondo M, Aguilar A, Abe J, et al., 2000. Anatomy of nodal roots in tropical upland and lowland rice varieties. Plant Production Science, 3: 437-445.

Krause S, Niklaus P A, Morcillo S, et al., 2015. Compositional and functional stability of aerobic methane consuming communities in drained and rewetted peat meadows. FEMS Microbiology Ecology, 91 (11): fiv119.

Lee H J, Jeong S E, Kim P J, et al., 2015. High resolution depth distribution of bacteria, archaea, methanotrophs, and methanogens in the bulk and rhizosphere soils of a flooded rice paddy. Frontiers in Microbiology, 6: 639 - 651.

Leininger S, Urich T, Schloter M, et al., 2006. Archaea predominate among ammonia-oxidizing prokaryotes in soils. Nature, 442: 806 - 809.

Li C, Jing Y, Zhang C, et al., 2010. Effects of short-term tillage and fertilization on grain yields and soil properties of rice production systems in central China. Journal of Food Agriculture and Environment, 8: 577 - 584.

Li C, Zhang Z, Guo L, et al., 2013. Emissions of CH_4 and CO_2 from double rice cropping systems under varying tillage and seeding methods. Atmospheric Environment, 80: 438 - 444.

Linquist B A, Adviento-Borbe M A, Pittelkow C M, et al., 2012. Fertilizer management practices and greenhouse gas emissions from rice systems: a quantitative review and analysis. Field Crops Research, 135, 10 - 21.

Liu T Q, Fan D J, Zhang X X, et al., 2015. Deep placement of nitrogen fertilizers reduces ammonia volatilization and increases nitrogen utilization efficiency in no-tillage paddy fields in central China. Field Crops Research, 184: 80 - 90.

Liu Y, Shen K, Wu Y, et al., 2017. Abundance and structure composition of *nirK* and *nosZ* genes as well as denitrifying activity in heavy metal-polluted paddy soils. Geomicrobiology, 35: 100 - 107.

Mao T T, Yin R, Deng H, 2015. Effects of copper on methane emission, methanogens and methanotrophs in the rhizosphere and bulk soil of rice paddy. Catena, 133: 233 - 240.

Mkhabela M S, Madani A, Gordon R, et al., 2008. Gaseous and leaching nitrogen losses from no-tillage and conventional tillage systems following surface application of cattle manure. Soil & Tillage Research, 98: 187 - 199.

Olsson P A, Hansson M C, Burleigh S H, 2006. Effect of P availability on temporal dynamics of carbon allocation and glomus intraradices high-affinity P transporter gene induction in arbuscular mycorrhiza. Applied and Environment Microbiology, 72: 4115 - 4120.

Pierret A, Doussan C, Capowiez Y, et al., 2007. Root functional architecture: a framework for modeling the interplay between roots and soil. Vadose Zone Journal, 6: 269 - 281.

Priemé A, Braker G, Tiedje J M, 2002. Diversity of nitrite reductase (*nirK* and *nirS*) gene fragments in forested upland and wetland soils. Applied and Environmental Microbiology, 68: 1893 - 1900.

Quan Y, Liu P, Lu Y, 2012. Differential responses of nirK-and nirS-carrying bacteria to denitrifying conditions in the anoxic rice field soil. Environmental Microbiology Reports, 4: 113 - 122.

Rotthauwe J H, Witzel K P, Liesack W, 1997. The ammonia monooxygenase structural gene *amoA* as a functional marker: molecular fine-scale analysis of natural ammonia-oxidizing populations. Applied and Environmental Microbiology, 63: 4704 - 4712.

Saito T, Ishii S, Otsuka S, et al., 2008. Identification of novel betaproteobacteria in a succinate-assimilating population in denitrifying rice paddy soil by using stable isotope probing. Microbes and Environments, 23, 192 - 200.

Santoro A E, Boehm A B, Francis C A, 2006. Denitrifier community composition along a nitrate and salinity gradient in a coastal aquifer. Applied and Environmental Microbiology, 72: 2102 - 2109.

She W, Wu Y, Huang H, et al., 2017. Integrative analysis of carbon structure and carbon sink function for major crop production in China's typical agriculture regions. Journal of Cleaner Production, 162: 702 - 708.

Shi W M, Xu W F, Li S M, et al., 2010. Responses of two rice cultivars differing in seedling-stage nitrogen use efficiency to growth under low-nitrogen conditions. Plant and Soil, 326: 291 - 302.

Singh J S, Strong P J, 2016. Biologically derived fertilizer: a multifaceted bio-tool in methane mitigation. Ecotoxicology and Environmental Safety, 124: 267 - 276.

Smith P, Martino D, Cai Z, et al., 2007. Agriculture. Climate Change 2007: Mitigaion//Metz B, Davidon O R, Bosch P R, et al. Contribution of working group III to the fourth assessment report of the Intergovernmental Panel on Climate Change. Cambridge: Cambridge University Press: 497 - 540.

Strudley M W, Green T R, Ascough II J C, 2008. Tillage effects on soil hydraulic properties in space and time: State of the science. Soil & Tillage Research, 99 (1): 4 - 48.

Throbäck I N, Enwall K, Jarvis A, et al., 2004. Reassessing PCR primers targeting *nirS*, *nirK* and *nosZ* genes for community surveys of denitrifying bacteria with DGGE. FEMS Microbiology Ecology, 49: 401 - 417.

Wang B Z, Zhao J, Guo Z Y, et al., 2014. Differential contributions of ammonia oxidizers and nitrite oxidizers to nitrification in four paddy soils. The ISME Journal, 9: 1062 - 1075.

Wang J, Dong H, Wang W, et al., 2014. Reverse-transcriptional gene expression of anammox and ammonia-oxidizing archaea and bacteria in soybean and rice paddy soils of Northeast China. Applied Microbiology Biotechnology, 98: 2675 - 2686.

Xue J F, Liu S L, Chen Z D, et al., 2014. Assessment of carbon sustainability under different tillage systems in a double rice cropping system in Southern China. The International Journal of Life Cycle Assessment, 19: 1581 - 1592.

Yao Y, Zhang M, Tian Y, et al., 2018. Urea deep placement in combination with Azolla for reducing nitrogen loss and improving fertilizer nitrogen recovery in rice field. Field Crops Research, 218: 141 - 149.

Yoshida M, Ishii S, Otsuka S, et al., 2010. nirK-harboring denitrifiers are more responsive to denitrification-inducing conditions in rice paddy soil than nirS-harboring bacteria. Microbes and Environments, 25: 45 - 48.

Yoshida M, Ishii S, Otsuka S, et al., 2009. Temporal shifts in diversity and quantity of nirS, and nirK, in a rice paddy field soil. Soil Biology and Biochemistry, 41: 2044 - 2051.

Yuan Q, Liu P, Lu Y, 2011. Differential responses of nirK-and nirS-carrying bacteria to denitrifying conditions in the anoxic rice field soil. Environmental Microbiology Reports, 4: 113 - 122.

7 免耕与秸秆还田对稻田温室气体排放的影响

农业生态系统每年向大气排放约 500Tg 碳（C）（Lal，2004）。大量温室气体的排放已引起全球气候变化，进而影响着全球粮食生产的时空格局，最终影响全球粮食安全（Wheeler et al.，2013）。很多研究认为农业可以通过促进土壤有机碳的积累，以减缓温室气体的排放（Vermeulen et al.，2012；Zhu et al.，2015）。农业管理措施是影响土壤有机碳的重要因素，一般认为，免耕与秸秆还田能够增加土壤有机碳固定，而免耕则能够减少温室气体排放（Zhu et al.，2015；Liu et al.，2014）。

一些研究指出，与翻耕相比，免耕增加了 CH_4 排放量（Zhang et al.，2015），也有研究认为免耕降低了 CH_4 的排放量（Li et al.，2012）。与之相似，免耕对土壤 CO_2 排放的影响，尚未达成一致，免耕可能增加 CO_2 排放（Plaza-Bonilla et al.，2014），也可能降低 CO_2 排放（Fuentes et al.，2012），或是对 CO_2 排放无显著影响（Aslam et al.，2000）。与之相反，一般认为秸秆还田促进了 CH_4 和 CO_2 的排放（Jin et al.，2017；Iqbal et al.，2009）。然而，也有一些研究得出不同的结论，如秸秆还田降低了 CH_4 的排放或是对 CH_4 排放无显著影响（Jin et al.，2017）。耕作与秸秆还田对 N_2O 排放的影响也尚未达成一致。有研究表明与翻耕相比，免耕增加（Rochette，2008）、降低 N_2O 排放（Zhang et al.，2016）或是对 N_2O 排放无显著影响（Rochette，2008）。与之相似，与秸秆不还田相比，秸秆还田可能增加（Huang et al.，2017）、降低 N_2O 排放（Hu et al.，2016）或是对 N_2O 排放无显著影响（Shan et al.，2013）。耕作与秸秆还田对 CH_4、CO_2 和 N_2O 的影响机理很复杂，尚未研究清楚。因此，需要开展更多的研究去评价免耕与秸秆还田对 CH_4、CO_2、N_2O 排放和土壤有机碳的影响，这将有利于制定科学的耕作措施与秸秆还田方式，以实现降低保护性耕作稻田固碳减排的目的。

7.1 研究方法

试验地位于湖北省武穴市大法寺镇（北纬 29°55′N，东经 115°33′E）。大法寺镇试验点为潴育型水稻土，属于黏质壤土，连续免耕 10 年以上。试验始于 2012 年 6 月，试验开始之前，试验田不施肥密植一季冬小麦以平衡地力，之后采用中稻—小麦复种作物系统。试验地属于湿润的亚热带季风气候，年均气温为 17.8℃，年均降水量为 1 361mm，降雨主要发生于 4 月和 8 月。主要的土壤理化性质（0～20cm）如下：土壤有机碳含量为 1.6%，土壤总氮含量为 0.2%，土壤 pH 为 5.9，土壤容重为 1.20g/cm^3。作物系统为中稻（两优培九）—小麦（郑麦 9023）种植系统，水稻于每年 6 月抛秧，10 月收获，小麦于每年 11 月直播，翌年 6 月收获。

试验田采用厢沟栽培模式，每个小区面积为 90m^2，小区内设置五厢（厢宽 1.8m），为方便排灌水，两厢间挖一条宽 0.3m、深 0.25m 的沟。为防止小区间肥水串流，小区间起垄作梗，并覆以塑料薄膜，并且试验地周围设有围沟，以便田间肥水管理。试验采用裂区设计：耕作措施（翻耕和免耕）为主区，秸秆还田方式（秸秆不还田和秸秆还田）为副区分。4个试验处理，分别为：翻耕＋秸秆不还田（Conventional tillage with crop straw removal，CTNS）、翻耕＋秸秆还田（Conventional tillage with crop straw return，CTS）、免耕＋秸秆不还田（No-tillage with crop straw removal，NTNS）和免耕＋秸秆还田（No-tillage with crop straw return，NTS）。试验小区面积为90m^2，每个处理重复数为3个，小区共计12个。统一采用机械收获，收获后残茬的高度为5cm。对于翻耕处理，在水稻抛秧和小麦播种前用旋耕机进行翻耕，翻耕的深度为20cm，随后用耙子耙平。对于免耕处理，则保持土壤不被扰动。作物的秸秆被切碎为5～7cm的长度。对于NTS处理，秸秆被均匀地覆盖在地表，而CTS处理，秸秆则被翻入土壤之中。水稻和秸秆的碳氮比分别为46和71。

田间杂草控制则采用喷施36%的草甘膦（3L/hm^2）。水稻采用抛秧种植，其抛秧密度为19万穴/hm^2。小麦则采用直播，用种量为150kg/hm^2。稻季与麦季的肥料皆采用商业复合肥（N∶P_2O_5∶K_2O＝15%∶15%∶15%）、尿素（46% N）、过磷酸钙（12% P_2O_5）和氯化钾（60% K_2O）。稻季的施肥总量为氮肥（N）180kg/hm^2、磷肥（P_2O_5）90kg/hm^2和钾肥（K_2O）180kg/hm^2。其中，磷、钾肥用作基肥一次性施用。氮肥分4次施用，比例为苗期∶分蘖期∶拔节期∶齐穗期＝5∶2∶1.2∶1.8。麦季施肥总量为氮肥（N）144kg/hm^2、磷肥（P_2O_5）72kg/hm^2、钾肥（K_2O）144kg/hm^2。其中，磷、钾肥作为基肥一次性施用，氮肥则分3次施用，其比例为苗期∶拔节期∶齐穗期＝5∶3∶2。水稻季采用湿润灌溉，每3～5d灌水一次，厢面无明水，分蘖期及成熟期进行晒田。麦季不进行灌溉。大田杂草采用除草剂和手工进行去除。

7.2 免耕与秸秆还田对稻田土壤有机碳的影响

7.2.1 免耕与秸秆还田对土壤可溶性碳含量和微生物量碳的影响

由表7-1可知，耕作措施与秸秆还田方式显著影响土壤DOC含量（$P<0.05$）。与翻耕相比，免耕显著提高了2013年麦季（10.4%）和稻季（9.0%）、2014年麦季（12.3%）和稻季（8.8%）的土壤DOC含量（$P<0.05$）。土壤DOC是土壤微生物降解有机质所产生的（Marschner et al.，2002），其仅占土壤有机碳的0.05%～0.5%（Benbi et al.，2012；Li et al.，2018），然而其在土壤化学生物过程中扮演着重要作用（Yang et al.，2017）。一般认为，相比于翻耕，免耕增加了土壤DOC含量（Haynes，2005；Guo et al.，2015；Dong et al.，2017）。本研究发现与翻耕相比，免耕增加了DOC含量（表7-1），这可能是由于免耕减少了土壤物理扰动，降低了土壤有机碳的降解速率（Dong et al.，2017）。Haynes（2005）也认为土壤DOC含量随着耕作强度增强而降低。然而，有些研究表明短期耕作增加了土壤DOC含量（Delprat et al.，1997），因为耕作破坏了土壤大团聚体，释放出土壤大团聚体中的碳，增加了DOC。然而，这部分碳容易被降解，降低土壤DOC含量（Six et al.，2000）。

与秸秆不还田相比，秸秆还田显著提高了2013麦季（23.7%）和稻季（23.8%）、2014年麦季（18.5%）和稻季（13.0%）的土壤DOC含量（$P<0.05$）。耕作措施与秸秆还田方式的交互作用对2013麦季和稻季的土壤DOC含量影响显著（$P<0.05$）（表7-1）。很多研

究表明短期秸秆还田能够增加土壤 DOC 含量（Song et al.，2012；Roper et al.，2010），这是由于土壤 DOC 能够对土壤环境的变化快速响应。Yang 等（2017）研究表示秸秆还田能够显著增加土壤 DOC 含量。研究表明，与秸秆不还田相比，秸秆还田显著提高了土壤 DOC 含量，这主要是由于秸秆还田增加了土壤有机物的含量，秸秆降解后增加了土壤 DOC 含量（Marschner et al.，2002）。与此类似，Zhu 等（2014）发现秸秆还田显著地提高土壤表层（0～7cm）有机碳含量。这主要是由于秸秆还田改善了土壤湿度、温度条件，促进土壤微生物的生长与秸秆快速地降解（Six et al.，2004）。然而，Guo 等（2015）认为短期的免耕不会增加土壤 DOC 含量，这主要是由作物系统、气候、取样深度等因素不同引起的（Milther et al.，2012；Zhu et al.，2014；Guo et al.，2015）。

表 7-1　不同耕作措施与秸秆还田方式下耕层土壤 DOC 的变化（g/kg）

试验处理	2012 年	2013 年		2014 年	
	稻　季	麦　季	稻　季	麦　季	稻　季
CTNS	1.05±0.03a	0.77±0.02c	0.99±0.03c	0.87±0.03c	1.03±0.01c
CTS	1.11±0.05a	0.89±0.03b	1.17±0.03c	1.04±0.04b	1.18±0.01b
NTNS	1.13±0.01a	0.79±0.01c	1.03±0.02b	0.99±0.02b	1.13±0.01b
NTS	1.13±0.05a	1.04±0.03a	1.33±0.01a	1.16±0.03a	1.26±0.02a
T	ns	**	**	**	**
S	ns	**	**	**	**
T×S	ns	*	*	ns	ns

注：不同字母表示不同处理间差异达到显著水平（$P<0.05$）。T，耕作措施；S，秸秆还田方式。ns，$P>0.05$；*，$P<0.05$；**，$P<0.01$。

土壤 MBC 是土壤有机碳的活性组分，在营养循环和转移上发挥着重要作用（Spedding et al.，2004），可以用于指示土壤微生物的生物量（Rovira et al.，2010）。研究表明，与翻耕相比，免耕显著提高了 2013 麦季（15.1%）和稻季（14.3%）、2014 年麦季（21.5%）和稻季（39.8%）的土壤 MBC 含量（$P<0.05$）（表 7-2）。与之相似，很多研究表明相对于翻耕，免耕增加了土壤 MBC 含量（Zhang et al.，2015；Guo et al.，2015；Souza et al.，2016），其主要原因是免耕增加了秸秆在土壤表层的积累，促进了土壤微生物的生长（Guo et al.，2015）。Guo 等（2015）则指出翻耕在短期内可能会增加 MBC 含量；翻耕增加了土壤的含氧量，并且将作物秸秆混入土壤中，伴随着秸秆的快速降解，增加 MBC，但是随后逐渐降低，并低于免耕的土壤 MBC 的水平。

研究表明，与秸秆不还田相比，秸秆还田显著提高了 2013 麦季（27.8%）和稻季（18.1%）、2014 年麦季（26.6%）和稻季（20.1%）的土壤 MBC 含量（$P<0.05$）（表 7-2）。耕作措施与秸秆还田方式的交互作用对 2013 麦季和稻季、2014 年麦季的 MBC 含量有显著影响（$P<0.05$）。秸秆富含碳、氮、磷、钾等多种营养元素（Dong et al.，2017），能够增加 MBC 含量（Jin et al.，2017）。例如，Jin 等（2017）认为秸秆还田增加了土壤 DOC 含量，增加了土壤 MBC 含量。因此，本研究发现，与秸秆不还田相比，秸秆还田显著提高了土壤 MBC 含量（表 7-2）。与此类似，Zhu 等（2014）发现秸秆还田显著地提高了土壤表层（0～7cm）的 MBC 含量。这主要是由于土壤表层有更好的湿度、温度条件，促进了土壤微生物的生长与秸秆快速地降解（Six et al.，2004）。然而，也有部分研究表明短期的秸秆

还田对土壤 MBC 含量无显著影响，这可能是由于秸秆需要一定的时间才能被降解（Guo et al.，2015）。

表 7-2　不同耕作措施与秸秆还田下耕层土壤 MBC 的变化（mg/kg）

试验处理	2012 年	2013 年		2014 年	
	稻　季	麦　季	稻　季	麦　季	稻　季
CTNS	903±36.59a	770±88.83c	1 191±5.18c	1 593±7.37c	1 131±56.66c
CTS	879±92.80a	1 018±53.57ab	1 316±38.35b	1 759±20.96b	1 290±43.78c
NTNS	773±77.77a	918±47.42bc	1 273±16.04bc	1 684±9.70b	1 507±49.49b
NTS	982±101.47a	1 140±42.71a	1 593±48.67a	2 389±22.11a	1 877±77.80a
T	ns	**	**	**	**
S	ns	**	**	**	**
T×S	ns	**	**	**	ns

7.2.2　免耕与秸秆还田对土壤团聚体组分和团聚体有机碳的影响

研究表明，耕作措施显著影响 2～1mm 和<0.053mm 的土壤团聚体含量（表 7-3）（$P<0.05$）。与翻耕相比，免耕显著增加了 2013 年稻季（2.7%）和 2014 年麦季（4.1%）的 2～1mm 土壤团聚体含量，显著降低了<0.053mm 土壤团聚体含量（16.6%）。土壤团聚体的形成被认为是土壤有机碳稳定性的重要过程（Six et al.，2004），并且受到耕作措施与秸秆还田方式影响（Guo et al.，2015）。一般认为，相比于翻耕，免耕能增加土壤大团聚体的含量（Shi et al.，2010；Zhang et al.，2015）。这与本研究结果一致，即与翻耕相比，免耕增加了土壤大团聚体的含量（表 7-3）。Zhang 等（2013）也揭示了翻耕降低了土壤大团聚体。Guo 等（2015）则表明与翻耕相比，免耕增加了土壤大团聚体的含量，这可能是因为免耕增加了土壤表面秸秆的积累，秸秆降解后产生了黏合剂，促进了土壤大团聚体的形成，促进了更多的微团聚体与黏合剂结合进入大团聚体（Six et al.，2000；Zhang et al.，2012）。而且，耕作增加了土壤水分蒸发，降低了土壤湿度，降低了土壤的团聚体稳定（Six et al.，2004）。

与秸秆不还田相比，秸秆还田显著提高了 2013 年麦季（5.4%）、稻季（4.4%）和 2014 年麦季（5.6%）的 2～1mm 土壤团聚体含量，显著降低了 2014 年麦季的<0.053mm 土壤团聚体含量（21.0%）（$P<0.05$）（表 7-3）。很多研究表明，秸秆还田增加了土壤大团聚体含量，增加了土壤团聚体的稳定性（Mulumba et al.，2008；Zhang et al.，2014）。Zhang 等（2014）也发现，与秸秆不还田相比，秸秆还田增加了土壤 0～40cm 土壤团聚体的粒径，这可能是因为新鲜的秸秆还田后，释放出有机碳物质，例如多糖和有机酸，这些土壤有机碳物质为土壤微生物提供了生长代谢底物，同时促进有机碳小颗粒与土壤颗粒黏合形成大团聚体。而且有研究发现，秸秆还田改善了土壤透气性、水分可利用性，降低了土壤容重，增加了土壤的团聚性（Mulumba et al.，2008）。耕作措施与秸秆还田方式的交互作用显著影响了 2012 年稻季<0.053mm 土壤团聚体含量和 2013 年稻季 2～1mm 土壤团聚体含量（$P<0.05$）。

耕作措施是影响土壤团聚体有机碳含量的重要影响因素（Sheehy et al.，2015；Guo et al.，

表 7-3　耕作措施与秸秆还田方式下耕层土壤团聚体组成的变化（%）

作物生长季节	土壤团聚体组分	CTNS	CTS	NTNS	NTS	T	S	T×S
2012 年稻季	2～1mm	27.77±0.94a	26.97±0.87a	25.66±1.10a	25.19±1.20a	ns	ns	ns
	1～0.25mm	53.10±0.83ab	51.98±1.93b	57.02±0.85a	52.06±1.65b	ns	ns	ns
	0.25～0.053mm	16.60±1.41a	18.72±1.92a	15.38±0.35a	19.67±3.12a	ns	ns	ns
	<0.053mm	2.53±0.15ab	2.33±0.07ab	1.94±0.10b	3.09±0.40a	ns	ns	*
2013 年麦季	2～1mm	30.98±0.21b	32.49±0.84ab	31.53±0.37b	33.41±0.37a	ns	**	ns
	1～0.25mm	48.39±0.27a	49.01±0.69a	48.60±0.71a	47.85±0.47a	ns	ns	ns
	0.25～0.053mm	16.48±0.26a	14.57±1.33a	15.61±1.03a	14.25±0.28a	ns	ns	ns
	<0.053mm	4.15±0.24a	3.93±0.17a	4.26±0.32a	4.49±0.33a	ns	ns	ns
2013 年稻季	2～1mm	28.60±0.06b	29.25±0.06b	28.77±0.15b	30.63±0.40a	**	**	*
	1～0.25mm	48.49±0.69a	48.43±0.66a	48.71±0.33a	49.14±0.16a	ns	ns	ns
	0.25～0.053mm	18.62±0.26a	17.91±0.72a	18.56±0.51a	17.14±0.56a	ns	ns	ns
	<0.053mm	4.29±0.38a	4.41±0.37a	3.96±0.32ab	3.09±0.09b	*	ns	ns
2014 年麦季	2～1mm	28.52±0.46c	30.75±0.11ab	30.31±0.30b	31.40±0.28a	**	**	ns
	1～0.25mm	49.22±0.52a	47.90±0.46a	48.54±0.65a	48.53±0.20a	ns	ns	ns
	0.25～0.053mm	16.78±0.66a	17.22±0.19a	16.77±0.60a	16.43±0.56a	ns	ns	ns
	<0.053mm	5.48±0.33a	4.13±0.40b	4.37±0.31b	3.64±0.11b	*	**	ns

2015）。很多研究表明，相比于翻耕，免耕增加了土壤团聚体有机碳含量（Sheehy et al.，2015；Du et al.，2015）。例如，Messiga 等（2011）表明与翻耕相比，免耕增加了土壤大团聚有机碳含量。Zhang 等（2013）也指出免耕条件下的土壤大团聚体有机碳含量高于翻耕。与之类似，与翻耕相比，免耕显著增加了 2013 年麦季（17.0%）和稻季（19.9%）、2014 年麦季（4.6%）的 2～1mm 土壤团聚体有机碳含量，显著提高 2013 年麦季（14.6%）和稻季（13.4%）1～0.25mm 土壤团聚体有机碳含量，显著降低了 2013 年稻季<0.053mm 土壤团聚体有机碳含量（20.2%）（$P<0.05$）（表 7-4），这可能是免耕减少了土壤扰动，增加了土壤团聚体的稳定性导致的。而且，免耕有利于作物秸秆在土壤表面积累，促进了土壤有机碳固定到土壤大团聚体中（Six et al.，2000；Six et al.，2014；Guo et al.，2015）。另外，免耕降低了土壤大团聚体的周转速率，在大团聚体中，土壤有机碳与土壤粉粒在胶结剂的作用下，形成微团聚体，增加了土壤团聚有机碳含量（Six et al.，2014；Du et al.，2015）。

与秸秆不还田相比，秸秆还田显著增加了 2013 年麦季（12.5%）和稻季（17.2%）、2014 年麦季（17.4%）2～1mm 土壤团聚体有机碳含量，以及 2013 年稻季（7.0%）和 2014 年麦季（6.2%）1～0.25mm 土壤团聚体有机碳含量（表 7-4）。一般认为，秸秆还田增加了土壤团聚体有机碳含量（Guo et al.，2015；Zhao et al.，2018）。例如，Zhao 等（2018）研究发现相比于秸秆不还田，秸秆还田显著提高了土壤大团聚体有机碳含量。这可能是秸秆还田增加土壤外源有机物的含量，刺激了土壤微生物的生长，而秸秆降解后产生了大量的胶结剂和小颗粒有机碳，促进了土壤大团聚体的形成，增加了土壤大团聚体有机碳含量（Messiga et al.，2011；Six et al.，2014）。而且，秸秆还田增加了土壤碳含量，改善了土壤的理化性质，增加了土壤团聚体的稳定性，为土壤团聚体中的有机碳提供更好的物理保护（Six et al.，2014；Zhu et al.，2014）。然而，秸秆还田对其他粒级土壤团聚体的有机碳则无显著影响（表 7－4）。这是由于土壤大团聚体对土地利用方式与栽培措施的变化比土壤微团聚体敏感得多（Jastrow et al.，1996；Franzluebbers et al.，1997）。耕作措施与秸秆还田方式的交互作用，显著影响 2014 年麦季 2～1mm 土壤团聚体有机碳含量（$P<0.05$）。

表 7－4　耕作措施与秸秆还田方式下耕层土壤团聚体有机碳含量的变化（g/kg）

作物生长季节	土壤团聚体组分	CTNS	CTS	NTNS	NTS	T	S	T×S
2012 年稻季	2～1mm	17.03±1.05a	18.97±0.60a	18.61±2.39a	21.14±1.70a	ns	ns	ns
	1～0.25mm	15.60±0.32a	17.07±0.76a	14.16±0.03a	16.94±1.66a	ns	ns	ns
	0.25～0.053mm	19.67±1.08a	16.49±1.72a	20.62±0.3a	16.85±2.00a	ns	ns	ns
	<0.053mm	17.97±1.09a	19.49±1.04a	18.72±0.43a	18.00±0.38a	ns	ns	ns
2013 年麦季	2～1mm	16.32±1.00c	18.20±0.29bc	18.92±0.91b	21.45±0.63a	**	*	ns
	1～0.25mm	17.52±0.55a	18.52±0.65a	19.77±0.12a	21.53±1.76a	*	ns	ns
	0.25～0.053mm	20.79±1.62a	21.59±0.98a	23.42±1.91a	26.14±3.05a	ns	ns	ns
	<0.053mm	15.02±1.34a	16.59±1.54a	16.97±1.75a	19.79±1.45a	ns	ns	ns
2013 年稻季	2～1mm	16.14±0.67c	18.46±0.28bc	18.88±0.43b	22.60±1.36a	**	**	ns
	1～0.25mm	18.06±0.43c	19.87±0.18b	21.04±0.46ab	21.98±0.36a	**	**	ns
	0.25～0.053mm	16.90±0.84a	16.93±1.82a	18.23±0.50a	19.65±1.00a	ns	ns	ns
	<0.053mm	15.51±1.19a	16.92±1.95a	20.18±0.81a	18.81±0.77a	*	ns	ns
2014 年麦季	2～1mm	16.25±0.12c	18.34±0.18b	16.30±0.07c	19.87±0.34a	**	**	**
	1～0.25mm	20.66±0.33c	21.89±0.19ab	21.40±0.55bc	22.78±0.14a	ns	*	ns
	0.25～0.053mm	17.49±0.88a	18.22±0.82a	18.75±0.85a	19.63±1.37a	ns	ns	ns
	<0.053mm	17.72±4.40a	17.83±2.02a	16.99±3.11a	17.67±1.63a	ns	ns	ns

7.2.3　免耕与秸秆还田对土壤有机碳的影响

耕作措施与秸秆还田方式显著影响了 0～5cm 土壤有机碳含量（$P<0.05$），而对 5～10cm 和 10～20cm 的有机碳含量无显著影响（表 7－5）。与翻耕相比，免耕显著提高了 2013 麦季（15.5%）和稻季（15.3%）、2014 年麦季（2.3%）和稻季（4.4%）的土壤有机碳含量（$P<0.05$）。与秸秆不还田相比，秸秆还田显著提高了 2013 麦季（8.9%）和稻季（9.1%）、2014 年麦季（6.5%）和稻季（8.3%）的土壤有机碳含量（$P<0.05$）。

大量研究表明，长期免耕能增加土壤有机碳含量（Helgason et al.，2009；Mathew et al.，2012；Zhang et al.，2014）。本研究结果表明，与翻耕相比，免耕增加了 0～5cm 土壤有机碳含量（表 7－5），这可能是由于免耕减少了土壤扰动，并且促进秸秆在土壤表层积累（Mathew et al.，2012），从而增加了土壤有机碳含量。而且，本研究发现，相比于翻耕，免耕增加了土壤中 $\delta^{13}C_{soil}$ 的含量（数据未列出），而减少了硫酸钡，这说明免耕促进了秸秆中的有机碳转化为土壤有机碳（Six et al.，2000；Six et al.，2004）。另外，免耕可以提高土壤孔隙度，促进根系的生长，增加根系分泌物，提高根际土壤有机碳组分的有机输入（Mosaddeghi et al.，2009），增加土壤有机碳含量。然而，也有研究指出免耕对土壤有机碳无显著影响，或是免耕降低了土壤有机碳含量等（Spedding et al.，2004；Helgason et al.，2010）。这可能是由于土壤取样深度、土壤类型、作物系统和气候类型等差异（Helgason et al.，2010；Guo et al.，2015）。本研究中，不同的耕作措施对土壤表层5～10和10～20cm土壤团聚体有机碳无显著影响（表7-5）。这可能是由于表层土壤有机碳含量对耕作措施的响应要比土壤亚表层迅速（Guo et al.，2016），短期的耕作不足以对亚表层的土壤有机碳产生显著的影响（Kay et al.，2002）。Kay和VandenBygaart（2002）指出翻耕转变为免耕之后，至少需要15年，土壤有机碳含量才会发生显著变化。

表7-5 不同耕作措施与秸秆还田方式下耕层土壤有机碳含量的变化（g/kg）

作物生长季节	土壤分层	CTNS	CTS	NTNS	NTS	T	S	T×S
2012年稻季	0～5cm	16.71±0.31a	17.54±0.57a	16.35±0.55a	17.82±0.82a	ns	ns	ns
	5～10cm	16.18±0.11a	16.87±0.45a	16.29±0.30a	17.03±0.45a	ns	ns	ns
	10～20cm	15.16±0.61a	16.27±0.97a	14.61±0.17a	14.47±0.71a	ns	ns	ns
2013年麦季	0～5cm	17.57±0.57b	18.76±0.38b	19.89±0.16ab	22.06±1.45a	**	*	ns
	5～10cm	16.99±0.55a	16.27±0.41a	15.85±0.44a	17.62±0.67a	ns	ns	ns
	10～20cm	15.52±0.32a	16.17±0.57a	14.99±0.22a	15.92±0.26a	ns	ns	ns
2013年稻季	0～5cm	17.17±0.55c	18.78±0.37b	19.85±0.22b	21.61±0.44a	**	**	ns
	5～10cm	15.99±0.45a	17.35±0.32a	15.51±1.78a	15.52±1.01a	ns	ns	ns
	10～20cm	15.72±0.45a	16.50±0.35a	14.55±0.72a	15.38±0.81a	ns	ns	ns
2014年麦季	0～5cm	18.64±0.14c	19.99±0.13a	19.19±0.27b	20.32±0.03a	*	**	ns
	5～10cm	17.19±0.55a	17.45±0.29a	16.74±0.94a	17.95±0.82a	ns	ns	ns
	10～20cm	15.92±0.65a	16.34±0.59a	16.14±0.47a	15.98±0.47a	ns	ns	ns
2014年稻季	0～5cm	18.35±0.26c	19.86±0.33b	19.16±0.26bc	20.75±0.19a	*	**	ns
	5～10cm	17.16±0.47a	17.47±0.33a	16.80±0.76a	17.79±0.68a	ns	ns	ns
	10～20cm	15.63±0.26a	15.86±0.33a	16.07±0.32a	15.41±0.44a	ns	ns	ns

秸秆还田可以为土壤微生物的能量供给养分，有利于增加土壤有机碳含量（Mathew et al.，2012；Jin et al.，2017）。本研究中，与秸秆不还田相比，秸秆还田处理的土壤有机碳含量更高（表7-5），这可能是因为免耕和秸秆还田处理输入了大量营养元素和有机碳源（Guo et al.，2015）。而且，相比于秸秆不还田，秸秆还田增加了土壤中$\delta^{13}C_{soil}$的含量（数据未给出），这表明秸秆中的有机碳转化为土壤有机碳（Six et al.，2004）。而且，秸秆还田还促进了根系生长发育，提高了根系分泌物，促进土壤有机碳的增加（Mosaddeghi et al.，2009）。然而，Yang等（2017）研究表明秸秆还田对土壤有机碳含量影响不显著，这可能是由于秸秆还田对土壤有机碳的影响需要较长的时间过程，而与土壤有机碳的背景值相比，短期的秸秆还田效果不显著（Guo et al.，2015）。一些研究则认为秸秆还田处理后，至少需要5年，土壤有机碳才能发生显著的变化，这主要是由于土壤有机碳的周转率较低（Wang et al.，2012）。

7.3 免耕与秸秆还田对稻田土壤微生物的影响

7.3.1 土壤总磷脂脂肪酸、土壤细菌和真菌磷脂脂肪酸

从表 7-6 可知，与翻耕相比，免耕显著提高了 2013 年麦季（57.6%）和稻季（34.2%）、2014 年麦季（49.5%）和稻季（53.6%）的土壤总磷脂脂肪酸（$P<0.05$）。与秸秆不还田相比，秸秆还田显著提高了 2013 年麦季（35.2%）和稻季（39.2%）、2014 年麦季（35.2%）和稻季（27.0%）的土壤总磷脂脂肪酸（$P<0.05$）。耕作措施与秸秆还田方式的交互作用对 2014 麦季与稻季的总磷脂脂肪酸有显著的影响（$P<0.05$）。

表 7-6 不同耕作措施与秸秆还田方式下对土壤总磷脂脂肪酸的变化（nmol/g）

处理	2013 年		2014 年	
	麦 季	稻 季	麦 季	稻 季
CTNS	14.91±4.09b	23.64±0.70c	20.84±1.01b	25.83±0.64b
CTS	22.80±2.46b	32.80±1.38b	25.20±1.59b	31.88±1.31b
NTNS	26.38±2.54b	31.63±1.17b	27.99±0.29b	38.63±1.59b
NTS	33.04±2.71a	44.11±1.70a	40.82±2.03a	50.02±3.48a
T	*	**	**	**
S	**	**	**	**
T×S	ns	ns	**	**

从表 7-7 可得，与翻耕相比，免耕显著提高了 2013 年麦季（74.6%）和稻季（45.4%）、2014 年麦季（73.0%）和稻季（57.8%）的土壤细菌磷脂脂肪酸（$P<0.05$）。与秸秆不还田相比，秸秆还田显著提高了 2013 年麦季（40.4%）和稻季（42.5%）、2014 年麦季（58.1%）和稻季（20.6%）的土壤细菌磷脂脂肪酸（$P<0.05$）。耕作措施与秸秆还田方式的交互作用对 2014 麦季与稻季的细菌磷脂脂肪酸有显著的影响（$P<0.05$）。耕作措施与秸秆还田方式对土壤真菌磷脂脂肪酸无显著影响（表 7-8）。

表 7-7 不同耕作措施与秸秆还田方式下土壤细菌磷脂脂肪酸的变化（nmol/g）

试验处理	2013 年		2014 年	
	麦 季	稻 季	麦 季	稻 季
CTNS	6.56±2.03b	9.64±0.25c	11.95±0.80c	14.48±0.06b
CTS	10.85±1.02b	14.69±1.19b	18.68±1.16b	17.66±0.78b
NTNS	13.32±1.22b	14.98±0.22b	20.46±0.34b	23.09±1.01b
NTS	17.06±1.41a	20.39±0.28a	32.53±1.65c	27.64±3.72a
T	**	**	**	**
S	**	**	**	**
T×S	ns	ns	**	*

表 7-8　不同耕作措施与秸秆还田方式下土壤真菌磷脂脂肪酸的变化（nmol/g）

试验处理	2013 年		2014 年	
	麦　季	稻　季	麦　季	稻　季
CTNS	0.08±0.03a	0.00±0.00a	0.16±0.04a	0.00±0.00a
CTS	0.12±0.05a	0.00±0.00a	0.15±0.01a	0.00±0.00a
NTNS	0.08±0.03a	0.00±0.00a	0.18±0.03a	0.00±0.00a
NTS	0.18±0.03a	0.00±0.00a	0.23±0.05a	0.00±0.00a
T	ns	ns	ns	ns
S	ns	ns	ns	ns
T×S	ns	ns	ns	ns

土壤细菌是土壤的主要降解者之一，与土壤碳循环有密切的关系（Zhang et al.，2013；Guo et al.，2016）。一般认为，与翻耕相比，免耕增加了土壤细菌生物量（Guo et al.，2015；Sun et al.，2016）。例如，Sun 等（2016）表示与翻耕相比，免耕增加了 0～5cm 土壤的细菌生物量。本研究也表明了，相比于翻耕，免耕增加了土壤细菌（包括革兰氏阴性菌和革兰氏阳性菌）的生物量（表 7-7）。Miura 等（2016）指出免耕增加了土壤的营养可利用性，促进了土壤细菌生长。而且，免耕改善了土壤的理化性质，如土壤孔隙度、土壤团聚体稳定性等，为土壤细菌提供了良好的栖息环境，促进了土壤细菌的生长（Guo et al.，2016）。然而，Zhang 等（2005）发现耕作措施对 0～15cm 土壤表层细菌生物量无显著影响。这些研究结果的差异，可能是因为免耕年限和土壤取样深度不同导致的（Zhang et al.，2005；Sun et al.，2016）。

越来越多的研究表明秸秆还田增加了细菌生物量（Navarro-Noya et al.，2013；Ye et al.，2015；Dong et al.，2017）。例如，Ye 等（2015）报道秸秆还田增加了超过 30%细菌生物量。Navarro-Noya 等（2013）也表示作物秸秆还田显著影响了细菌群落结构，增加了 *Bacteroidetes*、*Betaproteobacteria* 和 *Gemmatimonadetes* 丰度。本研究也表明与秸秆不还田相比，秸秆还田增加了土壤细菌的生物量（如革兰氏阴性菌和革兰氏阳性菌）（表 7-7），这可能是秸秆还田为土壤细菌提供了大量的碳源，促进土壤细菌生长（Ye et al.，2015）。细菌与土壤有机碳组分密切相关，可以支持这一论点。另外，细菌是秸秆的主要降解者之一，尤其秸秆降解初期，主要是由土壤细菌完成的，大量的秸秆为土壤细菌提供了代谢底物，刺激了土壤细菌的生长（Ransom-Jones et al.，2012；Prayogo et al.，2013）。

土壤微生物是土壤的主要降解者（Zhang et al.，2013）。耕作措施和秸秆还田方式能够影响土壤真菌群落生物量、多样性和群落结构（Elfstrand et al.，2007；Helgason et al.，2009）。耕作措施可能通过改变土壤湿度、土壤扰动等，影响土壤真菌群落结构（Robertson et al.，2006；Schnoor et al.，2011）。一般认为，免耕增加了土壤真菌生物量（Helgason et al.，2009；Miura et al.，2013；Sun et al.，2016）。例如，免耕的真菌生物量比翻耕的大 2 倍（Miura et al.，2013），这可能是免耕降低了土壤扰动，减少了对土壤真菌菌丝的破坏（Helgason et al.，2009），促进真菌菌丝形成了网络，增强营养物质的转移（Klein et al.，2004）。而且，免耕增加了土壤湿度、土壤孔隙度和土壤表面的秸秆，促进了土壤真菌的生长（Frey et al.，1999）。然而，本研究发现，耕作措施对土壤真菌生物量无显著影响（表 7-8），这可能是稻麦种植系统中，稻季生长季节的稻田处于淹水厌氧状态，抑制了真菌的生长（Guo et al.，2015）。与之类似，Zhang 等（2005）发现耕作措施对 0～15cm 土壤表层真菌生物量无显著影响。另外，也有研究表明免耕降低了土壤真菌的生物量（Spedding et al.，2004；Helgason et al.，2009），这可能是土壤类型、作物系统、气候和土壤取样深度等差异导致的（Bronick et al.，2005；Shi et al.，2012；Sun et al.，2016）。

秸秆还田增加了土壤外源有机碳源，对真菌群落有很大的影响（Kubartova et al.，2009；Marschner et al.，2011）。真菌偏好高碳氮比的有机物，不同类型的有机物输入土壤，能够影响土壤真菌群落结构（Lejon et al.，2007；Kubartova et al.，2009）。秸秆还田有利于增加了土壤真菌生物量（Marschner et al.，2011；Miura et al.，2013；Miura et al.，2016）。例如，Miura 等（2013）发现与秸秆不还田相比，秸秆还田增加了真菌生物量，这可能是由于秸秆还田增加了真菌的碳源可利用率，促进了土壤真菌的生长。Schnoor 等（2011）则表示秸秆还田增加了土壤湿度，增加了土壤真菌生物量。然而，研究表明秸秆还田方式对真菌生物量无显著影响（表 7－8），这可能是土壤真菌生物量的季节性变化掩盖了秸秆还田方式对真菌生物量的影响（Zhang et al.，2012）。与此类似，Miura 等（2016）也发现秸秆还田方式对土壤真菌生物量无显著影响。而且，秸秆降解的起始阶段细菌占主导，而在后期则真菌占主导，不同降解阶段取样，所得的结果可能不同（Marschner et al.，2011）。

7.3.2 土壤革兰氏阳性菌磷脂脂肪酸与革兰氏阴性菌磷脂脂肪酸

由表 7－9 可知，与翻耕相比，免耕显著提高了 2013 年麦季（69.0%）和稻季（39.7%）、2014 年麦季（62.8%）和稻季（45.2%）的土壤革兰氏阳性菌磷脂脂肪酸（$P<0.05$）。与秸秆不还田相比，秸秆还田显著提高了 2013 年麦季（37.3%）和稻季（40.2%）、2014 年麦季（56.2%）和稻季（14.6%）的土壤革兰氏阳性菌磷脂脂肪酸（$P<0.05$）。耕作措施与秸秆还田方式的交互作用对 2014 稻季革兰氏阳性菌磷脂脂肪酸有显著的影响（$P<0.05$）。

表 7－9 不同耕作措施与秸秆还田方式下革兰氏阳性菌磷脂脂肪酸的变化（nmol/g）

试验处理	2013 年		2014 年	
	麦 季	稻 季	麦 季	稻 季
CTNS	4.87±1.51b	7.25±0.21c	9.00±0.59c	11.12±0.01b
CTS	7.65±0.69b	10.52±0.85b	13.34±0.94b	12.55±0.6b
NTNS	9.32±0.84b	10.48±0.18b	13.91±0.35bc	15.93±0.98b
NTS	11.83±0.93a	14.34±0.42a	22.47±1.23a	18.44±2.62a
T	**	**	**	*
S	**	**	**	**
T×S	ns	ns	ns	*

从表 7－10 可知，与翻耕相比，免耕显著提高了 2013 年麦季（88.8%）和稻季（60.7%）、2014 年麦季（100.4%）和稻季（93.1%）的土壤革兰氏阴性菌磷脂脂肪酸（$P<0.05$）。与秸秆不还田相比，秸秆还田显著提高了 2013 年麦季（48.3%）和稻季（48.3%）、2014 年麦季（62.4%）和稻季（36.0%）的土壤革兰氏阴性菌磷脂脂肪酸（$P<$

0.05)。耕作措施与秸秆还田方式的交互作用对2014麦季与稻季的革兰氏阴性菌磷脂脂肪酸有显著的影响（P<0.05）。

表7-10　不同耕作措施与秸秆还田方式下革兰氏阴性菌磷脂脂肪酸的变化（nmol/g）

试验处理	2013年		2014年	
	麦　季	稻　季	麦　季	稻　季
CTNS	1.69±0.53b	2.40±0.09c	2.94±0.23c	3.36±0.07b
CTS	3.20±0.36b	4.17±0.36b	5.34±0.25b	5.11±0.32b
NTNS	4.00±0.39b	4.50±0.15b	6.54±0.01b	7.16±0.06b
NTS	5.24±0.52a	6.06±0.14a	10.06±0.48a	9.20±1.11a
T	**	**	**	**
S	**	**	**	**
T×S	ns	ns	**	*

G^+/G^-即革兰氏阳性菌/革兰氏阴性菌，可以表示土壤的营养胁迫状态，G^+/G^-的值越高则表示，土壤的营养状态越差（Hammesfahr et al.，2008）。耕作措施能够影响土壤的理化性质，进而影响G^+/G^-（Wang et al.，2012）。研究表明，与翻耕相比，免耕降低了G^+/G^-（表7-9和表7-10），这表示免耕改善了土壤的营养状态。Wang等（2012）也发现了，翻耕条件下G^+/G^-高于免耕，这可能是因为免耕促进了土壤表层秸秆的积累，秸秆降解后，释放了大量的营养元素，改善土壤的营养状态（Hammesfahr et al.，2008；Sundermeier et al.，2011）。而且，与翻耕相比，免耕改善了土壤的理化性质为土壤微生物提供了更好的生存条件，例如更高的水分、O_2和碳源的可利用率等，降低了G^+/G^-（Helgason et al.，2010；Sundermeier et al.，2011）。

秸秆还田方式直接影响土壤微生物的碳源可利用性，与土壤的营养状态息息相关（Wang et al.，2012；Guo et al.，2015）。很多研究表明，秸秆还田降低了G^+/G^-（Wang et al.，2012；Mathew et al.，2012；Guo et al.，2015）。与此类似，本研究也表明了，与秸秆不还田相比，秸秆还田的G^+/G^-更低（表7-9和表7-10），这主要是因为秸秆富含碳、氮和磷等各种营养元素，秸秆还田后，改善了土壤的营养状态（Jin et al.，2017）。而且，秸秆还田激发了土壤有机碳的矿化，增加了土壤营养元素的可利用性（Zhang et al.，2013）。另外，秸秆还田可以促进植物根系的生长，促进根系分泌物的分泌，促进根际土壤营养的释放（Kaewpradit et al.，2008；Guo et al.，2016）。

7.3.3　土壤有机碳库与细菌群落结构的联系

从图7-1可知，2013年稻季，耕作措施与秸秆还田方式显著影响细菌微生物群落结构，试验处理间显著分开。2～1mm土壤团聚体有机碳、MBC和土壤2～1mm团聚体显著影响土壤细菌群落结构（P<0.05）。2014年麦季，耕作措施与秸秆还田方式显著影响细菌微生物群落结构（P<0.05），试验处理显著分为CTNS、NTNS和CTS、NTS三组。2～1mm土壤团聚体有机碳、MBC及2～1mm、1～0.25mm土壤团聚体显著影响土壤细菌群落结构（P<0.05）。

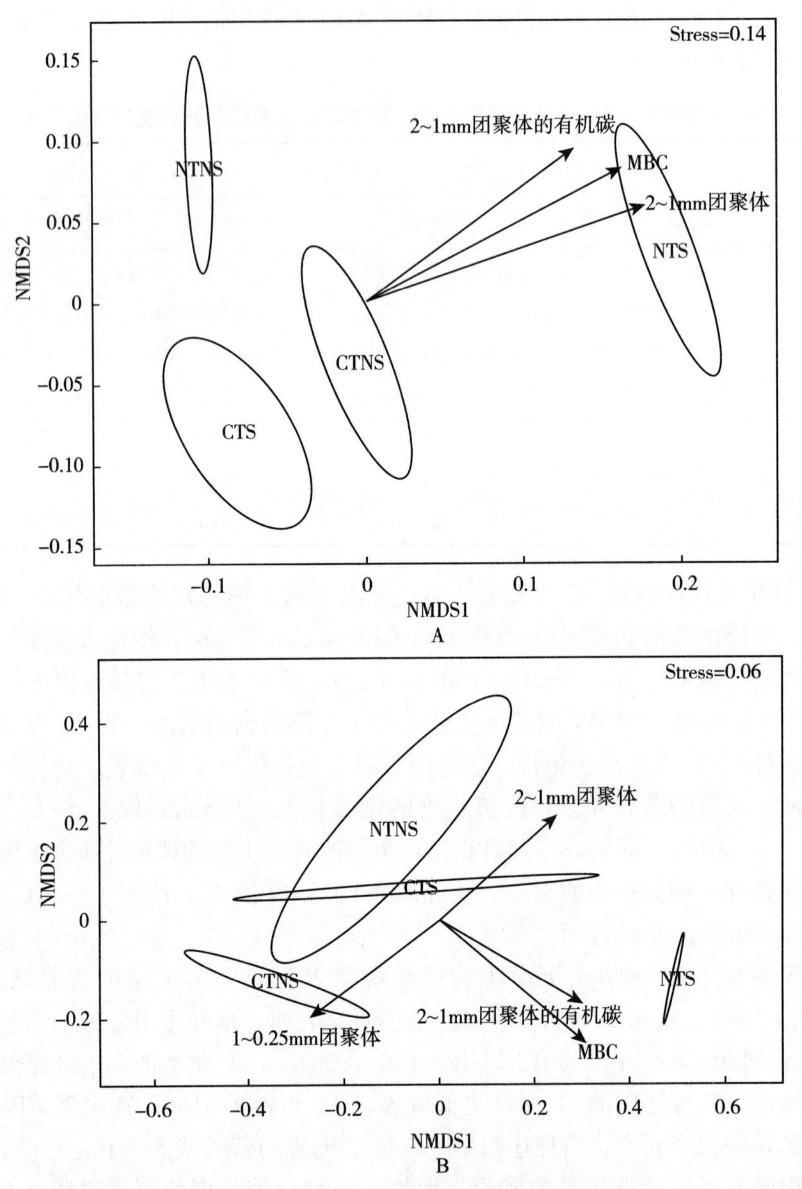

图 7-1　2013 年稻季（A）和 2014 年麦季（B）细菌群落组成（目水平）的非度量多维尺度分析

土壤微生物在农业生态系统的土壤有机碳动力学变化和营养循环中扮演着重要角色，被用于指示土壤质量的指标（Ashworth et al.，2017）。很多研究表明，土壤微生物群落的丰度、群落结构和多样的变化，能够显著影响土壤碳的代谢路径（Six et al.，2004；Guo et al.，2016）。耕作措施和秸秆还田方式，能够通过影响土壤微生物群落，进而影响土壤有机碳的变化（Zhang et al.，2013；Guo et al.，2016；Dong et al.，2017）。本研究发现，耕作措施与秸秆还田方式显著影响土壤微生物群落结构（表 7-6），这可能是由耕作措施与秸秆还田方式改变了土壤微生物栖息地的环境条件导致的（Guo et al.，2015）。耕作措施通过影响土壤的扰动程度，改变了土壤水分、O_2 和碳源的可利用性，进而影响土壤微生物群落结构。秸秆还田方式则能够直接改变土壤微生物的碳源可利用性，并通过影响土壤团聚体的稳定性，来影响土壤微生物群落结构（Six et al.，2002）。

土壤团聚体的形成、土壤团聚体有机碳变化与土壤微生物群落结构存在密切关系（Zhang et al.，2013）。土壤团聚体可以通过影响微生物的 O_2、代谢底物和水分的可利用性，进而影响土壤微生物的群落结构（Miller et al.，2009；Plaza-Bonilla et al.，2014）。土壤团聚体可以根据团聚体的粒径，将其分为土壤大团聚体（>0.053mm）和土壤微团聚体（<0.053mm）（Six et al.，2004）。很多研究表明，土壤大团聚体比土壤微团聚体的周转率更高，土壤大团聚体对于农业管理管理措施的响应更为敏感（Franzluebbers et al.，1997；Carter et al.，1998；Freixo et al.，2002）。本研究发现土壤微生物群落与 MBC、DOC、土壤团聚体有机碳（2～1mm 和 1～0.25mm）显著相关（图 7-1），这表明土壤微生物群落与土壤的碳源可利用性有密切联系。有研究表明，土壤碳源的质量与数量可以调节土壤微生物群落的活性、功能及群落结构（Bending et al.，2002；Bausenwein et al.，2008）。

7.4 免耕与秸秆还田对稻田温室气体排放的影响

7.4.1 CO_2 通量

由图 7-2 所示，2012—2014 年，CO_2 通量季节性变化明显，排放高峰主要出现在稻季。CO_2 的平均通量的波动范围为 7.10～2 827mg/(m^2 · h)。CTNS、CTS、NTNS 和 NTS 的 CO_2 平均通量分别为 443.83mg/(m^2 · h)、640.06mg/(m^2 · h)、423.65mg/(m^2 · h) 和 560.28mg/(m^2 · h)。

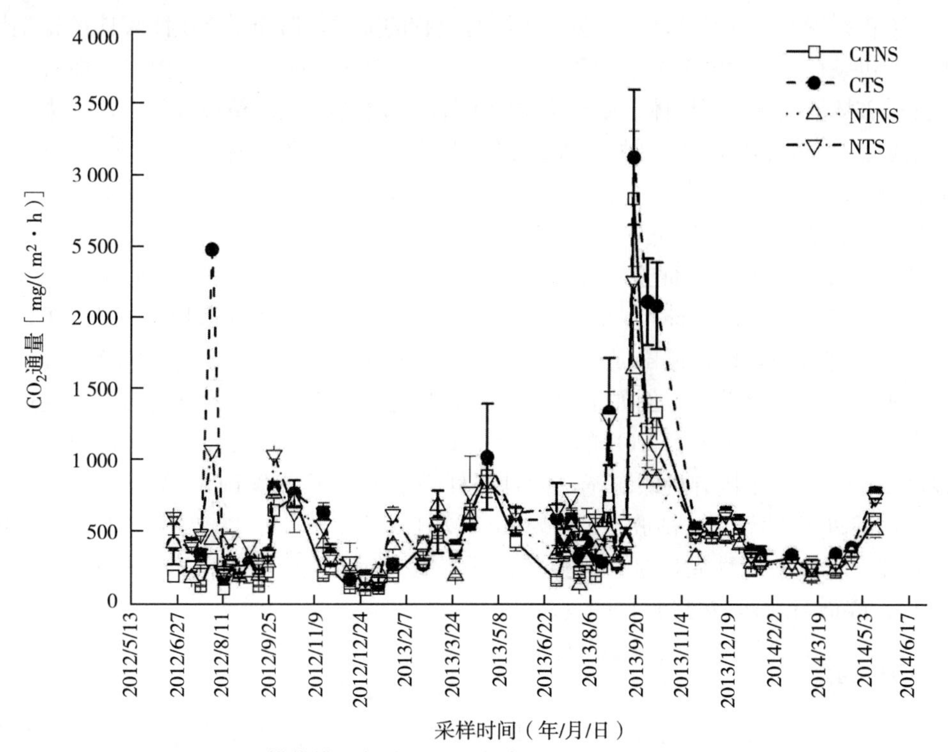

图 7-2 耕作措施与秸秆还田方式下 CO_2 通量的季节性变化

如表 7-11 所示，总体而言，耕作措施与秸秆还田方式显著影响土壤 CO_2 累积排放量

（$P<0.05$）。与翻耕相比，免耕显著降低了2013稻季（18.0%）、2014年麦季（7.2%）和2014稻季（19.8%）的CO_2累积排放量（$P<0.05$）。与秸秆不还田相比，秸秆还田显著增加了2012年稻季（9.1%）、2013年麦季（22.1%）、2013年稻季（40.8%）、2014年麦季（22.3%）和2014年稻季（36.1%）的CO_2累积排放量（$P<0.05$）。耕作与秸秆还田方式的交互作用显著影响2012年稻季和2014年稻季的CO_2排放量（$P<0.05$）。

表7-11　不同耕作措施与秸秆还田方式下CO_2累积排放量的变化（kg/hm^2）

试验处理	2012年稻季	2013年		2014年	
		麦　季	稻　季	麦　季	稻　季
CTNS	8 175±338d	19 366±452b	17 722±1 455b	14 599±349bc	15 705±184c
CTS	18 016±98a	24 549±1 496ab	23 844±1 130a	18 293±703a	23 220±566a
NTNS	9 754±314c	22 330±1 092ab	13 691±426c	13 928±278c	13 997±324d
NTS	16 272±173b	26 373±3 442a	20 374±972b	16 591±596ab	17 210±270b
T	ns	ns	**	*	**
S	**	*	**	**	**
T×S	**	ns	ns	ns	**

耕作措施与秸秆还田方式皆为影响CO_2排放的重要因素（Shang et al.，2011；Liu et al.，2014；Jin et al.，2017）。一般认为，与翻耕相比，免耕降低CO_2排放（Regina et al.，2010；Ruan et al.，2013）。本研究中，免耕相比于翻耕，降低了土壤CO_2的排放（表7-11），这可能是由于免耕减少了土壤的扰动，减缓了土壤有机物的降解，增强了土壤团聚体的稳定性，促进了土壤有机碳在土壤大团聚体中积累（Six et al.，2000；Guo et al.，2015）。而且，与免耕相比，翻耕破坏了土壤大团聚体，使土壤大团聚体中的土壤有机碳被释放出来，失去了土壤团聚体的保护，这部分有机碳，被快速分解，促进了土壤CO_2的排放（Six et al.，2014；Buragienė et al.，2015）。另外，免耕促进了秸秆在土壤表面的积累，遮挡了阳光的直射，降低了土壤温度与湿度的波动，降低了土壤CO_2的排放（Six et al.，2004）。

很多研究表明秸秆还田促进了土壤CO_2排放（Jabro et al.，2008；Liu et al.，2014；Jin et al.，2017）。例如，Dossou-Yovo等（2016）发现秸秆还田显著增加了土壤CO_2排放。与之类似，研究表明，秸秆还田促进了土壤CO_2的排放（表7-11），这可能是由于秸秆还田能够改善土壤的理化性质，例如土壤容重、持水量和土壤有机物的可利用率，促进土壤微生物的生长，从而促进了土壤CO_2的排放（Liu et al.，2014）。而且，秸秆还田提供了土壤有机碳投入，增加了土壤有机碳含量，而且秸秆降解增加了土壤DOC含量，促进土壤微生物的生长，促进了土壤CO_2排放（Guo et al.，2015；Jin et al.，2017）。也有研究表明，秸秆还田促进了土壤中动物如蚯蚓、线虫等的生长，从而增加了土壤CO_2的排放（Zhang et al.，2013；Guo et al.，2015）。

7.4.2　CH_4通量

如图7-3所示，2012—2014年，CH_4通量季节性变化明显，排放高峰主要出现在稻季。CH_4平均通量-0.73～65.89mg/(m^2·h)。CTNS、CTS、NTNS和NTS的CH_4平均通量分别为6.71mg/(m^2·h)、9.20mg/(m^2·h)、6.43mg/(m^2·h)和9.21mg/(m^2·h)。

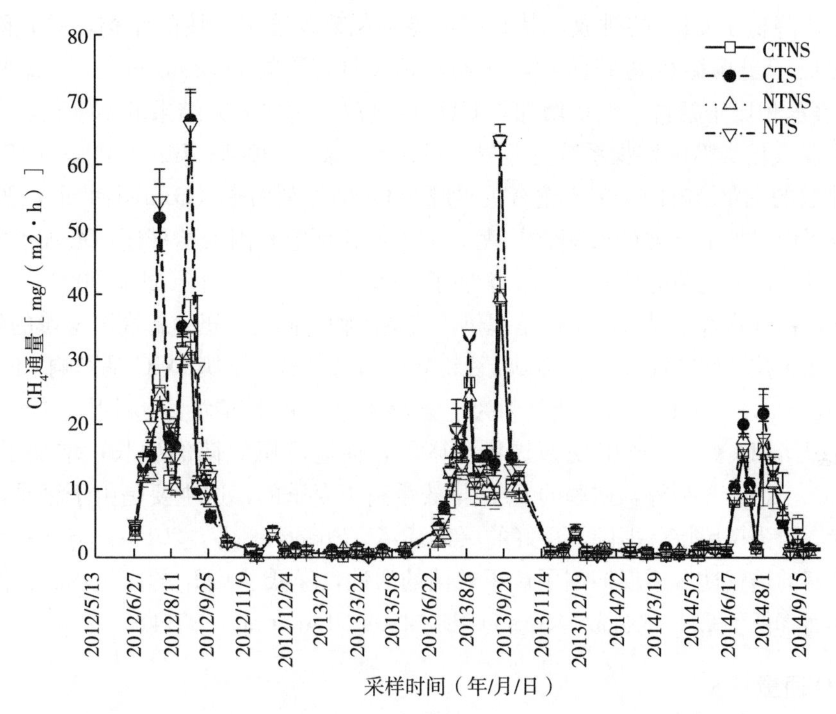

图 7-3　不同耕作措施与秸秆还田方式下土壤 CH_4 通量的季节性变化

从表 7-12 可得，耕作与秸秆还田显著影响 CH_4 累积排放量（$P<0.05$）。与翻耕相比，免耕显著降低了 2013 年稻季（5.8%）、2014 年麦季（19.7%）和 2014 年稻季（18.3%）CH_4 的累积排放量。与秸秆不还田相比，秸秆还田显著提高了 2012 年稻季（50.5%）、2013 年麦季（232.9%）、2013 年稻季（36.3%）、2014 年麦季（177.26%）和 2014 年稻季（18.6%）的 CH_4 累积排放量。耕作措施与秸秆还田方式的交互作用对 CH_4 累积排放量无显著影响。

表 7-12　不同耕作措施与秸秆还田措施下 CH_4 累积排放量的变化（kg/hm^2）

试验处理	2012 年稻季	2013 年		2014 年	
		麦　季	稻　季	麦　季	稻　季
CTNS	400±7.51b	4.86±0.98c	475±21.7b	5.39±0.54c	167±11.37b
CTS	560±30.73a	16.91±0.37a	645±12.0a	15.95±0.99a	202±13.68a
NTNS	391±21.16b	3.99±0.42c	445±7.7b	4.81±0.46c	140±10.60b
NTS	632±27.09a	12.53±2.23b	610±9.7a	12.33±0.60b	162±2.35b
T	ns	ns	*	**	**
S	**	**	**	**	*
T×S	ns	ns	ns	ns	ns

耕作措施通过改变土壤的理化性质如土壤 O_2 和碳源的可利用性，进而影响土壤 CH_4 的排放。本研究发现，与翻耕相比，免耕降低了 CH_4 排放（表 7-12），这可能是由于免耕减少了土壤扰动，并且提高了土壤表层的透气性，促进了甲烷氧化菌的生长，增加了 CH_4 的氧化，从而降低了 CH_4 的排放量（Ussiri et al.，2009）。Ussiri 等（2009）也发现了，免耕

相对于翻耕，降低了 CH_4 的排放，其原因可能是免耕改善了土壤的结构，并且降低了土壤的温度，降低了土壤微生物的活性，从而降低 CH_4 排放（Bossio et al.，1999）。Liu 等（2014）则表示相比于翻耕，免耕增加了 CH_4 的排放。这些研究结果的不一致，可能是取决于土壤类型、气候类型、作物系统等差异（Ussiri et al.，2009；Jin et al.，2017）。

CH_4 排放的主要影响因子为土壤有机碳源与 O_2 的可利用率（Conrad et al.，2006）。本研究发现秸秆还田增加了土壤 CH_4 排放（表 7-12），这可能是因为秸秆还田增加了土壤有机碳的投入，促进了产甲烷菌群落的生长，增加了 CH_4 排放（Conrad et al.，2006）。而且，在厌氧的环境下，秸秆降解不仅为产甲烷菌提供了代谢底物，而且能迅速提高了土壤的氧化还原电位，促进 CH_4 的排放（Ma et al.，2008；Liu et al.，2014）。土壤 DOC 是影响 CH_4 排放重要因素（Shang et al.，2011），这可能是因为土壤 DOC 容易被土壤微生物利用，秸秆还田可能是通过增加了土壤 DOC，为产甲烷菌提供了碳源，促进产甲烷菌的生长，增加了 CH_4 排放（Shang et al.，2011）。另外，稻季的 CH_4 排放量高于麦季的，这主要是由于稻季，土壤长期处于淹水状态，为产甲烷菌提供了良好的厌氧环境（Shang et al.，2011）。与此相反，在麦季土壤具有良好的透气性，不仅抑制了产甲烷菌的活性，降低了 CH_4 的产生，而且促进了 CH_4 的氧化，从而降低了 CH_4 的排放（Sass et al.，1999；Liu et al.，2014）。

7.4.3 N_2O 通量

如图 7-4 所示，2012—2014 年，N_2O 通量季节性变化明显，排放高峰主要出现在稻季。CTNS、CTS、NTNS 和 NTS 的 N_2O 平均通量分别为 0.07mg/(m² · h)、0.07mg/(m² · h)、0.06mg/(m² · h) 和 0.07mg/(m² · h)。耕作与秸秆还田方式对土壤 N_2O 排放无显著影响（表 7-13）。

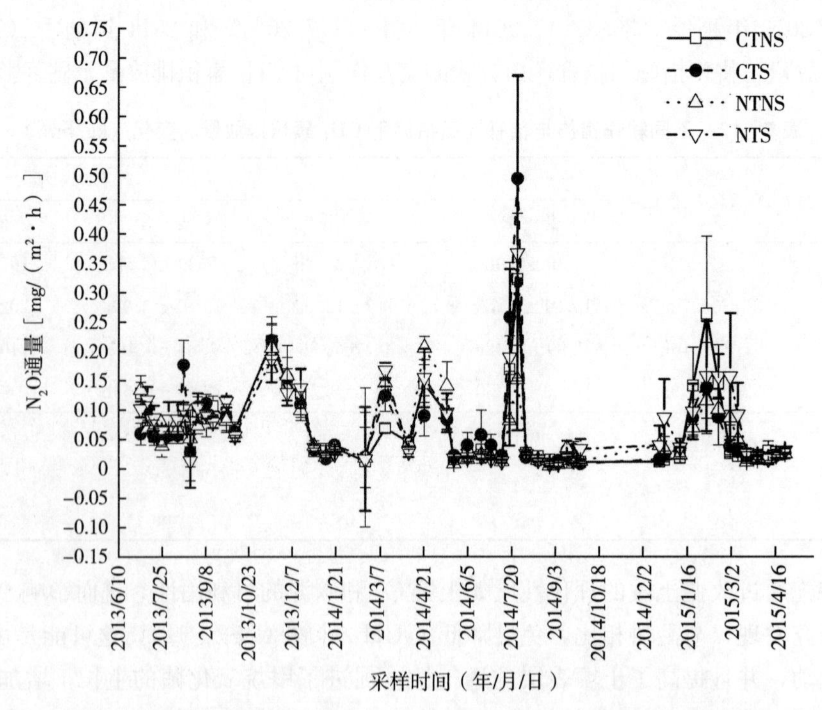

图 7-4　不同耕作措施与秸秆还田方式下土壤 N_2O 通量的季节性变化

表 7-13 不同耕作措施与秸秆还田措施下 N_2O 累积排放量的变化

试验处理	2013 年稻季	2014 年	
		麦 季	稻 季
CTNS	0.99±0.06a	2.14±0.14a	0.95±0.16a
CTS	1.11±0.06a	2.08±0.08a	1.41±0.29a
NTNS	0.91±0.15a	2.59±0.40a	0.57±0.03a
NTS	1.11±0.12a	2.33±0.30a	0.98±0.58a
T	ns	ns	ns
S	ns	ns	ns
T×S	ns	ns	ns

很多研究表明，与翻耕相比，免耕降低了土壤 N_2O 排放（Zhang et al.，2016）。例如，Zhang 等（2016）表示免耕相比于翻耕，降低了土壤 N_2O 排放（Zhang et al.，2016），Zhu 等（2016）也表明，与翻耕相比，免耕降低了中国北方黑土的 N_2O 排放，并指出免耕增加了土壤环境的稳定性与土壤食物链功能群体的完整性，有利于土壤氮固定（Zhu et al.，2016）。也有研究表明，免耕增加了 N_2O 排放，这是因为免耕增加了土壤表面秸秆的累积，为反硝化细菌提供了碳源，增加了 N_2O 排放（Dalal et al.，2003）。然而，本研究发现，耕作措施对土壤 N_2O 排放无显著影响（表 7-13）。与此类似，也有研究发现，耕作措施对 N_2O 排放无显著影响（Rochette et al.，2008；Gregorich et al.，2008）。这可能与土壤 O_2 条件有关，Rochette 等（2008）表示免耕在厌氧条件下，能增加 N_2O 排放，而在中等或是良好的 O_2 条件下，耕作措施对 N_2O 排放影响不显著。

大量研究表示与秸秆不还田相比，秸秆还田增加了土壤 N_2O 排放（Huang et al.，2017）。例如，Huang 等（2017）指出与秸秆不还田相比，秸秆还田增加了 18%～31%的 N_2O 排放。Chen 等（2013）则表明秸秆还田增加了 90%的 N_2O 排放。这可能是由于秸秆还田后，有利于创造出土壤的厌氧微区，增加 N_2O 排放（Huang et al.，2017）。Zhang 等（2012）则指出如果土壤中度缺氧条件下，则 N_2O 是反硝化作用的主要产物，若是土壤处于极度缺氧的情况，则 N_2O 则能够被进一步用作土壤微生物的电子受体，最后转变为 N_2（Wrage et al.，2001）。本研究发现，秸秆还田方式对土壤 N_2O 排放无显著影响（表 7-13）。Shan 和 Yan（2013）也报道了类似的结果。这可能是因为碳氮比、土壤湿度、土壤质地和土壤 pH 等差异导致的（Chen et al.，2013）。而且，Hu 等（2016）则指出秸秆还田显著初期增加了 N_2O 排放，这主要是因为秸秆为土壤提供了碳源和氮源，促进 N_2O 排放，而随着秸秆还田年限的增加，土壤的碳氮比增加，促进了土壤氮固定，降低了土壤氮的可利用性，抑制了反硝化作用。

秸秆还田显著提高了 GWP；免耕有降低 GWP 的趋势，但统计上差异不显著（表 7-14）。其中 3 个作物季节，均表现出 NTNS 处理 GWP 最低，表明短期内免耕秸秆不还田有利于缓解稻田 GWP。然而长期的研究已表明，秸秆还田能有效地提高土壤有机碳含量，而土壤有效碳的增加能缓解稻田土壤温室气体的排放（张国等，2020），因此，有待进一步开展长期的定位研究，以便更好地探明保护性耕作的温室效应。

表7-14 不同处理稻田全球增温潜势的变化

试验处理	2013年稻季	2014年麦季	2014年稻季
CTNS	34 167.02b	15 419.98b	21 666.1c
CTS	46 104.78a	19 455.14a	30 508.18a
NTNS	29 092.18c	14 863.36b	18 926.86c
NTS	41 444.78a	17 704.56a	23 010.04b

7.5 免耕与秸秆还田下土壤有机碳与温室气体排放的关系分析

细菌和真菌是土壤的主要降解者，然而很多研究表明细菌是土壤中丰度与多样性最高的微生物（Guo et al.，2016；Dong et al.，2017），尤其在稻麦种植系统中（Guo et al.，2016）。本研究结果表明细菌稻麦种植系统中占主导地位（表7-7和表7-8），这表明细菌与稻麦种植系统的土壤有机碳变化密切相关，其原因可能是稻季的长期淹水形成的厌氧环境，抑制了土壤真菌的生长（Goyal et al.，2011；Guo et al.，2015）。课题组先前研究已指出，细菌群落与土壤有机碳显著相关（Guo et al.，2015）。Zhang等（2004）也表示土壤优势微生物群落的变化，能够改变土壤有机碳的动力学变化。

土壤大团聚体在土壤有机碳固定中扮演着重要角色（Six et al.，2002）。有研究表明，土壤微生物可能通过调控土壤团聚体有机碳形成，从而影响生态系统的碳固定（Zhang et al.，2013；Guo et al.，2015）。例如，Guo等（2015）指出2～1mm的土壤团聚体与土壤微生物群落显著相关。Guo等（2016）发现，稻麦种植系统中，耕作措施与秸秆还田方式可以通过调控具有降解秸秆功能的土壤细菌群落，如*Burkholderia*、*Pseudomonas*和*Clostridium*等，影响土壤有机碳含量。Zhang等（2013）也发现土壤细菌群落对＞1mm和＜1mm的土壤团聚体有机碳的固定皆有重要贡献。

本研究中发现，不同耕作措施与秸秆还田方式下，细菌可能通过调控土壤大团聚体有机碳含量和CH_4的排放，影响土壤有机碳含量（图7-5）。相比于翻耕，免耕通过减少土壤扰动，降低土壤温度与湿度的变化幅度（Mathew et al.，2012），提高土壤细菌生物量与多样性（Dong et al.，2017），促进土壤表层秸秆的降解（Liu et al.，2014），产生大量的有机物碎片促进土壤大团聚体的形成与土壤大团聚体内部的微团聚体的形成（Six et al.，2014），从而增加土壤有机碳的固定（Guo et al.，2016）。而且，免耕增加了土壤表层的透气性（表5-7），抑制了土壤产甲烷菌的活性，增加了甲烷氧化菌的活性，降低了土壤CH_4的排放（Kim et al.，2016；Dong et al.，2017；Jin et al.，2017）；而对于土壤亚表层，虽然免耕造成了土壤板结，降低了O_2含量，然而免耕下秸秆主要集中于土壤表层，土壤亚表层作物秸秆较少，一定程度上减缓CH_4的产生（Ahmad et al.，2009；Li et al.，2012）。

与秸秆不还田相比，秸秆还田能够增强土壤细菌生物量和活性，秸秆降解产生有机质小颗粒，与土壤微团聚体结合形成了土壤大团聚体（Liu et al.，2014；Guo et al.，2016），增加了土壤有机碳。虽然秸秆还田增加了土壤CO_2和CH_4的排放，但是总体而言，秸秆还田对土壤有机碳的增加幅度大于秸秆还田造成碳的损失（CH_4和CO_2）（Guo et al.，2016；Jin et al.，2017）。而且，土壤大团聚体能够为土壤有机碳提供更好的物理保护，减缓了土

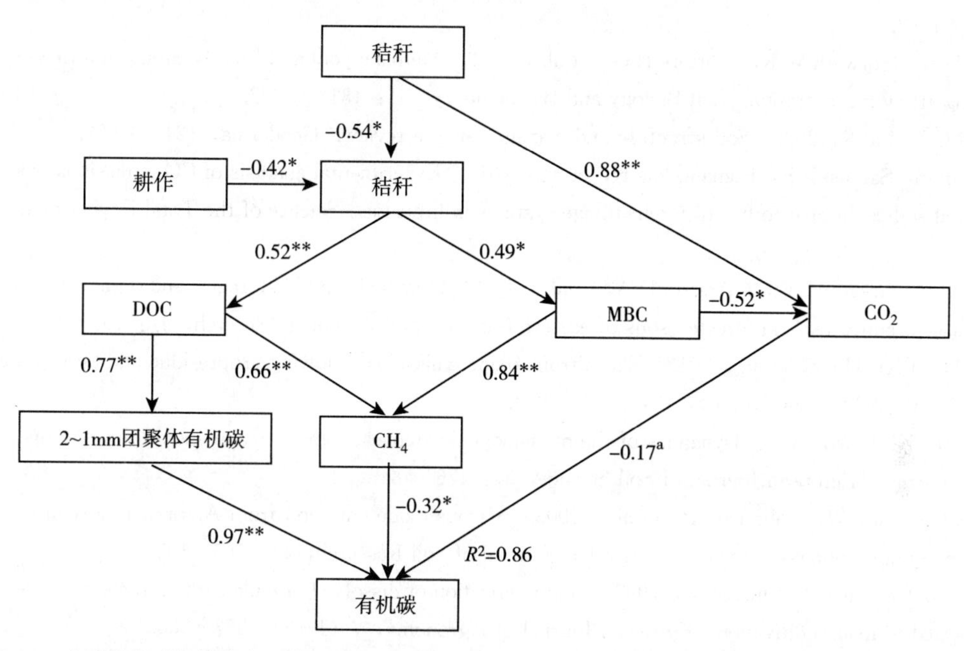

图 7-5 土壤有机碳的结构方程模型分析-基于耕作措施与秸秆还田方式对土壤有机碳和有机碳组分的影响

壤有机碳的降解，并增强了土壤有机碳的稳定性（Bandyopadhyay et al.，2010）。因此，免耕与秸秆还田主要是通过促进土壤大团聚体的形成和土壤有机碳在大团聚体的固定，进而促进土壤有机碳的增加。

参考文献

张国，王效科，2020. 我国保护性耕作对农田温室气体排放影响研究进展. 农业环境科学学报，39（4）：872-881.

Ahmad S，Li C，Dai G，et al.，2009. Greenhouse gas emission from direct seeding paddy field under different rice tillage systems in Central China. Soil & Tillage Reserch，106：54-61.

Ashworth A J，Debruyn J M，Allen F L，et al.，2017. Microbial community structure is affected by cropping sequences and poultry litter under long-term no-tillage. Soil Biology and Biochemistry，114：210-219.

Aslam T，Choudhary M A，Saggar S，2000. Influence of land-use management on CO_2 emissions from a silt loam soil in newzealand. Agriculture，Ecosystems & Environment，77：257-262.

Bandyopadhyay P K，Saha S，Mani P K，et al.，2010. Effect of organic inputs on aggregate associated organic carbon concentration under long-term rice-wheat cropping system. Geoderma，154：379-386.

Bausenwein U，Gattinger A，Langer U，et al.，2008. Exploring soil microbial communities and soil organic matter：variability and interactions in arable soils under minimum tillage practice. Applied Soil Ecology，40：67-77.

Benbi D，Toor A，Kumar S，2012. Management of organic amendments in rice-wheat cropping system determines the pool where carbon is sequestered. Plant and Soil，360：145-162.

Bending G D，Turner M K，Jones J E，2002. Interactions between crop residue and soil organicmatter quality and the functional diversity of soil microbial communities. Soil Biology and Biochemistry，34：

1073 - 1082.

Bossio D A, Horwath W R, Mutters R G, et al., 1999. Methane pool and flux dynamics in a rice field following straw incorporation. Soil Biology and Biochemistry, 31: 1313 - 1322.

Bronick C J, Lal R, 2005. Soil structure and management: a review. Geoderma, 124: 3 - 22.

Buragienė S, Šarauskis E, Romaneckas K, et al., 2015. Experimental analysis of CO_2 emissions from agricultural soils subjected to five different tillage systems in lithuania. Science of the Total Environnent, 514: 1 - 9.

Carter M R, Gregorich E G, Angers D A, et al., 1998. Organic C and N storage, and organic C fractions, in adjacent cultivated and forested soils of eastern Canada. Soil & Tillage Reserch, 47: 253 - 261.

Chen H, Li X, Hu F, et al., 2013. Soil nitrous oxide emissions following cropresidue addition: a meta-analysis. Global Change Biology, 19: 2956 - 2964.

Conrad R, Klose M, 2006. Dynamics of the methanogenic archaeal community in anoxic rice soil upon addition of straw. European Journal of Soil Science, 57: 476 - 484.

Dalal R C, Wang W, Robertson P, et al., 2003. Nitrous oxide emission from Australian agriculture lands and mitigation options: a review. Australian Journal of Soil Research, 41: 165 - 195.

Delprat L, Chassina P, Linères M, 1997. Characterization of dissolved organic carbon in cleared forest soils converted to maize cultivation. European Journal of Agronomy, 7 (1 - 3): 257 - 266.

Dong W, Yan C, Liu E, et al., 2017. Impact of no tillage vs. conventional tillage on the soil bacterial community structure in a winter wheat cropping succession in northern China. European Journal of Soil Biology, 80: 35 - 42.

Dossou-Yovo E R, Brüggemann N, Jesse N, et al., 2016. Reducing soil CO_2 emission and improving upland rice yield with no-tillage, straw mulch and nitrogen fertilization in northern Benin. Soil & Tillage Reserch, 156: 44 - 53.

Du Z, Ren T, Hu C, et al., 2015. Transition from intensive tillage to no-till enhances carbon sequestration in microaggregates of surface soil in the North China Plain. Soil & Tillage Reserch, 146: 26 - 31.

Elfstrand S, Bath B, Martensson A, 2007. Influence of various forms of green manure amendment on soil microbial community composition, enzyme activity and nutrient levels in leek. Applied Soil Ecology, 36: 70 - 82.

Franzluebbers A J, Arshad M A, 1997. Soil microbial biomass and mineralizable carbon of water-stable aggregates. Soil Science Society of America Journal, 61: 1090 - 1097.

Freixo A A, Machado P L, Santos H P, 2002. Soil organic carbon and fractions of a rhodic ferralsol under the influence of tillage and crop rotation systems in southern Brazil. Soil & Tillage Reserch, 64: 221 - 230.

Frey S D, Elliott E T, Paustian K, 1999. Bacterial and fungal abundance and biomass in conventional and no-tillage agroecosystems along two climatic gradients. Soil Biology and Biochemistry, 31: 573 - 585.

Fuentes M, Hidalgo C, Etchevers J, et al., 2012. Conservation agriculture, increased organic carbon in the top-soil macro-aggregates and reduced soil CO_2, emissions. Plant and Soil, 355: 183 - 197.

Goyal S, Sindhu S S, 2011. Composting of rice straw using different inocula and analysis of compost quality. Microbiology Journal, 1: 126 - 138.

Gregorich E G, Rochette P, St-Georges P, et al., 2008. Tillage effects on N_2O emission from soils under corn and soybeans in Eastern Canada. Canadian Journal of Soil Science, 88: 153 - 161.

Guo L J, Lin S, Liu T Q, et al., 2016. Effects of conservation tillage on topsoil microbial metabolic characteristics and organic carbon within aggregates under a rice (*Oryza sativa* L.)-wheat (*Triticum aestivum*

L.) cropping system in central China. Plos One，11：e0146 - 145.

Guo L J，Zhang Z S，Wang D D，et al.，2015. Effects of short-term conservation management practices on soil organic carbon fractions and microbial community composition under a rice-wheat rotation system. Biology and Fertility of Soils，51：65 - 75.

Guo L J，Zheng S，Cao C，et al.，2016. Tillage practices and straw-returning methods affect topsoil bacterial community and organic C under a rice-wheat cropping system in central China. Scientific Reports，6 (1)：33155.

Hammesfahr U，Heuer H，Manzke B，et al.，2008. Impact of the antibiotic sulfadiazine and pig manure on the microbial community structure in agricultural soils. Soil Biology and Biochemistry，40：1583 - 1591.

Haynes R J，2005. Labile organic matter fractions as central components of the quality of agricultural soils：an overview. Advances in Agronomy，85：221 - 268.

Helgason B L，Walley F L，Germida J J，2009. Fungal and bacterial abundance in long-term no-till and intensive-till soils of the Northern Great Plains. Soil Science Society of America Journal，73：120 - 127.

Helgason B L，Walley F L，Germida J J，2010. Long-term no-till management affects microbial biomass but not community composition in Canadian prairie agroecosytems. Soil Biology and Biochemistry，42：2192 - 2202.

Hu N，Wang B，Gu Z，et al.，2016. Effects of different straw returning modes on greenhouse gas emissions and crop yields in a rice-wheat rotation system. Agriculture，Ecosystems & Environment，223：115 - 122.

Huang T，Yang H，Huang C，et al.，2017. Effect of fertilizer n rates and straw management on yield-scaled nitrous oxide emissions in a maize-wheat double cropping system. Field Crops Research，204：1 - 11.

Iqbal J，Hu R，Lin S，et al.，2009. CO_2 emission in a subtropical red paddy soil (Ultisol) as affected by straw and N-fertilizer applications：a case study in Southern China. Agriculture，Ecosystems & Environment，131：292 - 302.

Jabro J，Sainju U，Stevens W B，et al.，2008. Carbon dioxide flux as affected by tillage and irrigation in soil converted from perennial forages to annual crops. Journal of Environmental Management，88：1478 - 1484.

Jastrow J D，Boutton T W，Miller R M，1996. Carbon dynamics of aggregate-associated organic matter estimated by carbon-13 natural abundance. Soil Science Society of America Journal，60：801 - 807.

Jin V L，Schmer M，Stewart C，et al.，2017. Long-term no-till and stover retention each decrease the global warming potential of irrigated continuous corn. Global Change Biology，23：2848 - 2862.

Kaewpradit W，Toomsan B，Cadisch G，et al.，2008. Mixing groundnut residues and rice straw to improve rice yield and N use efficiency. Field Crops Research，2：130 - 138.

Kay B D，VandenBygaart A J，2002. Conservation tillage and depth stratification of porosity and soil organic matter. Soil & Tillage Research，66：107 - 118.

Kim S Y，Gutierrez J，Kim P J，2016. Unexpected stimulation of CH_4 emissions under continuous no-tillage system in mono-rice paddy soils during cultivation. Geoderma，267：34 - 40.

Klein D A，Paschke M W，2004. Filamentous fungi：the indeterminate lifestyle and microbial ecology. Microbial Ecology，47：224 - 235.

Kubartova A，Ranger J，Berthelin J，et al.，2009. Diversity and decomposing ability of saprophytic fungi from temperate forest litter. Microbial Ecology，58：98 - 107.

Lal R，2004. Soil carbon sequestration impacts on global climate change and food security. Science，304：1623 - 1627.

Lejon D P H，Sebastia J，Lamy I，et al.，2007. Relationships between soil organic status and microbial community density and genetic structure in two agricultural soils submitted to various types of organic management. Microbial Ecology，53：650 - 663.

Li C F，Zhou D N，Kou ZK，et al.，2012. Effects of tillage and nitrogen fertilizers on CH_4 and CO_2 emissions and soil organic carbon in paddy fields of central China. Plos One，7：e34642.

Li J，Wen Y C，Li X H，et al.，2018. Soil labile organic carbon fractions and soil organic carbon stocks as affected by long-term organic and mineral fertilization regimes in the North China Plain. Soil & Tillage Research，175：281 - 290.

Liang A Z，Yang X M，Zhang X P，et al.，2010. Short-term impacts of no tillage on aggregate-associated C in black soil of Northeast China. Agricultural Seciences in China，9 (1)：93 - 100.

Liu C，Lu M，Cui J，et al.，2014. Effects of straw carbon input on carbon dynamics in agricultural soils：a meta-analysis. Global Change Biology，20：1366 - 1381.

Ma J，Xu H，Yagi K，et al.，2008. Methane emission from paddy soils as affected by wheat straw returning mode. Plant Soil.，313：167 - 174.

Marschner B，Bredow A，2002. Temperature effects on release and ecologically relevant properties of dissolved organic carbon in sterilised and biologically active soil samples. Soil Biology and Biochemistry，34：459 - 466.

Marschner P，Umar S，Baumann K，2011. The microbial community composition changes rapidly in the early stages of decomposition of wheat residue. Soil Biology and Biochemistry，43：445 - 451.

Mathew R P，Yu C F，Githinji L，et al.，2012. Impact of no-tillage and conventional tillage systems on soil microbial communities. Applied and Environmental Soil Science：1 - 10.

Messiga A J，Ziadi N，Angers D A，et al.，2011. Tillage practices of a clay loam soil affect soil aggregation and associated C and P concentrations. Geoderma，164：225 - 231.

Miller M N，Zebarth B J，Dandie C E，et al.，2009. Denitrifier community dynamics in soil aggregates under permanent grassland and arable cropping systems. Soil Science Society of America Journal，73：1843 - 1851.

Miura T，Niswati A，Swibawa I G，et al.，2013. No tillage and bagasse mulching alter fungal biomass and community structure during decomposition of sugarcane leaf litter in lampung province，sumatra，indonesia. Soil Biology and Biochemistry，58：27 - 35.

Miura T，Niswati A，Swibawa I G，et al.，2016. Shifts in the composition and potential functions of soil microbial communities responding to a no-tillage practice and bagasse mulching on a sugarcane plantation. Biology and Fertility of Soils，52：307 - 322.

Mosaddeghi M R，Mahboubi A A，Safadoust A，et al.，2009. Short-term effects of tillage and manure on some soil physical properties and maize root growth in a sandy loam soil in western Iran. Soil & Tillage Research，104 (1)：173 - 179.

Mulumba L N，Lal R，2008. Mulching effects on selected soil physical properties. Soil & Tillage Research，98：106 - 111.

Navarro-Noya Y E，Gomez-Acata S，Montoya-Ciriaco N，et al.，2013. Relative impacts of tillage，residue management and crop-rotation on soil bacterial communities in a semi-arid agroecosystem. Soil Biology and Biochemistry，65：86 - 95.

Plaza-Bonilla D，Cantero-Martinez C，Bareche J，et al.，2014. Soil carbon dioxide and methane fluxes as affected by tillage and N fertilization in dryland conditions. Plant and Soil，381：111 - 130.

Prayogo C，Jones J E，Baeyens J，et al.，2013. Impact of biochar onmineralisation of C and N from soil and willow litter and its relationship with microbial community biomass and structure. Biology and Fertility of

Soils，50：695 - 702.

Ransom-Jones E，Jones D L，McCarthy A J，et al.，2012. The Fibrobacteres：an important phylum of cellulose-degrading bacteria. Microbial Ecology，63：267 - 281.

Regina K，Alakukku L，2010. Greenhouse gas fluxes in varying soils types under conventional and no-tillage practices. Soil & Tillage Research，109：144 - 152.

Robertson S J，Tackaberry L E，Egger K N，et al.，2006. Ectomycorrhizal fungal communities of black spruce differ between wetland and upland forests. Canadian Journal of Forest Research，36：972 - 985.

Rochette P，2008. No-till only increases N_2O emissions in poorly-aerated soils. Soil & Tillage Research，101：97 - 100.

Roper M M，Gupta V V S R，Murphy D V，2010. Tillage practices altered labile soil organic carbon and microbial function without affecting crop yields. Australian Journal of Soil Research，48：274 - 285.

Rovira P，Jorba M，Romanyà J，2010. Active and passive organic matter fractions in Mediterranean forest soils. Biology and Fertility of Soils，46：355 - 369.

Ruan L，Robertson G P，2013. Initial nitrous oxide，carbon dioxide，and methane costs of converting conservation reserve program grassland to row crops under no-till vs. conventional tillage. Global Change Biology，19：2478 - 2489.

Schnoor T K，Lekberg Y，Rosendahl S，et al.，2011. Mechanical soil disturbance as a determinant of arbuscular mycorrhizal fungal communities in seminatural grassland. Mycorrhiza，21：211 - 220.

Shan J，Yan X，2013. Effects of crop residue returning on nitrous oxide emissions in agricultural soils. Atmospheric Environment，71：170 - 175.

Shang Q，Yang X，Gao C，et al.，2011. Net annual global warming potential and greenhouse gas intensity in Chinese double rice-cropping systems：a 3-year field measurement in long-term fertilizer experiments. Global Change Biology，17：2196 - 2210.

Sheehy J，Regina K，Alakukku L，et al.，2015. Impact of no-till and reduced tillage on aggregation and aggregate-associated carbon in Northern European agroecosystems. Soil & Tillage Research，150：107 - 113.

Shi Y，Lalande R，Ziadi N，et al.，2012. An assessment of the soil microbial status after 17 years of tillage and mineral p fertilization management. Applied Soil Ecology，62：14 - 23.

Six J，Elliott E T，Paustian K，2000. Soil macroaggregate turnover and microaggregate formation：a mechanism for C sequestration under no-tillage agriculture. Soil Biology and Biochemistry，32：2099 - 2103.

Six J，Guggenberger G，Paustian K，et al.，2002. Sources and composition of soil organic matter fractions between and within aggregates. European Journal of Soil Science，52：607 - 618.

Six J，Ogle S M，Breidt F J，et al.，2004. The potential to mitigate global warming with no-tillage management is only realized when practised in the long term. Global Change Biology，10 (2)：155 - 160.

Six J，Paustian K，2014. Aggregate-associated soil organic matter as an ecosystem property and a measurement tool. Soil Biology and Biochemistry，68：A4 - A9.

Song B，Niu S L，Zhang A，et al.，2012. Light and heavy fractions of soil organic matter in response to climate warming and increased precipitation in a temperate steppe. Plos One，7：e33217.

De Souza G P ，De Figueiredo C C，De Sousa D M G，2016. Relationships betwwen labile soil organic carbon fractions under different soil management systems. Scientia Agricola，73 (6)：535 - 542.

Spedding T A，Hamel C，Mehuys G R，et al.，2004. Soil microbial dynamics in maize-growing soil under different tillage and residue management systems. Soil Biology and Biochemistry，36：499 - 512.

Sun B，Jia S，Zhang S，et al.，2016. Tillage，seasonal and depths effects on soil microbial properties in black soil of northeast China. Soil & Tillage Research，155：421 - 428.

Sundermeier A P, Islam K R, Raut Y, et al., 2011. Continuous no-till impacts on soil biophysical carbon sequestration. Soil Science Society of America Journal, 75: 1779-1788.

Ussiri D A, Lal R, Jarecki M K, 2009. Nitrous oxide and methane emissions from longterm tillage under a continuous corn cropping system in Ohio. Soil & Tillage Research, 104: 247-255.

Vermeulen S J, Aggarwal P K, Ainslie A, et al., 2012. Options for support to agriculture and food security under climate change. Environmental and Science Policy, 15: 136-144.

Wang J J, Li X Y, Zhu A N, et al., 2012. Effects of tillage and residue management on soil microbial communities in North China. Plant Soil and Environment, 58: 28-33.

Wheeler T, Von Braun J, 2013. Climate change impacts on global food security. Science, 341: 508-513.

Wrage N, Velthof G L, Van Beusichem M L, et al., 2001. Role of nitrifier denitrification in the production of nitrous oxide. Soil Biology and Biochemistry, 33: 1723-1732.

Yang X, Meng J, Lan Y, et al., 2017. Effects of maize stover and its biochar on soil CO_2, emissions and labile organic carbon fractions in northeast China. Agriculture, Ecosystems & Environment, 240: 24-31.

Ye R, Doane T A, Morris J, et al., 2015. The effect of rice straw on the priming of soil organic matter and methane production in peat soils. Soil Biology and Biochemistry, 81: 98-107.

Zhang H L, Bai X L, Xue J F, et al., 2013. Emissions of CH_4 and N_2O under different tillage systems from double-cropped paddy fields in southern china. Plos One, 8: e65277.

Zhang P, Wei T, Jia Z K, et al., 2014. Soil aggregate and crop yield changes with different rates of straw incorporation in semiarid areas of northwest China. Geoderma, 230-231: 41-49.

Zhang W, Rui W, Tu C, et al., 2005. Responses of soil microbial community structure and diversity to agricultural deintensification. Pedosphere, 15: 440-447.

Zhang Z S, Chen J, Liu T Q, et al., 2016. Effects of nitrogen fertilizer sources and tillage practices on greenhouse gas emissions in paddy fields of central China. Atmospheric Environment, 144: 274-281.

Zhang Z S, Guo L J, Liu T Q, et al., 2015. Effects of tillage practices and straw returning methods on greenhouse gas emissions and net ecosystem economic budget in rice-wheat cropping systems in central China. Atmospheric Environment, 122: 636-644.

Zhao H, Shar A G, Li S, et al., 2018. Effect of straw return mode on soil aggregation and aggregate carbon content in an annual maize-wheat double cropping system. Soil & Tillage Reserach, 175: 178-186.

Zhu L Q, Hu N J, Yang M F, et al., 2014. Effects of different tillage and straw return on soil organic carbon in a ricewheat rotation system. Plos One, 9: e88900.

Zhu L Q, Li J, Tao B T, et al., 2015. Effect of different fertilization modes on soil organic carbon sequestration in paddy fields in South China: a meta-analysis. Ecological Indicators, 53: 144-153.

Zhu X, Chang L, Liu J, et al., 2016. Exploring the relationships between soil fauna, different tillage regimes and CO_2 and N_2O emissions from black soil in China. Soil Biology and Biochemistry, 103: 106-116.

8 保护性耕作稻田温室气体减排展望

我国作为一个农业大国及人口大国，粮食的产量和质量对农业生产和粮食安全十分重要，所以保护性耕作的应用十分有必要。土壤的本质特征和基本属性是由土壤肥力显现出来的，并且土壤肥力对农作物的产量和健康生长有很大的帮助。尽管我国是农业大国，但是耕地的平均有机质含量较低，且还在持续下降，导致我国农业发展受到抑制，所以提高土壤肥力对于提高我国粮食生产具有重要意义。而我国虽然对保护性耕作的研究已有几十年，但在一些方面与西方发达国家相比存在一定的差距，尤其是在保护性耕作对农田系统温室气体排放、有机碳含量和氮肥利用率的研究方面。因此，对保护性耕作的生态效应进行正确的评价，对于保护性耕作农田土壤有机碳固持和温室气体减排具有重要意义，对推广保护性耕作技术具有实践指导作用。

8.1 我国保护性耕作特点

我国保护性耕作是针对我国特殊的地形、土壤、气候发展起来，具有明显的中国特色，与西方国家的保护性耕作在内容和实践上有着明显差别，具有独特的特点。

第一，我国人口众多。粮食安全和环境优化仍然是我国保护性耕作的重要目标。当前，我国人多、人均耕地面积小，粮食安全始终是我国粮食生产的核心。保护性耕作作为生态友好型农业技术之一，具有生态经济的双重效应，得到国内外的认可。我国农业生产中存在污染大、温室气体排放高、土壤有机碳降低等问题，解决这些问题是发展环境友好型农业迫不及待的需求，而保护性耕作恰恰能解决这些问题。

第二，我国幅员辽阔，种植制度多样，导致保护性耕作技术模式多样，类型复杂。多元化的保护性耕作必然要求适应不同地区的土壤、气候等因素，做到因地制宜。

第三，我国普遍耕地规模小，机械化水平低，因此保护性耕作机械化程度低与机械小型化。除了东北和新疆部分区域，我国绝大部分地区，特别是南方地区，耕地小且多丘陵地区，机械化难，规模小，机械小型化是趋势。

第四，我国当前主要粮食作物产量高，作物秸秆量大，导致保护性耕作秸秆处理技术难度大。秸秆还田是保护性耕作的核心技术，然而当前作物生产过程中秸秆还田往往存在各种问题，例如低温问题、虫害问题等，因此如何适宜地进行秸秆处理是我国保护性耕作技术需要解决的重要问题。

第五，保护性耕作不单局限于单季作物，2018 年我国复种指数提高 156%，因此保护性耕作与轮作复种密切结合，形成体系。国外机械化程度高，种植制度相对单一，而我国种植制度多样，熟制多样，导致耕作技术多样，需要我国的保护性耕作与之结合形成综合体系。

第六，保护性耕作省工省力，与农村生计密切相关。我国经济的高速发展，导致大量农村劳动力转移到经济发展地区，我国农村面临劳动力紧缺的问题，迫切要求省力省工的农业技术，因此保护性耕作减少耕作措施，节约农时，解决了我国农村出现的新问题，受到普遍的欢迎。

8.2 我国稻田保护性耕作模式

8.2.1 我国稻田保护性耕作存在的主要问题

传统的水稻栽培与稻田耕作方式不仅费工耗能，难以实现水稻的高效生产，还严重破坏了稻田土壤生态系统，造成土壤功能下降、水土流失等诸多问题。水稻免耕栽培技术是目前一项轻型、高效的稻作方式，是将轻型栽培、节水、免耕等栽培技术融为一体的强化栽培技术体系（冯勇，2002；梁书英等，2005），能有效地解决上述问题，已得到广泛推广。

我国南方稻区于20世纪60年代开始研究垄作、厢作等稻田保护性耕作技术，进入80年代，侯光炯院士等科学家在此基础上，结合免耕形成了具有我国南方稻区特色的稻田自然免耕技术（侯光炯等，1986），在我国南方10余个省推广应用。90年代后，加强了免耕与秸秆覆盖相结合的稻田保护性耕作栽培技术的研究与推广，近年成都平原已广泛应用“水稻免耕覆盖抛秧技术”，长江中下游平原积极示范推广“稻麦套播免耕秸秆覆盖技术”“水稻免少耕旱育抛秧技术”，稻田越冬休闲期的绿色覆盖技术研究已有相当基础（章秀福等，2006）。

稻田免耕移栽、免耕直播、免耕抛栽等保护性耕作方式逐渐受到重视并得到进一步发展。大量研究表明，保护性耕作方式对土壤物理化学性状、土壤生物学性质、土壤酶活性有明显的改善作用（高明等，2004；张国等，2020）。但是，我国当前保护性耕作关键技术创新研究不够，具有中国特色的南方稻田保护性耕作制度、模式及其技术体系尚未形成；稻田休闲期保护性绿色覆盖作物的开发利用研究很少，保护性耕作技术体系不完善，应用效果差；保护性耕作技术的监测、评价和保障体系不完善，保护性耕作技术标准尚未形成；信息、政策、法规、服务、推广等保障体系薄弱，也制约保护性耕作技术的推广（章秀福等，2006）。

8.2.2 我国稻田保护性耕作的主要模式

我国稻田保护性耕作模式包括保护性耕作技术和秸秆还田技术，其中稻田免（少）耕保护性耕作技术主要包括水稻免耕直播、免耕抛秧、免耕套播和免耕小苗移栽技术；秸秆还田为主的保护性耕作技术主要是秸秆覆盖免耕栽培水稻（章秀福等，2006）。

8.2.2.1 免（少）耕保护性耕作技术

免耕是指在未翻耕的土地上直接播种或栽种作物的方法，也称直播法或零耕法等。少耕法是将连年翻耕改为隔年或2～3年在翻耕，减少耕作次数（彭春瑞，2004a；章秀福等，2006）。

水稻免耕直播栽培技术：水稻免耕直播栽培是未经翻耕犁耙，用灭生性除草剂灭除稻田内的稻茬、杂草和落粒谷芽苗后，放水泡田，然后进行直播栽培的一项轻型稻作新技术。它是免耕技术与直播技术的进一步发展，具有明显的省工、节本、增效的特点。

水稻免耕抛秧栽培技术：水稻免耕抛秧栽培是指在未经翻耕犁耙的稻田上进行水稻抛栽的保护性耕作方法，是继抛秧栽培技术之后发展起来的更为省工、节本、高效、环保的轻型栽培技术。它是集免耕、抛秧、除草、节水、秸秆还田等技术为一体的新型简便水稻栽培技术（彭春瑞，2004a）。该技术由于具有节本增效（较常规抛秧技术每公顷增加效益750元左右），减少水土流失等优点，推广速度很快，2003年在全国推广面积达33.3万hm^2（章秀福等，2006）。

水稻免耕套播技术：是将水稻种子套播在未收获前茬的“免耕”土壤上，前茬收后配套管理的一种特殊的稻作方式。其优势主要表现在省工、省秧田和缓解生育期紧张的矛盾（顾志权，2004）。

免耕稻田小苗移栽技术：免耕稻田小苗移栽种植技术是在前作收获后，不进行犁耙翻耕，而是通过化学除草、泡田后，直接将矮壮小苗带土移栽到稻田的一种水稻栽培方法（彭春瑞，2004b）。

8.2.2.2 秸秆还田覆盖保护性耕作技术

稻草的综合利用有传统的直接还田和堆沤后还田。直接还田是水稻收割后，将稻草整株或切断撒在田面，用机械或牛力翻压。堆沤后还田是采用传统的高温堆沤法，在稻草上泼一层人粪尿和适量的石灰水或用微生物菌肥促其腐烂后还田。以上两种方法虽然都可利用稻草的有机质和营养元素补充土壤肥力，但烦琐费力，劳动强度和成本都较高（章秀福等，2006）。目前免耕稻田秸秆处理方式是覆盖。即秸秆覆盖免耕栽培水稻，在前作收获后，将秸秆均匀撒施田面后栽培水稻的技术。根据水稻移栽方式，又可分为秸秆覆盖免耕直播、栽插和抛秧技术。秸秆覆盖免耕栽培水稻具有良好的生态和经济效益（章秀福等，2006；王亮等，2013）。

8.3 保护性耕作稻田温室气体减排研究展望

尽管我国在保护性耕作对稻田温室气体排放及土壤有机碳的影响开展了大量卓有成效的研究，并取得较大的进展，然而我国耕作制度多样，熟制多样，耕地规模小，机械化程度低等，导致了我国保护性耕作模式和类型多样化、复杂化，因此在国家层面上推广稻田保护性耕作，需要进一步系统了解保护性耕作对温室气体排放和全球增温潜势（GWP）的影响，为科学地评价稻田保护性耕作措施的生态经济社会效益提供理论依据。

（1）综合评估稻田保护性耕作体系的温室气体减排效果。目前，我国的稻田保护性耕作侧重于秸秆还田和免耕等单项或少数技术，缺少农户采用整套技术体系。因此，我国需要研究适宜于不同区域的稻田完整保护性耕作体系。保护性耕作体系因各地气候及种植模式差异发展出不同模式：比如四川盆地采取稻田垄作免耕栽培避免地下水位过高和地温低的问题；南方稻区可以采用厢作免耕栽培降低劳动强度和促进后茬油菜生长。因此，综合地评价稻田保护性耕作体系的温室气体排放，才能更有效地评估保护性耕作的减排效益。

（2）减少评估参数的不确定性。保护性耕作系统汇总关键技术对稻田温室气体排放和土壤有机碳产生的影响。例如，氮肥的施用方式明显影响着温室气体的排放和土壤有机碳的变化，同时其影响因土壤、气候等而不同。因此，不同稻作区实施保护性耕作对土壤温室气体排放的影响有明显的区域特征，需要在进行区域或全国联网研究。

（3）评估保护性耕作对土壤温室气体排放的影响需要综合地考虑土壤有机碳固定。目前我国有关保护性耕作对稻田温室气体减排的研究往往是短期的研究，因此对土壤有机碳的影响研究常被忽略。土壤呼吸和固碳作用都是土壤碳循环的重要组成，评估保护性耕作的减排效应时需要界定边界以避免少算或重复计算。在短期评估时（如 1～2 年内），要同时考虑 CO_2 的排放和吸收。在长期评估时（如大于 5 年），要重点考虑土壤有机碳作用（张国等，2020）。

（4）开展周年的稻田作物全过程评估。稻田保护性耕作对温室气体排放的影响不单单局限于作物生产季，整个农业生产的农资投入、机械能源消耗等都会对大气温室气体产生重要的影响。因此，研究保护性耕作对稻田温室气体减排的影响应该综合考虑与农业生产相关的各种温室气体排放源（Zhang et al.，2018）。

8.4 稻田保护性耕作温室气体减排案例

8.4.1 厢作免耕直播栽培模式

针对华中地区水稻生产存在氮肥施用量过高、氮肥利用率过低、温室气体排放高的问题，提出降低稻田温室气体排放和提高氮肥利用率的栽培技术，构建厢作免耕直播栽培模式。主要措施：

（1）开沟作厢。在前茬作物（油菜或小麦）收获后，采用轻便型开沟机开沟分厢，沟宽为 0.3m，沟深为 0.25m，沟与沟之间厢宽度为 1.8m；厢面实施免耕，常年只做沟内清理和厢面整理。厢为播种面，沟为机械作业道和灌排水道。

（2）合理施氮肥。肥料采用撒施，水稻全生育期氮肥、磷肥和钾肥的施用量为 150～180kg/hm^2（N）、75～90kg/hm^2（P_2O_5）和 120～150kg/hm^2（K_2O），氮肥分 4 次施用，分别按 20%的底肥用量、20%的分蘖肥用量、30%的穗肥用量和 30%的粒肥用量比例施用，氮肥以复合肥或尿素为主。由于免耕直播稻苗期入土浅，根系主要分布在表层，吸收养分量少，中后期根系健壮发达，需求量大，因此本发明能与免耕直播的氮素吸收规律相匹配，同时可降低 NH_3 挥发和 N_2O 排放，有效提高氮肥利用率。

（3）节水管理。利用厢沟进行灌排水管理，实行“沟灌厢湿”的水分管理方式，能有效地改善土壤氧化状况，降低 CH_4 排放；在水稻播种到出苗期，保持厢面湿润、沟中满水；立苗期，厢面保持 1～2cm 浅水层；在分蘖、拔节、孕穗和抽穗期保持湿润灌溉，保持沟中有水、厢面湿润；灌浆期，沟中无水与满水交替。

8.4.2 技术模式效果

（1）沟灌厢湿可以有效提高水分利用率 30%，降低 CH_4 与 N_2O 排放 27.5%和 22.6%，降低全球增温潜势 37.5%。

（2）合理施氮肥可以有效降低 NH_3 排放 9.1%～17.7%，提高氮肥利用率 11.0%～29.3%，提高水稻产量 5.1%～14.5%。

8.4.3 厢作免耕直播栽培模式实例

2010 年和 2011 年分别在湖北省武穴市大法寺镇和花桥镇开展了免耕直播栽培试验。试验采用完全随机设计，共 5 个处理：3 个施氮肥处理，即翻耕直播处理（CTD）、常规免耕直播处理（CNTD）与厢作免耕直播处理（NTD）；2 个不施氮肥的处理，即翻耕直播不施肥处理（CK1）和免耕直播不施肥处理（CK2），用于计算氮肥利用率为3次重复。水稻生长季的氮、磷、钾肥施用量分别为150kg/hm^2（N）、75kg/hm^2（P_2O_5）、120kg/hm^2（K_2O），其中磷肥用过磷酸钙一次性施用，钾肥用氯化钾按底肥：穗肥＝5：5比例施用。对于翻耕直播处理和常规免耕直播处理，不开沟作厢，氮肥用尿素按底肥：分蘖肥：穗肥＝4：3：3比例施用，且按传统淹水措施进行水分管理。对于厢作免耕直播处理，开沟分厢，实施“沟灌厢湿”，氮肥是以尿素按底肥：分蘖肥：穗肥：粒肥＝2：2：3：3比例施用。翻耕直播不施肥处理和免耕直播不施肥处理，除了不施氮肥，其他处理均与相应的处理一致。每个小区40m^2。水稻品种优选为黄华占，播种量60kg/hm^2。

2011年5—10月在湖北省武穴市大法寺镇与花桥镇对各处理的温室气体、NH_3挥发、氮肥利用率和产量等主要技术指标进行了测定。大法寺的试验结果表明，与翻耕直播处理和常规免耕直播处理相比，厢作免耕直播处理CH_4排放量降低了34.7%和23.8%，N_2O排放量降低了65.3%和29.1%，GWP降低了36.7%和24.0%，NH_3挥发量降低了31.4%和24.1%，氮素吸收利用率提高了36.8%和29.5%，产量增加了13.1%和9.5%。在花桥镇的试验也得到类似的结果，与翻耕直播处理和常规免耕直播处理相比，厢作免耕直播处理CH_4排放量降低了39.3%和19.7%，N_2O排放量降低了21.4%和42.3%，GWP降低了38.7%和21.0%，NH_3挥发量降低了11.4%和18.1%，氮素吸收利用率提高了28.4%和55.6%，产量增加了5.5%和7.0%。

表8-1 大法寺与花桥试验点不同处理温室气体排放、NH_3挥发、氮肥利用率和产量的变化

地　点	指　标	翻耕直播	常规免耕直播处理	厢作免耕直播
湖北省武穴市大法寺镇	CH_4排放量（kg/hm^2）	421±36a	361±16b	275±21c
	N_2O排放量（kg/hm^2）	3.37±0.41a	1.65±0.25b	1.17±0.22c
	NH_3挥发量（kg/hm^2）	33.1±2.31a	29.9±2.51a	22.7±3.68b
	GWP（kg/hm^2）	13 533±1 101a	11 272±1 505b	8 564±789c
	氮素吸收利用率（%）	38.1±0.14b	41.3±0.11b	53.5±0.22a
	稻谷产量（kg/hm^2）	8 442±155b	8 716±231b	9 544±178a
湖北省武穴市花桥乡	CH_4排放量（kg/hm^2）	603±44a	456±56b	366±51c
	N_2O排放量（kg/hm^2）	2.24±0.51b	3.05±0.23a	1.76±0.28c
	NH_3挥发量（kg/hm^2）	22.0±0.45a	23.8±1.15a	19.5±2.30b
	GWP（kg/hm^2）	18 690±2 778a	14 497±3 102b	11 452±1 892c
	氮素吸收利用率（%）	44.7±0.03c	36.9±0.05b	57.4±0.01a
	稻谷产量（kg/hm^2）	8 735±201b	8 619±341b	9 219±165a

参考文献

冯勇，2002. 水稻免耕抛秧栽培技术应用效果试验. 广西农学报（2）：8-10.
高明，周保同，魏朝富，等，2004. 不同耕作方式对稻田土壤动物、微生物及酶活性的影响研究. 应用生态学报，15（7）：1177-1181.

顾志权，2004. 水稻免耕套播生态技术与应用效果. 土壤肥料（1）：31-33.

侯光炯，谢德体，1986. 水稻自然免耕可获高产. 农业科技通讯（11）：2-4.

梁书英，彭世宜，韦毓安，2005. 水稻免耕抛秧栽培试验初报. 广西农业科学，36（3）：213-214.

彭春瑞，2004a. 论水稻免耕栽培. 江西农业科技，S1：33-36.

彭春瑞，2004b. 免耕稻田小苗移栽的优势及高产栽培技术. 江西农业科技，4：15-16.

王亮，伦志安，王安东，等，2013. 寒地稻田保护性耕作研究进展. 北方水稻，43（4）：72-74.

张国，王效科，2020. 我国保护性耕作对农田温室气体排放影响研究进展. 农业环境科学学报，39（4）：872-881.

章秀福，王丹英，符冠富，等，2006. 南方稻田保护性耕作的研究进展与研究对策. 土壤通报，37（2）：346-351.

Zhang G，Wang X K，Zhang L，et al.，2018. Carbon and water footprints of major cereal crops production in China. Journal of Cleaner Production，194：613-623.

图书在版编目（CIP）数据

保护性耕作稻田温室气体减排原理与实践 / 李成芳著. —北京：中国农业出版社，2020.12
ISBN 978-7-109-27345-0

Ⅰ.①保… Ⅱ.①李… Ⅲ.①稻田－温室效应－有害气体－大气扩散 Ⅳ.①X511

中国版本图书馆 CIP 数据核字（2020）第 179737 号

中国农业出版社出版
地址：北京市朝阳区麦子店街 18 号楼
邮编：100125
责任编辑：国 圆 孟令洋 文字编辑：张田萌
版式设计：杜 然 责任校对：吴丽婷
印刷：中农印务有限公司
版次：2020 年 12 月第 1 版
印次：2020 年 12 月北京第 1 次印刷
发行：新华书店北京发行所
开本：787mm×1092mm 1/16
印张：11.75
字数：300 千字
定价：80.00 元
